"十四五"职业教育国家规划教材

行水云课数字教材

高等职业教育
水利类新形态一体化教材

# 水利水电工程施工质量监控技术

## （第二版）



主　编　刘儒博
副主编　刘逸军　汤轩林

中国水利水电出版社
www.waterpub.com.cn
·北京·

## 内 容 提 要

本教材入选“十三五”职业教育国家规划教材，经复核后入选“十四五”职业教育国家规划教材。本教材按照水利水电工程施工质量监控的主要工作任务和特点，以校企深度产教融合为基础，突出工作手册式教材基本特征和内涵要求，采用模块单元编写，内容主要包括质量监控任务、方法及质量控制常用工具，水利水电工程施工质量监控技术，水利水电工程质量问题和质量事故的分析处理，典型工程案例分析四个教学模块。

本教材可作为高职高专水利水电建筑工程专业及专业群学生的教材，也可供有关技术人员参考使用。


**图书在版编目（CIP）数据**

水利水电工程施工质量监控技术 / 刘儒博主编. -- 2版. -- 北京 : 中国水利水电出版社, 2023.10
“十四五”职业教育国家规划教材　高等职业教育水利类新形态一体化教材
ISBN 978-7-5226-1280-5

Ⅰ. ①水… Ⅱ. ①刘… Ⅲ. ①水利水电工程－工程质量监督－高等职业教育－教材 Ⅳ. ①TV513

中国国家版本馆CIP数据核字(2023)第015454号

| | |
|---|---|
| 书　名 | “十四五”职业教育国家规划教材<br>高等职业教育水利类新形态一体化教材<br>**水利水电工程施工质量监控技术**（第二版）<br>SHUILI SHUIDIAN GONGCHENG SHIGONG ZHILIANG JIANKONG JISHU |
| 作　者 | 主编　刘儒博　副主编　刘逸军　汤轩林 |
| 出版发行 | 中国水利水电出版社<br>（北京市海淀区玉渊潭南路1号D座　100038）<br>网址：www.waterpub.com.cn<br>E-mail：sales@mwr.gov.cn<br>电话：(010) 68545888（营销中心） |
| 经　售 | 北京科水图书销售有限公司<br>电话：(010) 68545874、63202643<br>全国各地新华书店和相关出版物销售网点 |
| 排　版 | 中国水利水电出版社微机排版中心 |
| 印　刷 | 天津嘉恒印务有限公司 |
| 规　格 | 184mm×260mm　16开本　14印张　341千字 |
| 版　次 | 2017年7月第1版第1次印刷<br>2023年10月第2版　2023年10月第1次印刷 |
| 印　数 | 0001—2500册 |
| 定　价 | **48.00**元 |

# 第二版前言

本教材入选“十三五”职业教育国家规划教材，复核后入选“十四五”职业教育国家规划教材。

本教材修订主要依据最新标准《水利水电工程施工质量检验与评定规程》(SL 176—2019)、《水工建筑物水泥灌浆施工技术规范》(SL/T 62—2020)、《水工建筑物岩石地基开挖施工规范》(SL 47—2020)、《土工试验方法标准》(GB/T 50123—2019)、《水利水电工程物探规程》(SL 326—2018)、《通用硅酸盐水泥》(GB 175—2017)、《水利水电工程施工组织设计规范》(SL 303—2017)、《水利水电工程等级划分及洪水标准》(SL 252—2017)，对原教材内容进行了全面修订、补充和完善。

本教材认真贯彻党的教育方针，落实立德树人根本任务，将习近平总书记“节水优先、空间均衡、系统治理、两手发力”的治水思路、“绿水青山就是金山银山”的理念，以及水利水电工程建设贯彻高质量发展理念、工匠精神、劳模精神、新时代水利精神等方面内容融入其中。教材按照职业岗位群实际工作需求，以校企深度产教融合为基础，体现了校企“双元”合作开发的特点，突出工作手册式教材基本特征和内涵要求，反映了生产一线新技术、新工艺、新材料、新规范的实际应用，并配套开发了信息化教学资源。本教材按照水利水电工程施工工作任务和性质不同将教学内容分为四大教学模块：质量监控任务、方法及质量控制常用工具，水利水电工程施工质量监控技术，水利水电工程质量问题和质量事故的分析处理，典型工程案例分析。

参加本教材修订工作的有：模块一及模块二由杨凌职业技术学院刘儒博教授编写修订，模块三由山西水利职业技术学院张茹编写修订，模块四由中国水利水电建设集团十五工程局有限公司刘逸军、汤轩林编写修订，刘儒博教授担任主编，刘逸军教授级高级工程师、汤轩林高级工程师担任副主编，中国水利水电建设集团十五工程局有限公司张少卫教授级高级工程师担任主审。

本教材在编写过程中参考并引用了行业现行规范和有关资料，在此对所有文献的作者深表谢意。由于作者水平有限，书中错误之处在所难免，恳请广大读者批评指正。

**编　者**

2022 年 1 月

# 第一版前言

随着我国高等职业教育改革的进一步深化，产教融合、校企合作已成为职业教育培养高素质技术技能人才的一条有效途径。《国务院关于印发国家职业教育改革实施方案的通知》（国发〔2019〕4号）明确提出：深化产教融合、校企合作，育训结合，健全多元化办学格局，推动企业深度参与协同育人，扶持鼓励企业和社会力量参与举办各类职业教育；建设一大批校企“双元”合作开发的国家规划教材，倡导使用新型活页式、工作手册式教材并配套开发信息化资源。

杨凌职业技术学院与中国水电建设集团十五工程局有限公司的合作由来已久。两家单位在合作中共同成长发展、繁荣壮大，是职业教育校企合作的典范。企业全过程、全方位参与学校的教育教学过程，为学院的建设发展和人才培养做出了卓越贡献。学院为企业培养输送了一大批优秀的技术人才，成长为企业的技术骨干，在企业的发展壮大过程中做出了显著贡献。特别是自2006年示范院校建设以来，校企双方合作的广度和深度显著加大，在水利类专业人才培养方案制订与实施、专业建设、课程建设、校内外实验实训条件建设、学生生产实习和顶岗实习指导、教师下工地实践锻炼、兼职教师授课、资源共享、接收毕业生等方面开展了全方位实质性合作，成果突出。2013年3月，依托杨凌职业技术学院水利水电建筑工程专业，本着“合作共建，创新共赢”的原则，双方共同协商，成立校企合作理事会和“中国水电十五工程局水电学院”，共同发挥各自的资源优势，协同为社会行业企业培养高素质水利水电工程技术技能人才。在水电学院的运行过程中，为了更好地实现“五个对接”、校企协同育人，将企业的新技术、新成果引入教学过程中，在“双高计划”院校建设项目的支持下，主要围绕水利水电工程施工一线的施工员、质量员、造价员、安全员等关键技术岗位工作要求，培养学生的专业核心能力，校企共同策划编写工作手册式教材并配套开发信息化资源，作为水利水电工程类专业学生的教材，同时也可作为企业员工的工作参考书。

质量是水利水电工程建设的生命线，施工单位必须依照国家水利行业有关工程建设法规、技术标准、规范规程的规定以及设计文件和施工合同的要求进行施工，并对其施工的工程质量负责。施工单位要积极推行全面质量管理，建立健全质量保证体系，制定和完善岗位质量规范、质量责任及考核办法，落实质量责任制。在施工过程中要加强质量检验工作，认真执行“三检制”，切实做好工程质量的全过程监控。为了实现这一目标，施工企业需要一支政治素质高，工作踏实，责任心强，熟悉水利工程建设有关法律法规，熟练掌握水利工程建设质量检验、控制技术的质量管理队伍。

通过本课程学习，学生可具备施工质量监控技术的运用能力，能够直接从事水利水电工程施工质量管理的技术工作，具备制订质量管理计划的能力，具备材料质量检验与验收的能力，具备分部工程检查验收能力，具备工程竣工验收能力，具备质量问题、事故处理能力，具备编制检查、验收情况记录表的能力。

该教材按照水利水电工程施工工作任务和性质不同，将教学内容分为：质量监控任务、方法及质量控制分析常用工具，水利水电工程施工质量监控技术，水利水电工程质量问题和质量事故的分析处理，典型工程案例分析四大教学模块。

本教材按照职业岗位群实际工作需求，以校企深度产教融合为基础，突出工作手册式教材基本特征和内涵要求，反映了生产一线新技术、新工艺、新材料、新规范的实际应用。

本教材由校企合作建设团队共同完成，其中：模块一和模块二由杨凌职业技术学院刘儒博教授编写，模块三由山西水利职业技术学院张茹编写，模块四由中国水利水电建设集团十五工程局有限公司刘逸军、汤轩林编写。杨凌职业技术学院刘儒博教授担任主编，中国水利水电建设集团十五工程局有限公司张少卫教授级高级工程师担任主审。本教材信息化教学资源由杨凌职业技术学院海琴完成，杨凌职业技术学院水工教研室多位教师及闫小红、李晓林老师给予了诸多帮助，在此一并表示感谢。书中难免存在不足，敬请读者批评指正。

**编　者**

2017 年 1 月

# “行水云课”数字教材使用说明

“行水云课”水利职业教育服务平台是中国水利水电出版社立足水电、整合行业优质资源全力打造的“内容”＋“平台”的一体化数字教学产品。平台包含高等教育、职业教育、职工教育、专题培训、行水讲堂五大版块，旨在提供一套与传统教学紧密衔接、可扩展、智能化的学习教育解决方案。

本套教材是整合传统纸质教材内容和富媒体数字资源的新型教材，将大量图片、音频、视频、3D动画等教学素材与纸质教材内容相结合，用以辅助教学。读者登录“行水云课”平台，进入教材页面后输入激活码激活（激活码见教材封底处），即可获得该数字教材的使用权限。读者可通过扫描纸质教材二维码查看与纸质内容相对应的知识点多媒体资源，也可通过移动终端APP、“行水云课”微信公众号或“行水云课”网页版查看完整数字教材。

# 数字资源清单

续表

| 资源编号 | 微 课 名 称 | 页码 |
| --- | --- | --- |
| 2-3-5 | 钢筋混凝土预制构件施工质量控制 | 90 |
| 2-4-1 | 碾压混凝土施工质量控制 | 101 |
| 2-4-2 | 缝面处理与变态混凝土施工质量控制 | 103 |
| 2-5-1 | 灌浆工程施工质量控制 | 109 |
| 2-6-1 | 混凝土防渗墙工程施工质量控制 | 125 |
| 2-6-2 | 桩基础工程施工质量控制 | 133 |
| 2-6-3 | 强夯地基工程施工质量控制 | 136 |
| 2-7-1 | 渠道工程施工质量控制 | 138 |
| 2-8-1 | 堤防工程施工质量控制与评定 | 140 |
| 模块三（共3个微课资源） | | |
| 3-1-1 | 混凝土工程常见的质量问题 | 167 |
| 3-3-1 | 工程质量事故的分类 | 174 |
| 3-5-1 | 工程质量事故处理“四不放过”原则 | 179 |

# 目 录

Contents

# 模块一　质量监控任务、方法及质量控制常用工具

## 单元一　质量监控的主要任务

### 一、水利水电工程项目建设程序

#### （一）基本建设及其程序

1. 基本建设的概念及内容

基本建设是指固定资产的建设，即建筑、安装和购置固定资产的活动及与之相关的工作。

基本建设包括以下工作内容：

（1）建筑安装工程。是基本建设的重要组成部分，是工程建设通过勘测、设计、施工等生产性活动创造的建筑产品，其包括建筑工程和设备安装工程。建筑工程包括各种建筑物的修建、金属结构（如闸门等）的安装、安装设备的基础建造等工作；设备安装工程是各种机电设备的装配、安装、试车等工作。

（2）设备工器具的购置。是指建设项目需要购置的机电设备、工具、器具，都属于固定资产。

（3）其他基建工作。指不属于上述两项的基建工作，如勘测、设计、科学试验、淹没及迁移赔偿、水库清理、施工队伍转移、生产准备等各项工作。

2. 基本建设程序的概念

基本建设程序是指基本建设项目从决策、设计、施工到竣工验收全过程中，各项工作必须遵循的先后次序。任何一项工程的建设过程，各阶段、各步骤、各项工作之间都存在着一定的不可分割的先后联系。

#### （二）水利水电工程项目建设程序

微课
1-1-1
水利水电工程基本建设程序

结合水利水电工程的特点（工程建设规模大、施工工期相对较长、施工技术复杂、横向交叉面广、内外协作关系和工序多）和建设实践，水利水电工程的基本建设程序是依据国家或地区总体规划以及流域综合规划制定的，具体为：提出建设项目建议书；进行可行性研究和项目评估决策；进行勘测设计；初步设计经过审批后，项目列入国家基本建设年度计划，并进行施工准备（包括招投标设计）；开工报告批准后进行建设实施；适时做好生产准备；建成后进行竣工验收并投产运行；运行1～2年后进行项目后评价。项目建设分为三个阶段，即前期工作阶段（包括①项目建议书、②可行性研究、③初步设计），建设期阶段（包括④施工准备、⑤建设实施），以及后期工作阶段（包括⑥生产准备、⑦竣工验收、⑧项目后评价）。

1. 项目建议书

项目建议书阶段的任务就是在流域规划的基础上，由主管部门提出的工程项目的轮廓

设想，也就是工程项目的目标、任务，主要是从客观上衡量分析工程项目建设的必要性（如防洪、除涝、河道、灌溉、城镇和工业供水、跨流域调水、水力发电、垦殖和其他综合利用）和可能性，即分析其建设条件是否具备，是否值得投入资金和人力，是否进行可行性研究。

2. 可行性研究

可行性研究是运用现代生产科学技术、经济学和管理工程学对建设项目进行技术、经济分析的综合性工作。其任务是研究兴建或扩建某个项目在技术上是否可行，经济上是否显著，财务上是否盈利，建设中要动用多少人力、物力和资金，建设工期多长，如何筹集资金等重要问题。因此，经批准可行性研究报告是项目决策和进行初步设计的依据。

3. 初步设计

在初步设计阶段，通过不同方案的分析比较，论证本工程及主要建筑物的等级标准；选定坝（闸）址；设计工程总体布置；设计主要建筑物型式和控制尺寸；论证水库各种特征水位；设计装机容量；设计机组机型；设计施工导流方案；设计主体工程施工方法；设计施工总进度及施工总布置等。

4. 施工准备（包括招投标设计）

招投标设计指为施工招标和设备材料招标而进行的设计工作。施工准备包括：完成施工现场的征地、拆迁；完成“四通一平”（施工用水、电、通信、道路和场地平整）等工程；完成必需的生产、生活临时建筑工程；组织招标设计、咨询、设备及物资采购等服务；组织建设监理及主体工程招投标，选定建设监理单位和施工承包企业。

5. 建设实施

建设实施指主体工程的建设实施，项目法人按照批准的建设文件组织工程建设，保证项目建设目标的实现。

6. 生产准备（运行准备）

项目法人应按照建管结合和项目法人责任制的要求，适时做好有关生产准备工作，保证工程一旦竣工，即可投产运行。

7. 竣工验收

竣工验收是工程完成建设目标的标志，是全面考核建设成果、检验设计和工程质量的重要环节。

8. 项目后评价

工程建设竣工验收后，一般经过1～2年生产（运行）后，要进行一次系统性的项目后评价。项目后评价一般按三个层次组织实施，即项目法人自我评价、项目行业的评价以及主管部门（或主要投资方）的评价。评价的主要内容包括过程评价、经济评价、社会影响及移民安置评价、环境影响及水土保持评价、目标和可持续评价以及综合评价六个方面。

微课
1-1-2
水利水电工程建设制度及管理体制

## 二、工程建设实行的制度及质量监督体系

### （一）工程建设实行的制度

1. 我国水利水电工程建设项目推行的三项制度

（1）项目法人制。即项目法人责任制，是指经营性建设项目由法人对项目的策划、资

金筹措、建设实施、生产经营、偿还债务和资产的增值保值实行全过程负责，并享有相应权利的一种项目管理制度。

(2) 招标投标制。是指项目法人与承包商依法按规范的程序实现工程项目交易的行为和过程，招投标的基本程序为：招标—投标—开标—评标—定标—签订合同。

(3) 建设监理制。是指监理单位受项目法人委托，依据法律、行政法规及有关技术标准、设计文件和建筑工程合同，对承包单位在施工质量、建设工期及建设资金等方面，代表建设单位实施监督。

2. 水利工程质量管理有关规定

微课 1－1－3

水利工程施工质量保证的“三检制”

《水利工程质量管理规定》（2023 年 1 月 12 日水利部令第 52 号发布）中明确规定：项目法人或者建设单位（以下统称项目法人）对水利工程质量承担首要责任。勘察、设计、施工、监理单位对水利工程质量承担主体责任，分别对工程的勘察质量、设计质量、施工质量和监理质量负责。检测、监测单位以及原材料、中间产品、设备供应商等单位依据有关规定和合同，分别对工程质量承担相应责任。水利工程实行工程质量终身责任制，项目法人、勘察、设计、施工、监理、检测、监测等单位人员，依照法律法规和有关规定，在工程合理使用年限内对工程质量承担相应责任。

(1) 项目法人的质量责任。

微课 1－1－4

工程建设质量保证体系

项目法人责任制作为水利工程建设项目管理的基本制度之一，对保障水利工程建设的有序实施发挥了重要作用，其主要质量责任如下：

1）应当根据水利工程的规模和技术复杂程度明确质量管理机构，建立健全质量管理制度，落实质量责任，实施工程建设的全过程质量管理。

2）应当将工程依法发包给具有相应资质等级的单位。项目法人与参建单位签订的合同文件中，应当包括工程质量条款，明确工程质量要求，并约定合同各方的质量责任。项目法人应当依法向有关的勘察、设计、施工、监理等单位提供与工程有关的原始资料。原始资料必须真实、准确、齐全。

3）不得迫使市场主体以低于成本的价格竞标，不得任意压缩合理工期。项目法人不得明示或者暗示勘察、设计、施工单位违反工程建设强制性标准，降低工程质量；不得明示或者暗示施工单位使用不合格的原材料、中间产品和设备。

4）应当按照国家有关规定办理工程质量监督及开工备案手续，并书面明确各参建单位项目负责人和技术负责人。

5）应当依据经批准的设计文件，组织编制工程建设执行技术标准清单，明确工程建设质量标准。

6）应当组织开展施工图设计文件审查。未经审查合格的施工图设计文件，不得使用。项目法人应当组织或者委托监理单位组织有关参建单位进行勘察、设计交底。项目法人应当加强设计变更管理，按照规定履行设计变更程序。设计变更未经审查同意的，不得擅自实施。

7）应当严格依照有关法律、法规、规章、技术标准、批准的设计文件和合同开展验收工作。工程质量符合相关要求的，方可通过验收。

8）应当对参建单位的质量行为和工程实体质量进行检查，对发现的问题组织责任单位进行整改落实。对发生严重违规行为和质量事故的，项目法人应当及时报告具有管辖权的水行政主管部门或者流域管理机构。

9）工程开工后，项目法人应当在工程施工现场明显部位设立质量责任公示牌，公示项目法人、勘察、设计、施工、监理等参建单位的名称、项目负责人姓名以及质量举报电话，接受社会监督。工程竣工验收后，项目法人应当在工程明显部位设置永久性标志，载明项目法人、勘察、设计、施工、监理等参建单位名称、项目负责人姓名。

10）应当按照档案管理的有关规定，及时收集、整理并督促指导其他参建单位收集、整理工程建设各环节的文件资料，建立健全项目档案，并在工程竣工验收后，办理移交手续。

11）水利工程建设实行代建、项目管理总承包等管理模式的，代建、项目管理总承包等单位按照合同约定承担相应质量责任，不替代项目法人的质量责任。

（2）勘察、设计单位的质量责任。

勘察、设计质量是关系水利工程质量的关键因素之一。其主要质量责任如下：

1）勘察、设计单位应当在其资质等级许可的范围内承揽水利工程勘察、设计业务，禁止超越资质等级许可的范围或者以其他勘察、设计单位的名义承揽水利工程勘察、设计业务，禁止允许其他单位或者个人以本单位的名义承揽水利工程勘察、设计业务，不得转包或者违法分包所承揽的水利工程勘察、设计业务。

2）勘察、设计单位应当依据有关法律、法规、规章、技术标准、规划、项目批准文件进行勘察、设计，严格执行工程建设强制性标准，保障工程勘察、设计质量。

3）勘察、设计单位应当依照有关规定建立健全勘察、设计质量管理体系，加强勘察、设计过程质量控制，严格执行勘察、设计文件的校审、会签、批准制度。

4）勘察单位提供的地质、测量、水文等勘察成果必须真实、准确，符合国家和相关行业规定的勘察深度要求。

5）设计单位应当根据勘察成果文件进行设计，提交的设计文件应当符合相关技术标准规定的设计深度要求，并注明工程及其水工建筑物合理使用年限。水利工程施工图设计文件，应当以批准的初步设计文件以及设计变更文件为依据。

6）设计单位在设计文件中选用的原材料、中间产品和设备，应当注明规格、型号、性能等技术指标，其质量要求必须符合国家规定的标准。除有特殊要求的原材料、中间产品和设备外，设计单位不得指定生产厂家和供应商。

7）勘察、设计单位应当在工程施工前，向施工、监理等有关参建单位进行交底，对施工图设计文件作出详细说明，并对涉及工程结构安全的关键部位进行明确。

8）勘察、设计单位应当及时解决施工中出现的勘察、设计问题。设计单位应当根据工程建设需要和合同约定，在施工现场设立设计代表机构或者派驻具备相应技术能力的人员担任设计代表，及时提供设计文件，按照规定做好设计变更。设计单位发现违反设计文件施工的情况，应当及时通知项目法人和监理单位。

9）勘察、设计单位应当按照有关规定参加工程验收，并在验收中对施工质量是否满足设计要求提出明确的评价意见。

10）设计单位应当参与水利工程质量事故分析，提出相应的技术处理方案。

（3）施工单位的质量责任。

1）施工单位应当在其资质等级许可的范围内承揽水利工程施工业务，禁止超越资质等级许可的业务范围或者以其他施工单位的名义承揽水利工程施工业务，禁止允许其他单位或者个人以本单位的名义承揽水利工程施工业务，不得转包或者违法分包所承揽的水利工程施工业务。

2）施工单位必须按照批准的设计文件和有关技术标准施工，不得擅自修改设计文件，不得偷工减料。施工单位发现设计文件和图纸有差错的，应当及时向项目法人、设计单位、监理单位提出意见和建议。施工单位应当严格进行施工过程质量控制，保证施工质量。

3）施工单位应当建立健全施工质量管理体系，根据工程施工需要和合同约定，设置现场施工管理机构，配备满足施工需要的管理人员，落实质量责任制。施工单位一般不得更换派驻现场的项目经理和技术负责人；确需更换的，应当经项目法人书面同意，且更换后的人员资格不得低于合同约定的条件。

4）水利工程的勘察、设计、施工、设备采购的一项或者多项实行总承包的，总承包单位对其承包的工程或者采购的设备质量负责。总承包单位依法将工程分包给其他单位的，分包单位按照分包合同的约定对其分包工程的质量向总承包单位负责，总承包单位与分包单位对分包工程的质量承担连带责任。分包单位应当接受总承包单位的质量管理。禁止分包单位将其承包的工程再分包。

5）施工单位必须按照经批准的设计文件、有关技术标准和合同约定，对原材料、中间产品、设备以及单元工程（工序）等进行质量检验，检验应当有检查记录或者检测报告，并有专人签字，确保数据真实可靠。对涉及结构安全的试块、试件以及有关材料，应当在项目法人或者监理单位监督下现场取样。未经检验或者检验不合格的，不得使用。前款规定的质量检测业务按照有关规定由具有相应资质等级的水利工程质量检测单位承担。

6）施工单位应当严格执行工程验收制度。单元工程（工序）未经验收或者验收不通过的，不得进行下一单元工程（工序）施工。施工单位应当做好隐蔽工程的质量检查和记录，隐蔽工程在隐蔽前，施工单位应当通知项目法人和水利工程质量监督机构。隐蔽工程未经验收或者验收不通过的，不得隐蔽。

7）施工单位应当加强施工过程质量控制，形成完整、可追溯的施工质量管理文件资料，并按照档案管理的有关规定进行收集、整理和归档。主体工程的隐蔽部位施工、质量问题处理等，必须保留照片、音视频文件资料并归档。

8）对出现施工质量问题的工程或者验收不合格的工程，施工单位应当负责返修或者重建。

9）水利工程在保修范围和保修期限内发生质量问题的，施工单位应当履行保修义务，并对造成的损失承担赔偿责任。水利工程的保修范围、期限，应当在施工合同中约定。

10）发生质量事故时，施工单位应当采取措施防止事故扩大，保护事故现场，并及时通知项目法人、监理单位，接受质量事故调查。

（4）监理单位的质量责任。

1）监理单位应当在其资质等级许可的范围内承担水利工程监理业务，禁止超越资质等级许可的范围或者以其他监理单位的名义承担水利工程监理业务，禁止允许其他单位或者个人以本单位的名义承担水利工程监理业务，不得转让其承担的水利工程监理业务。

2）监理单位应当依照国家有关法律、法规、规章、技术标准、批准的设计文件和合同，对水利工程质量实施监理。

3）监理单位应当建立健全质量管理体系，按照工程监理需要和合同约定，在施工现场设置监理机构，配备满足工程建设需要的监理人员，落实质量责任制。现场监理人员应当按照规定持证上岗。总监理工程师和监理工程师一般不得更换；确需更换的，应当经项目法人书面同意，且更换后的人员资格不得低于合同约定的条件。

4）监理单位应当对施工单位的施工质量管理体系、施工组织设计、专项施工方案、归档文件等进行审查。

5）监理单位应当按照有关技术标准和合同要求，采取旁站、巡视、平行检验和见证取样检测等形式，复核原材料、中间产品、设备和单元工程（工序）质量。未经监理工程师签字，原材料、中间产品和设备不得在工程上使用或者安装，施工单位不得进行下一单元工程（工序）的施工。未经总监理工程师签字，项目法人不拨付工程款，不进行竣工验收。平行检验中需要进行检测的项目按照有关规定由具有相应资质等级的水利工程质量检测单位承担。

6）监理单位不得与被监理工程的施工单位以及原材料、中间产品和设备供应商等单位存在隶属关系或者其他利害关系。监理单位不得与项目法人或者被监理工程的施工单位串通，弄虚作假、降低工程质量。

（5）其他单位的质量责任。

1）水利工程质量检测单位应当在资质等级许可的范围内承揽水利工程质量检测业务，禁止超越资质等级许可的范围或者以其他单位的名义承揽水利工程质量检测业务，禁止允许其他单位或者个人以本单位的名义承揽水利工程质量检测业务，不得转让承揽的水利工程质量检测业务。原材料、中间产品和设备供应商等单位应当在生产经营许可范围内承担相应业务。

2）质量检测单位应当依照有关法律、法规、规章、技术标准和合同，及时、准确地向委托方提交质量检测报告并对质量检测成果负责。质量检测单位应当建立检测结果不合格项目台账，并将可能形成质量隐患或者影响工程正常运行的检测结果及时报告委托方。

3）监测单位应当依照有关法律、法规、规章、技术标准和合同，做好监测仪器设备检验、埋设、安装、调试和保护工作，保证监测数据连续、可靠、完整，并对监测成果负责。监测单位应当按照合同约定进行监测资料分析，出具监测报告，并将可能反映工程安全隐患的监测数据及时报告委托方。

4）质量检测单位、监测单位不得出具虚假和不实的质量检测报告、监测报告，不得篡改或者伪造质量检测数据、监测数据。任何单位和个人不得明示或者暗示质量检测单位、监测单位出具虚假和不实的质量检测报告、监测报告，不得篡改或者伪造质量检测数据、监测数据。

5）原材料、中间产品和设备供应商等单位提供的原材料、中间产品和设备应当满足有关技术标准、经批准的设计文件和合同要求。

（6）监督管理。

1）水利部负责全国水利工程质量的监督管理。

2）县级以上人民政府水行政主管部门、流域管理机构在管辖范围内负责对水利工程质量的监督管理。

3）县级以上人民政府水行政主管部门可以委托水利工程质量监督机构具体承担水利工程建设项目的质量监督工作。县级以上人民政府水行政主管部门、流域管理机构可以采取购买技术服务的方式对水利工程建设项目实施质量监督。

4）县级以上人民政府水行政主管部门、流域管理机构、受委托的水利工程质量监督机构应当采取抽查等方式，对水利工程建设有关单位质量行为和工程实体质量进行监督检查。有关单位和个人应当支持与配合，不得拒绝或者阻碍质量监督检查人员依法执行职务。质量监督工作不代替项目法人、勘察、设计、施工、监理及其他单位的质量管理工作。

5）县级以上人民政府水行政主管部门、流域管理机构、受委托的水利工程质量监督机构履行监督检查职责时，依法采取下列措施：要求被监督检查单位提供有关工程质量等方面的文件和资料；进入被监督检查工程现场和其他相关场所进行检查、抽样检测等。

6）项目法人应当将重要隐蔽单元工程及关键部位单元工程、分部工程、单位工程质量验收结论报送承担项目质量监督的水行政主管部门或者流域管理机构。

### （二）工程建设质量监督体系

水利部于2001年3月9日印发《关于贯彻落实〈国务院批转国家计委、财政部、水利部、建设部关于加强公益性水利工程建设管理若干意见的通知〉的实施意见》，该意见中关于加强质量管理的第一条就是项目法人、监理、设计、施工、材料和设备供应等单位，要严格按照《水利工程质量管理规定》建立和健全质量管理体系，各单位要对因本单位的工作质量所产生的工程质量承担责任。

工程建设质量监督体系是指建设工程中各参建主体和管理主体对建设工程质量的监督控制的组织实施方式。也就是在工程建设中，政府主管部门，业主，承包商，勘察设计单位，检测单位，工程监理单位，材料、构配件、设备供应单位在建设工程质量监督控制中各自的控制职能和作用。它包括直接参建主体的质量审核控制，业主及代表业主利益的监理单位等中介组织对参建主体质量行为和活动的督促监督，以及代表政府和公众利益的政府质量监督三个层次。建设工程的政府监督是监督体系的最高层次，其监督的内容涵盖建设工程所有参建主体的质量行为和实体质量，是整体全面的监督控制。

## 三、质量员的主要职责和素质要求

水利水电工程施工涉及面广，是一个极其复杂的综合工程，具有项目位置不固定、生产流动、结构类型不一、质量要求不一、施工方法不一、体型大、整体性强、建设周期长、受自然条件影响大等特点。因此，水利施工项目的质量比一般工业、建筑产业的质量更难以控制，对质量员的要求也就更高。

### （一）质量员的基本工作内容

质量员在项目经理的领导下负责工程的质量控制工作，明确质量控制系统中每个人的称谓，规定相应的职责和责任，负责现场各组织部门的各类专业质量控制工作的执行。质量员负责向工程项目班子所有人员介绍该工程项目的质量控制制度，负责指导和保证此项制度的实施，通过质量控制来保证工程建设满足技术规范和合同规定的质量要求。具体工作内容如下：

（1）识别和解释现行适用标准。

（2）负责质量控制制度和质量控制手段的介绍，指导质量控制工作的顺利进行，如负责对机械、电气、管道、钢结构以及混凝土工程的施工质量进行检查监督，对到达现场的设备、材料和半成品进行质量检查，对焊接、铆接、螺栓、设备定位以及技术要求严格的工序进行检查，检查和验收隐蔽工程（指基础工程、地基开挖、地基处理、地下防渗、地基排水、地下建筑物等工程，所有完工后被覆盖而无法或很难再进行检查维修的工程）并做好记录等。

（3）组织现场实验室和质监部门实施质量控制（如土坝压实现场测试实验室）。

（4）建立文件和报告制度，包括建立一套日常报表体系。报表中要汇编和反映以下信息：将要开始的工作；各类人员的监督活动；业主提出的检查工作的要求；在施工中的检验或现场试验；其他质量工作内容。此外，现场实验室简报是极为重要的记录，每月底需以表格或图表形式送达项目经理及业主，每季度或每半年也要进行同样汇报，报告每项工作的结果。

（5）组织工程质量检查，并针对检查内容，主持质量分析会，严格执行质量奖罚制度。

（6）接受工程建设各方关于质量控制的申请和要求，包括向各有关部门传达必要的质量措施。如质量员有权停止分包商不符合验收标准的工作，有权决定需要进行试验室分析的项目并亲自准备样品，监督试验工作等。

（7）指导现场质量监督工作。在施工过程中巡查施工现场，发现并纠正错误操作，协助工长搞好工程质量自检、互检和交接检，随时掌握各项工程的质量情况。

（8）负责整理分项、分部和单元工程检查评定的原始记录，及时填报各种质量报表，建立质量档案。

微课 1-1-5

质量员的作用及素质要求

### （二）质量员的工作职责

水利水电工程建设各个阶段的质量控制内容及控制要点是不同的，质量员的工作职责也是不同的。针对施工阶段的质量管理分为事前控制、事中控制和事后控制三个阶段。

1. 事前控制（施工准备阶段）的工作职责

施工准备阶段的质量控制是指项目正式施工活动开始前，对各项准备工作及影响质量的各因素和有关方面进行的质量控制，是为保证施工生产正常进行而必须先做好的工作，故也称为事前控制。

施工准备工作不仅是在工程开工前要做好，而且贯穿于整个施工过程。施工准备的基本任务就是为施工项目建立一切必要的施工条件，确保施工生产顺利进行，确保工程质量符合要求。质量员在本阶段的主要职责如下：

（1）建立质量控制系统。建立质量控制系统，制定本项目的现场质量管理制度，包括现场会议制度、现场质量检验制度、质量统计报表制度、质量事故报告处理制度；完善计量及质量检测技术和手段；协助分包单位完善其现场质量管理制度，并组织整个工程项目的质量保证活动。俗语说“无规矩不成方圆”，建章立制是保证工程质量的前提，也是质量员的首要任务。

（2）进行质量检查和控制。对工程项目施工所需的原材料、半成品、构配件进行质量检查与控制。重要的预定货应先提交样品，经质量员检查认可后方可进行采购。凡进场的原材料均应有成品合格证或技术说明书（砂、石料有检测单位检测报告）。通过一系列检验手段，将所取得的数据与厂商所提供的技术证明文件相对照，及时发现材料（半成品、构配件）质量是否满足工程项目的质量要求。一旦发现不能满足工程质量要求，立即重新购买、更换，以保证所采用材料（半成品、构配件）质量的可靠性。

（3）组织或参与组织图纸会审（熟悉图纸内容、要求和特点，由设计单位进行设计交底，以达到明确要求、彻底弄清设计意图、发现问题、消灭差错的目的）。

2. 事中控制（施工过程中的质量控制）的工作职责

事中控制是施工单位控制工程质量的重点，其任务也是很繁重的。质量员在本阶段的主要工作职责是：

（1）完善工序质量控制，建立质量控制点。即把影响工序质量的因素都纳入管理范围。

1）完善工序质量控制。

a. 工序质量控制的内容。施工过程质量控制强调以科学方法来提高人的工作质量，以保证工序质量，并通过工序质量来保证工程项目实体的质量。

b. 工序质量控制的实施要则。工序质量控制的实施是一件很繁杂的事情，关键应抓住主要矛盾和技术关键，依靠组织制度及职责划分，完成工序活动的质量控制。一般来说，要掌握如下的实施要则：确定工序质量控制计划，对工序活动实行动态跟踪控制，加强对活动条件的主动控制。

2）建立质量控制点。在施工生产现场中，对需要重点控制的质量特性，工程关键部位（指对工程安全或效益有显著影响的部位）或质量薄弱环节，在一定的时期，一定条件下强化管理，使工序处于良好的控制状态，这就称为“质量控制点”。建立质量控制点的作用，在于强化工序质量管理控制，防止和减少质量问题的发生。

（2）技术交底和技术复核。技术交底与技术复核制度是施工阶段技术管理制度的一部分，也是工程质量控制的经常性任务。

1）组织参与技术交底。技术交底是参与施工的人员在施工前了解设计与施工的技术要求，以便科学地组织施工，按合理的工序、工艺进行作业的重要制度。在单位工程、分部工程、分项工程正式施工前，都必须认真做好技术交底工作。技术交底的内容根据不同层次有所不同，主要包括施工图纸、施工组织设计、施工工艺、技术安全措施、规范要求、操作规程、质量标准要求等。对于重点工程、特殊工程，采用新结构、新工艺、新材料、新技术的特殊要求，更需详细地交代清楚。分项工程技术交底后，一般应填写施工技术交底记录。施工现场技术交底的主要内容有以下几点：

a. 提出图纸上必须注意的尺寸，如轴线、标高、预留孔洞、预埋铁件、镶入构件的位置、规格、大小、数量等。

b. 提出所有各种材料的品种、规格、等级及质量要求。

c. 提出混凝土、砂浆、防水、保温、耐火、耐酸和防腐蚀材料等的配合比和技术要求。

d. 提出有关工程的详细施工方法、程序、工种之间、土建与各专业单位之间的交叉配合。

e. 提出设计修改、变更的具体内容或应注意的关键部位。

f. 提出结构吊装机械及设备的性能、构件重量、吊点位置、索具规格尺寸、吊装顺序、节点焊接及支撑系统。

2）技术复核一方面是在分项工程施工前指导、帮助施工人员正确掌握技术要求；另一方面是在施工过程中再次督促检查施工人员是否已按施工图纸、技术交底及技术操作规程施工，避免发生重大差错。

（3）严格工序间交换检查作业。严格工序间交换检查作业主要包括隐蔽作业，即应按有关验收规定的要求由质量员检查，签字验收。隐蔽验收记录是今后各项建筑安装工程的合理使用、维护、改造扩建的一项重要技术资料，必须归入工程技术档案。

（4）认真分析质量统计数据，为项目经理决策提供依据。做好施工过程记录，认真分析质量统计数字，对工程的质量水平及合格率、优良品率的变化趋势做出预测供项目经理决策。

3. 事后控制（施工验收阶段的质量控制）的工作职责

按照工程质量验收规范对分项工程、分部工程、单位工程进行验收，办理验收手续，填写验收记录，整理有关工程项目质量的技术文件，并归档保存。

### （三）水利水电工程质量员的素质要求

对于水利水电工程建设来说，新时代水利高质量发展、水利现代化建设要求项目质量员要认真贯彻习近平总书记提出的“节水优先、空间均衡、系统治理、两手发力”治水思路，牢固树立“百年大计、质量第一”的理念，加强水利工程建设质量提升，增强水利工程质量终身责任感。传承工匠精神、劳模精神和新时代水利精神，对现场工程质量管理负责，要求具有很强的质量意识和专业性、技术性，因此，对质量员的素质要求更高。

1. 具有新时代水利精神

新时代水利精神在做人层面倡导“忠诚、干净、担当”。

忠诚——水利人的政治品格。水利关系国计民生。在新时代，倡导水利人忠于党、忠于祖国、忠于人民、忠于水利事业，胸怀天下、情系民生，致力于人民对优质水资源、健康水生态、宜居水环境的美好生活向往，承担起新时代水利事业的光荣使命。

干净——水利人的道德底线。上善若水。在新时代，倡导水利人追求至清的品质，从小事做起，从自身做起，自觉抵制各种不正之风，不逾越党纪国法底线，始终保持清白做人、干净做事的形象。

担当——水利人的职责所系。水利是艰苦行业，坚守与担当是水利人特有的品质。在新时代，倡导水利人积极投身水利改革发展主战场，立足本职岗位，履职尽责，攻坚克难，在平凡的岗位上创造不平凡的业绩。

新时代水利精神在做事层面倡导“科学、求实、创新”。

科学——水利事业发展的本质特征。水利是一门古老的科学，治水要有科学的态度。在新时代，倡导水利工作坚持一切从实际出发，尊重经济规律、自然规律、生态规律，坚持按规律办事，不断提高水利工作的科学化、现代化水平。

求实——水利事业发展的作风要求。水利事业不是空谈出来的，是实实在在干出来的。在新时代，倡导水利工作求水利实际之真、务破解难题之实，发扬脚踏实地、真抓实干的作风，察实情、办实事、求实效，以抓铁有痕、踏石留印的韧劲抓落实，一步一个脚印把水利事业推向前进。

创新——水利事业发展的动力源泉。水利实践无止境，水利创新无止境。在新时代，倡导水利工作解放思想、开拓进取，全面推进理念思路创新、体制机制创新、内容形式创新，统筹解决好水灾害频发、水资源短缺、水生态损害、水环境污染的问题，走出一条有中国特色的水利现代化道路。

2. 具有良好的水利职业道德

我国水利行业的特点和新时代水利高质量发展的要求，决定了新时代水利职业道德规范的基本要求，这就要求质量员具有爱岗敬业、乐于奉献、艰苦奋斗、勤俭节约、尊重科学、实事求是、刻苦钻研、开拓创新、遵纪守法、清正廉洁、顾全大局、团结协作、注重质量、确保安全等良好的水利职业道德。

3. 具备足够的专业知识和较强的岗位能力

质量员应了解工程设计、施工、材料、测量、计量、检验、评定等各方面知识，掌握水利建设智能建造新技术和信息化管理新技术，一般具有2年以上的管理经验，具有初级以上职称及上岗证，掌握工程施工的工艺标准、验收规范，有较强的管理能力和一定的组织协调能力。

# 单元二 施工阶段质量控制方法

## 一、质量管理与质量保证

### （一）质量和工程质量

质量是指反映实体固有的满足明确或者隐含需要能力的特性的总和。

“固有的”就是指某事或某物中本来就有的，尤其是那种永久的特性。

质量的主体是“实体”。实体可以是活动或者过程的有形产品，如建成的大坝，处理后的地基；或是无形的产品（质量措施规程等）；也可以是某个组织体系或人，以及上述各项的组合。由此可见，质量的主体不仅包括产品，而且包括活动、过程、组织体系或人，以及它们的组合。

质量的“明确需要”是指在合同、标准、规范、图纸、技术文件中已经作出明确规定的要求；质量的“隐含需要”则应加以识别和确定，如人们对实体的期望，公认的、不言而喻的、不必作出规定的“需要”。

工程质量除了具有上述普遍意义上的质量的含义外，还具有自身的一些特点。在工程质量中，所说的满足明确或者隐含的需要，不仅是针对客户的，还要考虑到社会的需要和国家有关的法律、法规的要求。

一般认为工程质量具有如下的特性：

（1）单一性。这是由工程施工的单一性所决定的，即一个工程一个情况，即使是使用同一设计图纸，由同一施工单位来施工，也不可能两个工程具有完全一样的质量。因此，工程质量的管理必须管理到每项工程，甚至每道工序。

（2）过程性。工程的施工过程，在通常的情况下是按照一定的顺序来进行的。每个过程的质量都会影响到整个工程的质量，因此工程质量的管理必须管理到每项工程的全过程。

（3）重要性。工程质量的好与坏影响很大，不仅关系到工程本身，而且因为它的安全性是社会性质的，业主和参与工程的各个单位都将受到影响。所以，参建和监督各方必须加强对工程质量的监督和控制，达到工程质量目标，以保证工程建设和使用阶段的安全。

（4）综合性。影响工程质量的原因很多，有设计、施工、业主、材料供应商等多方面的因素。只有各个方面做好了各个阶段的工作，工程的质量才有保证。

### （二）质量控制

质量控制是指为达到质量要求所采取的作业技术和活动，它致力于满足质量要求，是质量管理的一部分。

1. 质量控制

质量控制包括作业技术和管理活动，其目的在于监视过程并排除质量环从最初需要到最终满足要求和期望的各阶段中影响质量的相互作用活动的概念模式。其特点为：①质量环中的一系列活动中一环扣一环，互相制约，互相依存，互相促进；②质量环不断循环，每经过一次循环，就意味着产品质量的一次提高。质量控制的对象是过程，通过对作业技术和管理活动的管理，使被控制对象达到规定的质量要求。

2. 全过程质量控制

质量控制应贯穿于质量形成的全过程（即质量环的所有环节）。质量控制的目的在于预防，通过采取预防措施来排除质量环各个阶段产生问题的原因，以获得期望的经济效益。质量控制的具体实施主要是为影响产品质量的各环节、各因素制定相应的计划和程序，对发现的问题和不合格情况进行及时处理，并采取有效的纠正措施。

### （三）工程项目质量保证和质量保证体系

质量保证是指企业对用户在工程质量方面做出的担保，即企业向用户保证其承建的工程在规定的期限内能满足的设计和使用功能。它是质量管理的一部分，其核心是致力于使人们信任产品满足质量要求。

（1）质量保证的目的是提供信任，获取信任的对象有两个方面：一是内部的信任，主要对象是组织的领导；二是外部的信任，主要对象是客户。由于质量保证的对象不同，所以客观上就存在着内部和外部质量保证。

（2）信任来源于质量体系的建立和运行（包括技术、管理、人员等方面的因素均处于受控状态），只有建立减少、消除、预防质量缺陷的机制，才具有质量保证能力。

（3）产品的质量要求（产品要求、过程要求、体系要求）必须反映客户的要求，才能给客户以足够的信任。

（4）质量保证方法：

1）供方的合格说明。

2）提供形成文件的基本证据。

3）提供其他顾客的认定证据。

4）顾客亲自审核。

5）由第三方进行审核。

6）提供经国家认可的认证机构出具的认证材料。

质量保证和质量控制是一个事物的两个方面，其某些活动是相互关联、密不可分的。

质保体系是指为了保证质量满足要求，运用系统的观点和方法，将参与设计施工和管理的各部门和人员组织起来，将设计施工的各环节及其管理活动严密协调组织起来，明确他们在保证质量方面的任务、责任、权限、工作程序和方法，从而形成一个有机的质量保证整体。质保体系的主要内容包括：有明确的质量方针、目标和计划；建立严格的质量责任制；建立专职质量管理机构和兼职质量管理人员；实行管理业务标准化和管理流程程序化；开展群众性的质量管理活动，建立高效灵敏的质量信息管理系统。

### （四）质量管理和全面质量管理

质量管理是确保质量方针、目标和职责，并在质量体系中通过诸如质量策划、质量控制、质量保证和质量改进，使其实施全部管理职能的所有指挥和控制活动。

（1）质量管理是下述管理职能中的所有活动：①确定质量方针和目标；②确定岗位职责和权限；③建立质量体系并使其有效运行。

（2）质量管理是在质量体系中通过质量策划、质量控制、质量保证和质量改进一系列活动来实现的。

（3）一个组织要搞好质量管理，应加强最高管理者的领导作用，落实各级管理者职责，并加强教育、激励全体职工积极参与。

（4）应在质量要求的基础上，充分考虑质量成本等经济因素。全面质量管理是以组织全员参与为基础，以质量为中心的质量管理形式，通过顾客满意和实现本组织所有成员及社会的收益而达到长期成功的目的。

## 二、施工阶段质量控制的原理与方法

微课 1-2-1　施工阶段质量控制的原理与方法

### （一）质量控制的基本原理

1. PDCA 循环原理

PDCA 就是计划 P（plan）、实施 D（do）、检查 C（check）、处置 A（action）的目标控制原理。

（1）计划可以理解为质量计划阶段，明确目标并制定实现目标的行动方案。

（2）实施包含两个环节，即计划行动方案的交底和按计划规定的方法与要求展开工程作业技术活动。计划行动方案交底的目的在于使具体的作业者和管理者，明确计划的意图和要求，掌握标准，从而规范行为，全面地执行计划的行动方案，步调一致地去努力实现预期的目标。

（3）检查指对计划实施过程进行各种检查，包括作业者的自检、互检和专职管理者专检。各类检查包含两大方面：一是检查是否严格执行了计划的行动方案，实际条件是否发生变化，以及不执行计划的原因；二是检查计划执行的结果，即产生的质量是否达到标准的要求，对此进行确认和评价。

(4) 处置质量检查所发现的质量问题或质量不合格情况，及时进行原因分析，采取必要的措施予以纠正，保持质量形成的受控状态。

2. 三阶段（事前、事中、事后）控制原理

三阶段控制原理构成了质量控制的系统控制。

(1) 事前控制要求预先进行周密的质量计划。其控制包含两层意思：一是强调质量目标的计划预控，二是按质量计划进行质量活动前的准备工作状态的控制。

(2) 事中控制首先是对质量活动的行为约束，即对质量产生过程中各项技术作业活动操作者在相关制度管理下的自我约束的同时，充分发挥其技术能力，去完成预定质量目标的作业任务；其次是对质量活动过程和结果，来自他人的监督控制，这里包括来自企业内部管理者的检查检验和来自企业外部的工程监理和政府质量监督部门等的监控。事中控制虽然包含自控和监控两大环节，但其关键还是增强质量意识，发挥操作者自我约束、自我控制能力，即坚持质量标准是根本，监控或他人控制是必要补充，通过建立和实施质量体系来达到这一目的。

(3) 事后控制包括对质量活动结果的评价认定和对质量偏差的纠正。

以上三大环节不是孤立和截然分开的，它们之间构成有机的系统过程，实质上就是PDCA循环具体化，并在每一次滚动循环中不断提高，达到质量管理或质量控制的持续改进。

3. 三全控制

三全控制是指生产企业的质量管理应该是全面、全过程和全员参与的，它来自于全面质量管理（total quality control，TQC)。全面质量管理是以组织全员参与为基础的质量管理形式。全面质量管理代表了质量管理发展的最新阶段，起源于美国，后来在其他一些工业发达国家开始推行，并且在实践运用中各有所长。特别是日本，在20世纪60年代以后推行全面质量管理并取得了丰硕的成果，引起世界各国的瞩目。80年代后期以来，全面质量管理得到了进一步的扩展和深化，逐渐由早期的TQC演化成为TQM（Total Quality Management)，其含义远远超出了一般意义上的质量管理的领域，而成为一种综合的、全面的经营管理方式和理念，同时包融在质量体系标准（GB/T 19000—ISO9000）中。

ISO是世界上最大的国际标准化组织之一。它成立于1947年2月23日，美国的Howard Coonley先生当选为ISO的第一任主席。ISO的前身是1928年成立的国际标准化协会国际联合会（ISA)。

ISO的宗旨是“在世界上促进标准化及其相关活动的发展，以便于商品和服务的国际交换，在智力、科学、技术和经济领域开展合作”。ISO现有117个成员，包括117个国家和地区。ISO的最高权力机构是每年一次的“全体大会”，其日常办事机构是中央秘书处，设在瑞士的日内瓦。中央秘书处现有170名职员，由秘书长领导。

ISO通过它的2856个技术机构开展技术活动。其中技术委员会（TC）共255个，分技术委员会（SC）共611个，工作组（WG）2022个，特别工作组38个。

ISO的2856个技术机构技术活动的成果是“国际标准”。ISO现已制定出国际标准共10300多个，主要涉及各行各业各种产品的技术规范。

ISO 制定的国际标准编号的格式是：ISO＋标准号＋［杠＋分标准号］＋冒号＋发布年号（方括号中的内容可有可无），例如 ISO8402：1987、ISO9000－1：1994 等，分别是某一个标准的编号。它对工程质量控制具有理论和实践的指导意义。

全面质量控制是指工程（产品）质量和工作质量的全面控制，工作质量是产品质量的保证，工作质量直接影响产品质量的形成。对于建设工程项目而言，全面质量控制还应该包括建设工程各参与主体的工程质量与工作质量的全面控制。如业主、监理、勘察、设计、施工总包、施工分包、材料设备供应商等，任何一方任何环节的怠慢疏忽或质量责任不到位都会造成对建设工程质量的影响。

全过程质量控制是指根据工程质量的形成规律，按照建设程序从源头抓起，全过程推进。

全员参与控制是指无论组织内部的管理者还是工作者，每个岗位都承担着相应的质量职能，一旦确定了质量方针目标，就应组织和动员全体员工参与到实施质量方针的系统活动中去，发挥自己的角色作用。全员参与质量控制作为全面质量所不可或缺的重要手段就是目标管理。目标管理理论认为，总目标必须层层分解，直到最基层岗位，从而形成自下而上、自岗位个体到部门团体的层层控制和保证关系，使质量总目标分解落实到每个部门和岗位。

**（二）GB/T 19000—2016/ISO9000：2015 质量管理体系标准**

1. GB/T 19000—2016/ISO9000：2015 质量管理体系标准简介

该标准是我国按照等同原则（参照、等效、等同），从 2015 版 ISO9000 族国际标准转化而成的质量体系标准。该质量管理体系文件一般由以下内容构成：

（1）形成文件的质量方针和质量目标。

（2）质量手册。

（3）质量管理标准所要求的各种生产、工作和管理的程序性文件。

（4）质量管理标准所要求的质量记录。

2. GB/T 19000—2016/ISO9000：2015 质量管理体系认证与监督

质量认证制度是由公正的第三方认证机构对企业的产品及质量体系作出正确可靠的评价，从而使社会对企业的产品建立信心。

（1）质量管理体系的申报与批准程序。

1）申请与受理。具有法人资格，并已按 GB/T 19000—2016/ISO9000：2015 系统标准或其他国际公认的质量体系规范建立了文件化的质量管理体系，并在生产经营全过程贯彻执行的企业可提供申请。申请单位必须按要求填写申请书，认证机构经审查符合要求后接受申请，如不符合则不接受申请，均予发出书面通知书。

2）审核。认证机构派出审核组对申请方质量体系进行检查与评定，包括文件审查、现场审核，并提出审核报告。

3）审批与注册发证。认证机构对审核组提出的审核报告进行全面审查，符合标准者批准并予以注册，发给认证证书。

（2）获准认证后的维持与监督管理。企业获准认证的有效期为 3 年。企业获准认证后，应通过经常性的内部审核，维持质量管理体系的有效性，并接受认证机构对企业质量体系实施监督管理。维持与监督管理内容主要包括：

1）企业通报。认证合格的企业质量体系在运行中出现较大变化时，需向认证机构通报，认证机构接到通报后视情况采取必要的监督检查措施。

2）监督检查。认证机构对企业进行监督性现场检查，采取定期检查与不定期检查相结合的方式，定期为每年一次，不定期检查根据需要随时进行。

3）认证注销。注销是企业的自愿行为，在企业体系发生变化或证书有效期届满时未提出重新申请等情况下，认证持证者提出注销的，认证机构予以注销，收回体系认证证书。

4）认证暂停。认证机构对获证企业质量体系发生不符合认证要求情况时采取的警告措施。认证暂停期间企业不得用体系认证证书做宣传。企业在规定期间采取纠正措施满足规定条件后，认证机构撤销认证暂停，否则，将撤销认证注册，收回合格证书。

5）认证撤销。当获证企业发生质量体系存在严重不符合规定或在认证暂停的期限未予以整改的，或发生其他构成撤销体系认证资格情况时，认证机构作出撤销认证的决定。企业不服可提出申诉，撤销认证的企业一年以后可提出认证申请。

6）复评。认证合格有效期满前，如企业愿继续延长，可向认证机构提出复评申请。

7）重新换证。再认证证书有效期内，出现体系认证标准变更，体系认证范围变更，体系认证证书持有者变更，可按规定重新换证。

### （三）建设工程项目质量控制系统

建设工程项目质量控制系统是由政府实施的建设工程质量监督体系、建设单位质量控制体系、工程监理及检测单位质量控制体系、勘察设计企业质量审核体系、施工企业质量保证体系及材料设备供应商质量管理体系构成。

### （四）施工阶段质量控制的方法

1. 目标控制法

（1）施工质量控制的总体目标是：贯彻执行建设工程质量法规和强制性标准，正确配置施工生产要素和采用科学管理的方法，实现工程项目预期的使用功能和质量标准。这是建设工程参与各方的共同责任。

（2）建设单位的质量控制目标是：通过施工全过程的全面质量监督管理、协调和决策，保证项目达到投资决策所确定的质量标准。

（3）设计单位在施工阶段的质量控制目标是：通过对施工质量的验收签证、设计变更控制及纠正施工中所发现的设计问题，采纳变更设计的合理化建议等，保证竣工项目的各项施工结果与设计文件（包括变更设计文件）所规定的标准相一致。

（4）施工单位的质量控制目标是：通过施工全过程的全面质量自控，保证交付满足施工合同及设计文件所规定的质量标准（含工程质量创优要求）的建设工程产品。

（5）监理单位在施工阶段的质量控制目标是：通过审核施工质量文件、报告报表及现场旁站检查、平行检测、施工指令和结算支付控制等手段的应用，监控施工承包单位的质量活动行为，协调施工关系，正确履行工程质量的监督责任，以保证工程质量达到施工合同和设计文件所规定的质量标准。

2. 过程控制法

（1）施工质量控制的过程，包括施工准备质量控制、施工过程质量控制和施工验收质量控制。

施工准备质量控制是指工程项目开工前的全面施工准备和施工过程中各分部分项工程施工作业前的施工准备（或称施工作业准备）。此外，还包括季节性的特殊施工准备。施工准备质量是属于工作质量范畴，然而它对建设工程产品质量的形成产生重要的影响。

施工过程的质量控制是指施工作业技术活动的投入与产出过程的质量控制，其内涵包括全过程施工生产及其中各分部分项工程的施工作业过程。

施工验收质量控制是指对已完工程验收时的质量控制，即工程产品质量控制。包括隐蔽工程验收、检验批验收、分项工程验收、分部工程验收、单位工程验收和整个建设工程项目竣工验收过程的质量控制。

（2）施工质量控制过程既有施工承包方的质量控制职能，也有业主方、设计方、监理方、供应方及政府的工程质量监督部门的控制职能，他们具有各自不同的地位、责任和作用。

自控主体：施工承包方和供应方在施工阶段是质量自控主体，他们不能因为监控主体的存在和监控责任的实施而减轻或免除其质量责任。

监控主体：业主、监理、设计单位及政府的质量监督部门，在施工阶段是依据法律和合同对自控主体的质量行为和效果实施监督控制。

自控主体和监控主体在施工全过程相互依存、各司其职，共同推动着施工质量控制过程的发展和最终工程质量目标的实现。

（3）施工方作为工程施工质量的自控主体，既要遵循本企业质量管理体系的要求，也要根据其在所承建工程项目质量控制中的地位和责任，通过具体项目质量计划的编制与实施，有效地实现自主控制的目标。一般情况下，对施工承包企业而言，无论工程项目的功能类型、结构型式及复杂程度存在着怎样的差异，其施工质量控制过程都可归纳为以下相互作用的八个环节：

1）工程调研和项目承接：全面了解工程情况和特点，掌握承包合同中工程质量控制的合同条件。

2）施工准备：图纸会审、施工组织设计、施工力量设备的配置等。

3）材料采购。

4）施工生产。

5）试验与检验。

6）工程功能检测。

7）竣工验收。

8）质量回访及保修。

3. 编制施工质量计划

（1）按照 GB/T 19000—ISO9000 质量管理体系标准，质量计划是质量管理体系文件的组成内容。

在合同环境下质量计划是企业向顾客表明质量管理方针、目标及其具体实现的方法、手段和措施，体现企业对质量责任的承诺和实施的具体步骤。

（2）施工质量计划的编制主体是施工承包企业。在总承包的情况下，分包企业的施工质量计划是总包施工质量计划的组成部分。总包有责任对分包施工质量计划的编制进行指导和审核，并承担施工质量的连带责任。

（3）根据建筑工程生产施工的特点，目前我国工程项目施工的质量计划常用施工组织设计或施工项目管理实施规划的文件形式进行编制。

（4）在已经建立质量管理体系的情况下，质量计划的内容必须全面体现和落实企业质量管理体系文件的要求（也可引用质量体系文件中的相关条文），同时结合工程的特点，在质量计划中编写专项管理要求。施工质量计划的内容一般应包括：①工程特点及施工条件分析（合同条件、法规条件和现场条件）；②履行施工承包合同所必须达到的工程质量总目标及其分解目标；③质量管理组织机构、人员及资源配置计划；④为确保工程质量所采取的施工技术方案、施工程序；⑤材料设备质量管理及控制措施；⑥工程检测项目计划及方法等。

微课 1-2-2
施工质量控制点的设置

（5）施工质量控制点的设置是施工质量计划的组成内容。质量控制点是施工质量控制的重点，凡属于关键技术、重要部位、控制难度大、影响大、经验欠缺的施工内容以及新材料、新技术、新工艺、新设备等，均可列入质量控制点，实施重点控制。

施工质量控制点设置的具体方法是：根据工程项目施工管理的基本程序，结合项目特点，在制定项目总体质量计划后，列出各基本施工过程对局部和总体质量水平有影响的项目，作为具体实施的质量控制点。如大坝施工质量管理中，可列出地基处理、工程测量、设备采购、大体积混凝土施工及有关分部分项工程中必须进行重点控制的专题等，作为质量控制重点。又如在工程功能检测的控制程序中，可设立建筑物构筑物防雷检测、消防系统调试检测，通风设备系统调试等专项质量控制点。

通过质量控制点的设定，质量控制的目标及工作重点就能更加明晰，加强事前预防的方向也就更加明确。事前预控包括明确目标参数、制定实施规程（包括施工操作规程及检测评定标准）、确定检查项目数量及跟踪检查或批量检查方法、明确检查结果的判断标准及信息反馈要求。

施工质量控制点的管理应该是动态的，一般情况下在工程开工前、设计交底和图纸会审时，可确定一批整个项目的质量控制点，随着工程的展开、施工条件的变化，随时或定期进行控制点范围的调整和更新，始终保持重点跟踪的控制状态。

（6）施工质量计划编制完毕，应经企业技术领导审核批准，并按施工承包合同的约定提交工程监理或建设单位批准确认后执行。

4. 施工生产要素质量的控制

（1）影响施工质量的五大要素。具体包括：

1）劳动主体。是指人员素质，即作业者、管理者的素质及其组织效果。

2）劳动对象。是指材料、半成品、工程用品、设备等的质量。

3）劳动方法。是指采取的施工工艺及技术措施的水平。

4）劳动手段。是指工具、模具、施工机械、设备等条件。

5）施工环境。是指现场水文、地质、气象等自然环境，通风、照明、安全等作业环境以及协调配合的管理环境。

（2）劳动主体的控制。劳动主体的质量包括参与工程各类人员的生产技能、文化素养、生理体能、心理行为等方面的个体素质及经过合理组织充分发挥其潜在能力的群众素质。因此，企业应通过择优录取、加强思想教育及技能方面的教育培训，合理组织、严格考核，并辅以必要的激励机制，使企业员工的潜在能力得到最好的组合和充分的发挥，从而保证劳动主体在质量控制系统中发挥主体自控作用。

施工企业控制必须坚持对所选派的项目领导者、组织者进行质量意识教育和组织管理能力训练，坚持对分包商的资质考核和施工人员的资质考核，坚持工种按规定持证上岗制度。

(3) 劳动对象的控制。原材料、半成品、设备是构成工程实体的基础，其质量是工程项目实体质量的组成部分。故加强原材料、半成品及设备的质量控制，不仅是提高工程质量的必要条件，也是实现工程项目投资目标和进度目标的前提。

对原材料、半成品及设备进行质量控制的主要内容为：控制材料设备性能、标准与设计文件的相符性；控制材料设备各项技术性能指标、检验测试指标与标准要求的相符性；控制材料设备进场验收程序及质量文件资料的齐全程度等。

施工企业应在施工过程中贯彻执行企业质量程序文件中明确的材料设备在封样、采购、进场检验、抽样检测及质保资料提交等一系列规定的控制标准。

(4) 劳动方法的控制。施工工艺的先进合理是直接影响工程质量、工程进度及工程造价的关键因素，施工工艺的合理可靠还直接影响到工程施工安全。因此，在工程项目质量控制系统中，制定和采用先进合理的施工工艺是工程质量控制的重要环节。对施工方案的质量控制主要包括以下内容：

1) 全面正确地分析工程特征、技术关键及环境条件等资料，明确质量目标、验收标准、控制的重点和难点。

2) 制定合理有效的施工技术方案和组织方案，前者包括施工工艺、施工方法；后者包括施工区段划分、施工流向及劳动组织等。

3) 合理选用施工机械设备和施工临时设施，合理布置施工总平面图和各阶段施工平面图。

4) 选用和设计保证质量和安全的模具、脚手架等施工设备。

5) 编制工程所采用的新技术、新工艺、新材料的专项技术方案和质量管理方案。为确保工程质量，尚应针对工程具体情况，编写气象地质等环境不利因素对施工的影响及其应对措施。

(5) 劳动手段的控制。施工所用的机械设备，包括起重机设备、各项加工机械、专项技术设备、检查测量仪表设备及人货两用电梯等，应根据工程需要从设备选型、主要性能参数及使用操作要求等方面加以控制。

对施工方案中选用的模板、脚手架等施工设备，除按适用的标准定型选用外，一般需按设计及施工要求进行专项设计，对其设计方案及制作质量的控制及验收应作为重点进行控制。

按现行施工管理制度要求，工程所用的施工机械、模板、脚手架，特别是危险性较大的现场安装的起重机械设备，不仅要对其设计安装进行审批，而且安装完毕交付使用前必须经专业管理部门的验收，合格后方可使用。同时，在使用过程中尚需落实相应的管理制度，以确保其安全正常使用。

（6）施工环境的控制。环境因素主要包括地质水文状况、气象变化及其他不可抗力因素，以及施工现场的通风、照明、安全卫生防护实施等劳动作业环境方面的内容。环境因素对工程施工的影响一般难以避免。要消除其对施工质量的不利影响，主要是采取以下预测预防的控制方法：

1）对地质水文等方面的影响因素的控制，应根据设计要求，分析地基地质资料，预测不利因素，并会同设计等方面采取相应的措施，如降水排水加固等技术控制方案。

2）对天气气象方面的不利条件，应在施工方案中制定专项施工方案，明确施工措施，落实人员、器材等各项准备以备紧急应对，从而控制其对工程质量的不利影响。

3）对环境因素造成的施工中断，往往也会对工程质量造成不利影响，必须通过加强管理、调整计划等措施加以控制。

微课
1-2-3
工序及工序质量控制

5. 施工作业过程的质量控制

（1）建设工程项目是由一系列相互关联、相互制约的作业过程（工序）所构成。控制工程项目施工过程的质量，必须控制全部作业过程，即各道工序的施工质量。

（2）施工作业过程质量控制的基本程序。

1）进行作业技术交底，包括作业技术要领、质量标准、施工依据、与前后工序的关系等。

2）检查施工工序、程序的合理性和科学性，防止工序流程错误，导致工序质量失控。检查内容包括施工总体流程和具体施工作业的先后顺序。在正常的情况下，要坚持先准备后施工、先深后浅、先土建后安装、先验收后交工等。

3）检查工序施工中人员操作程序、操作质量是否符合质量规程要求。

4）检查工序施工中产品的质量，即工序质量、分项工程质量。

5）对工序质量符合要求的中间产品（分项工程）及时进行工序验收或隐蔽工程验收。

6）质量合格的工序经验收后可进入下道工序施工。未经验收合格的工序，不得进入下道工序施工。

（3）施工工序质量控制要求。工序质量是施工质量的基础，也是施工顺利进行的关键。为达到对工序质量控制的效果，在工序管理方面应做到：

1）贯彻预防为主的基本要求，设置工序质量检查点，对材料质量状况、工具设备状况、施工程序、关键操作、安全条件、新材料新工艺应用、常见质量通病，甚至包括操作者的行为等影响因素列为控制点作为重点检查项目进行预控。

2）落实工序操作质量巡查、抽查及重要部位跟踪检查等方法，及时掌握施工质量总体状况。

3）对工序产品、分项工程的检查应按标准要求进行目测、实测及抽样试验的程序，做好原始记录，经数据分析后，及时做出合格或不合格的判断。

4）对合格工序产品应及时提交监理进行隐蔽工程验收。

5）完善管理过程的各项检查记录、检测及验收资料，作为工程质量验收的依据，并为工程质量分析提供可追溯的依据。

6. 施工质量验收的方法

（1）建设工程质量验收是对已完成的工程实体的外观质量及内在质量按规定程序检查

后，确认其是否符合设计及各项验收标准的要求，是否可交付使用的一个重要环节。正确地进行工程项目质量的检查评定和验收，是保证工程质量的重要手段。

鉴于建设工程施工规模较大、专业分工较多、技术安全要求高等特点，国家相关行政管理部门对各类工程项目的质量验收标准制定了相应的规范，以保证工程验收的质量，工程验收应严格执行规范的要求和标准。

（2）工程质量验收分为过程验收和竣工验收，其程序及组织包括以下方面：

1）施工过程中，隐蔽工程在隐蔽前通知建设单位（或工程监理）进行验收，并形成验收文件。

2）分部分项工程完成后，应在施工单位自行验收合格后，通知建设单位（或工程监理）验收，重要的分部分项应请设计单位参加验收。

3）单位工程完工后，施工单位应自行组织检查、评定，符合验收标准后，向建设单位提交验收申请。

4）建设单位收到验收申请后，应组织施工、勘测、设计、监理单位等方面人员进行单位工程验收，明确验收结果，并形成验收报告。

5）按国家现行管理制度，房屋建筑工程及市政基础设施工程验收合格后，尚需在规定时间内，将验收文件报政府管理部门备案。

（3）建设工程施工质量验收应符合下列要求：

1）工程质量验收均应在施工单位自行检查评定的基础上进行。

2）参加工程施工质量验收的各方人员，应该具有规定的资格。

3）建设项目的施工，应符合工程勘察、设计文件的要求。

4）隐蔽工程应在隐蔽前由施工单位通知有关单位进行验收，并形成验收文件。

5）单位工程施工质量应该符合相关验收规范的标准。

6）涉及结构安全的材料及施工内容，应按照规定对材料及施工内容进行见证取样检测。

7）对涉及结构安全和使用功能的重要分部工程应进行功能性抽样检测。

8）工程外观质量应由验收人员通过现场检查后共同确认。

（4）建设工程施工质量检查评定验收的基本内容及方法包括以下几点：

1）分部分项工程内容的抽样检查。

2）施工质量保证资料的检查，包括施工全过程的技术质量管理资料，其中又以原材料、施工检测、测量复核及功能性试验资料为重点检查内容。

3）工程外观质量的检查。

（5）工程质量不符合要求时，应按以下规定进行处理：

1）经返工或更换设备的工程，应该重新检查验收。

2）经有资质的检测单位检测鉴定，能达到设计要求的工程，应予以验收。

3）经返修或加固处理的工程，虽局部尺寸等不符合设计要求，但仍然能满足使用要求，可按技术处理方案和协商文件进行验收。

4）经返修和加固后仍不能满足使用要求的工程严禁验收。

# 单元三　水利水电工程项目划分与工程质量验收评定

## 一、水利水电工程项目划分

微课 1-3-1 水利水电工程项目划分

工程项目可划分为单位工程、分部工程、单元（工序）工程三级。

工程项目划分应结合工程结构特点、施工部署及施工合同要求进行，划分结构应有利于保证施工质量及施工质量管理。工程结构特点指建筑物的结构特点，如混凝土重力坝可按坝段进行项目划分，土石坝应按防渗体、坝壳及排水堆石体进行项目划分。施工部署指施工组织设计中对各建筑物施工时期的安排，同时还应遵循有利于施工质量管理的原则。

工程项目划分是按从高到低、从大到小的顺序进行的，这样才能有利于从宏观上对工程项目施工质量进行有序地评定。

### （一）项目划分程序

（1）由项目法人组织监理、设计及施工等单位进行工程项目划分，并确定主要分部工程、重要隐蔽单元工程和关键部位单元工程。项目法人在主体工程开工前将项目划分表及说明书面报告报相应工程质量监督机构确认。

（2）工程质量监督机构收到项目划分书面报告后，应在14个工作日内对项目划分进行确认并将确认结果书面通知项目法人。

（3）工程实施过程中，需对单位工程、主要分部工程、重要隐蔽单元工程和关键部位单元工程的项目划分进行调整时，项目法人应重新报送工程质量监督机构进行确认。工程实施过程中，由于设计变更、施工部署的重新调整等诸多因素，需要对工程开工初期批准的项目划分进行调整。从有利于施工质量管理工作的连续性和施工质量检验评定结果的合理性考虑，对不影响单位工程、主要分部工程、关键部位单元工程、重要隐蔽单元工程的项目划分的局部调整，由法人组织监理、设计和施工单位进行。但对影响上述工程项目划分的调整，应重新报送工程质量监督机构进行确认。

### （二）单位工程划分

单位工程是指具有独立发挥作用或独立施工条件的建筑物。属于主要建筑物的单位工程称为主要单位工程。单位工程通常可以是一项独立的工程，也可以是独立工程中的一部分，一般按以下原则进行划分：

（1）枢纽工程。一般以每座独立的建筑物为一个单位工程。若工程规模大时，可将一个建筑物中具有独立施工条件的一部分划分为一个单位工程。

（2）引水（渠道）工程。按招标标段或工程结构划分单位工程。大、中型引水（渠道）建筑物以每座独立的建筑物为一个单位工程。

（3）堤防工程。按招标标段或工程结构划分单位工程。规模较大的交叉连接建筑物及管理设施以每座独立的建筑物为一个单位工程。一般分为堤身、堤岸防护、交叉连接建筑物和管理设施等单位工程。

（4）除险加固工程。按招标标段或加固内容，并结合工程量划分单位工程。因险情不同，其除险加固内容和工程量也相差很大，应按实际情况进行项目划分。加固工程量很大时，以同一招标标段中的每座独立建筑物的加固工程为一个单位工程；当加固工程量不大时，也可将一个施工单位承担完成的几个建筑物的加固项目划分为一个单位工程。

### （三）分部工程划分

分部工程是指在一个建筑物内能组合发挥一种功能的建筑安装工程，是组成单位工程的各个部分。对单位工程的安全、功能或效益起控制作用的分部工程称为主要分部工程。分部工程划分是否恰当，对单位工程质量等级评定影响很大。因此，分部工程划分时，主要遵循以下原则：

（1）枢纽工程。土建工程按设计或施工的主要组成部分划分，金属结构、启闭机和机电设备安装工程按组合发挥一种功能的建筑安装工程来划分。

（2）引水（渠道）工程。河（渠）道按施工部署或长度划分，大中型建筑物按设计主要组成部分划分。

（3）堤防工程按长度或功能划分。

（4）除险加固工程按加固内容或部位划分。

（5）同一单位工程中，各个分部工程的工程量（或投资）不宜相差太大，每个单位工程中的分部工程数目，不宜少于5个。工程量不宜相差太大是指同种类分部工程（如几个混凝土分部工程）的工程量差值不超过50%。投资不宜相差太大是指不同种类分部工程（如混凝土分部工程，砌石分部工程，闸门及启闭机安装分部工程）的投资不宜相差超过一倍。

### （四）单元工程划分

单元工程是指在分部工程中由几个工序（或工种）施工完成的最小综合体，是日常工程施工质量考核的基本单位，根据特点分为一般单元工程、关键部位单元工程和重要隐蔽单元工程三种。关键部位单元工程是指对工程安全、效益或使用功能有显著影响的单元工程，包括土建类工程、金属结构及启闭机安装工程中属于关键部位的单元工程。重要隐蔽单元工程是指主要建筑物的地基开挖、地下洞室开挖、地基防渗、加固处理和排水等隐蔽工程中，对工程安全或使用功能有严重影响的单元工程。其按如下原则划分：

（1）枢纽工程中的单元工程是依据设计结构、施工部署或便于进行质量控制和考核的原则，把建筑物划分为若干个层、块、段来确定的。例如：混凝土工程中的一个浇筑仓，土石坝工程中的一个填筑层等。

（2）河（渠）道开挖、填筑及衬砌单元工程划分界限宜设在变形缝或结构缝处，长度一般不大于100m。

（3）堤防工程可根据施工方法与施工进度划分单元工程。如土方填筑可按层、段划分，防护工程按施工段划分等。在实际工程建设中，对于堤身填筑断面较大的分层碾压的堤身填筑工程，通常以日常检查验收的每一个施工段的碾压层作为一个单元工程，这样便于进行质量控制和考核。但对于堤身断面较小的堤身填筑工程，一般规定按堤身长度200～500m或工程量1000～2000$m^3$来划分单元工程。

（4）同一分部工程中各单元工程的工程量（或投资）不宜相差太大。同一个分部工程中的单元工程数量不宜少于5个。

## 二、工程质量等级评定

施工质量等级评定，是从底层（或称为低层）到高层依次进行的，这样可以从一开始就按照施工工序、工艺和有关技术规程要求进行，以便在施工过程中把好质量关。由低向高逐级进行检查、检测，是把好质量关的关键。质量评定工作是按照单元（工序）工程、分部工程、单位工程，直到整个工程项目的顺序进行。工程施工质量等级按国家规定划分为“合格”与“优良”两个级别。单元（工序）工程、分部工程、单位工程以及整个工程项目都一样，都各自划分为合格与优良两个等级。

微课
1-3-2
单元工程质量验收评定

### （一）单元（工序）工程质量验收评定

单元（工序）工程以验收为主、评定为辅。在工序验收评定的基础上，再进行单元工程验收评定，尤其是土建工程。工序质检项目分为主控项目和一般项目，主控项目指在保证工程结构安全、功能、环保等方面起决定作用的项目；一般项目指主控项目以外的项目。单元工程的工序分为主要工序和一般工序。

（1）单元工程按工序划分情况，分为划分工序单元工程和不划分工序单元工程。划分工序单元工程应先进行工序施工质量验收评定，在工序验收评定合格和施工项目实体质量检验合格的基础上，进行单元工程质量验收评定。不划分工序单元工程的施工质量验收评定，在单元工程中包含的检验项目检验合格和施工项目实体质量检验合格的基础上进行。

（2）工序和单元工程施工质量等各类项目的检验，应采取随机布点和监理工程师指定区位相结合的方式进行。检验方法及数量应符合要求。

（3）工序施工质量验收评定分为合格、优良两个等级。

1）合格标准：

a. 主控项目，检验结果应全部符合标准要求。

b. 一般项目，逐项应有70%及以上的检验点合格，且合格点不应集中。

c. 各项报验资料符合标准要求。

2）优良标准：

a. 主控项目，检验结果应全部符合标准要求。

b. 一般项目，逐项应有90%及以上的检验点合格，且合格点不应集中。

c. 各项报验资料符合标准要求。

（4）划分工序单元工程质量评定。

1）合格标准：

a. 各工序全部合格。

b. 各项报验资料符合标准要求。

2）优良标准：

a. 各工序全部合格，其中优良工序达到50%以上，主要工序达到优良等级。

b. 各项报验资料符合标准要求。

（5）不划分工序单元工程质量评定。

1）合格标准：

a. 主控项目全部合格。

b. 一般项目逐项应有70%及以上的检验点合格，且合格点不应集中。

2）优良标准：

a. 主控项目全部合格。

b. 一般项目逐项应有90%及以上的检验点合格，且合格点不应集中。

（6）单元工程施工质量验收评定报验资料包括施工单位和监理单位提交的资料。施工单位应提交的资料包括单元工程中所包含工序（或检验项目）验收评定的检验资料，原材料、拌和物与各项实体检验项目的检验记录资料，施工单位自检完成后填写的单元工程施工质量验收评定表。监理单位提交的资料包括平行检测资料和监理工程师签署质量复核意见的单元工程质量验收评定表。

（7）单元（工序）工程施工质量验收评定工作的组织与管理。单元（工序）工程质量在施工单位自评合格后，由监理单位复核，监理工程师核定质量等级并签证认可。单元工程质量由施工单位质检部门组织评定。监理复核的具体做法为单元（工序）工程施工单位自检合格填写《水利水电单元（工序）工程施工质量评定表》，终检人员签字后，由监理工程师复核评定。对于重要隐蔽单元工程及关键部位单元工程质量经施工单位自评合格，监理单位抽检后，由项目法人（或委托监理）、监理、设计、施工、工程运行管理（施工阶段已有时）等单位组成联合小组，共同检查核定其质量等级并填写签证表，报质量监督机构核备。检验评定是在施工单位做好“三检制”的基础上，由施工单位质检部门组织评定，并填写质量评定意见，最后由监理单位复核而定的。

（8）单元（工序）工程质量达不到评定标准合格规定时，必须及时处理。其质量等级按下列规定确定：

1）全部返工重做的，可重新评定质量等级。

2）经加固补强并经鉴定能达到设计要求的，其质量只能评为合格。

3）经鉴定达不到设计要求，但建设（监理）单位认为能基本满足安全和使用功能要求的，可不加固补强；或经加固补强后，改变外形尺寸或造成永久性缺陷的，经建设（监理）单位认为基本满足设计要求时，其质量可按合格处理。

### （二）分部工程质量等级评定

1. 分部工程质量等级评定标准

（1）合格标准：

1）所含单元工程质量全部合格。

2）中间产品质量全部合格，混凝土（砂浆）试件质量合格，原材料质量、金属结构和启闭机制造质量合格，机电产品质量合格。

（2）优良标准：

1）所含单元工程质量全部合格，其中有70%及其以上达到优良，而且关键部位单元工程和重要隐蔽工程单元工程质量优良率达到90%以上，且未发生过质量事故。

2）中间产品质量全部合格，混凝土（砂浆）试件质量达到优良，原材料质量、金属结构及启闭机制造质量合格，机电产品质量合格。

2. 分部工程质量评定工作的组织与管理

在施工单位自评合格后，由监理单位复核，项目法人认定。分部工程验收的质量结论由项目法人报质量监督机构核备，大型工程、主要建筑物的分部工程验收的质量结论由项目法人报工程质量监督机构核定。一般分部工程由施工单位质检部门按分部工程质量评定标准自评，填写分部工程质量评定表，监理单位复核后交项目法人认定。分部工程验收后，由项目法人将验收质量结论报工程质量监督机构核定。大型枢纽主要建筑物的分部工程验收结论，需报工程质量监督机构核定。

### （三）单位工程质量等级评定

1. 单位工程质量评定标准

（1）合格标准：

1）所含分部工程质量全部合格。

2）外观质量得分率达到70%以上。

3）单位工程施工质量检验与评定资料齐全。

（2）优良标准：

1）所含分部工程质量全部合格，其中有70%及其以上达到优良，主要分部工程质量全部优良，且施工中未发生过较大质量事故。

2）质量事故已按要求进行处理。

3）外观质量得分率达到85%以上。

4）单位工程施工质量检验与评定资料齐全。

5）工程施工期及试运行期，单位工程观测资料分析结果符合国家和行业技术标准以及合同约定的标准要求。

2. 单位工程质量评定工作的组织管理

在施工单位自评合格后，由监理单位复核，项目法人认定。单位工程验收的质量结论由项目法人报工程质量监督机构核定。

### （四）工程项目质量等级评定

1. 工程项目质量等级评定标准

（1）合格标准：单位工程质量全部合格。

（2）优良标准：

1）单位工程质量全部合格，其中有70%及以上的单位工程质量达到优良等级，且主要单位工程质量全部优良。

2）工程施工期及试运行期，各单位工程观测资料分析结果符合国家和行业技术标准及合同约定的标准要求。

2. 工程项目质量评定工作的组织管理

在单位工程质量评定合格后，由监理单位进行统计并评定工程项目质量等级，经项目法人认定后，报工程质量监督机构核定。

## 单元四　水利水电工程验收程序

按照SL 223—2008《水利水电建设工程验收规程》，水利工程的验收分为政府验收和法人验收两种，同时明确水利部负责全国水利工程建设项目验收的监督管理工作；水利部所属流域管理机构按照水利部授权，负责流域内水利工程建设项目验收的监督管理工作；县级以上地方人民政府水行政主管部门按照规定权限负责本行政区域内水利工程建设项目验收的监督管理工作。工程竣工验收合格后，方可投入使用。法人组织的各种验收是政府验收工作的重要基础，项目法人以及其他参建单位应当提交真实完整的验收资料，并对提交的资料负责，项目法人应对参建单位提供的验收资料的完整性和规范性进行检查。

## 一、政府验收

政府验收，属于政府行为性质，而且还需要取得社会的认同，即“政府认可，社会认同”。因为水利工程不同于一般工民建工程，它属于国民经济的基础设施，工程效益是综合性的、社会性的，不仅涉及国民经济各个部门，而且涉及千家万户的安危。所以，水利工程建设还要取得社会的认同，特别是公益性水利工程的验收，就更具有政府行为性质。政府验收水利水电工程建设项目主要有以下三种。

1. 阶段验收

可分为枢纽工程导（截）流验收、枢纽工程下闸蓄水验收、引（调）排水工程通水验收、水电站（泵站）机组启动验收、部分工程投入使用验收等。如水利枢纽工程的导（截）流、蓄（引）水，将使河流的天然状态发生改变，进而必然影响环境生态的变化，甚至会影响到国民经济其他部门工作的变化，如长江三峡的导流、截流，就必然影响长江航运；又如水轮发电机组的启动，它标志着水资源向能源开发方面的转换；而灌溉排水泵站水泵机组的启动，也将影响原有水资源分配和效益的转换。因此，导（截）流、蓄（引）水、水轮发电机组和水泵机组的启动，这一改变原有河流天然生态状况，改变原有水资源利用、分配状况的关键阶段，都需要通过政府验收并取得社会认同。阶段验收应由竣工验收主持单位或其委托单位主持，阶段验收委员会由验收主持单位、质量和安全监督机构、运营管理单位的代表以及有关专家组成，必要时，可邀请地方人民政府以及有关部门参加，工程参建单位应派代表参加，并在验收鉴定书上签字。

2. 专项验收

工程竣工验收前，应当按照国家有关规定，进行环境保护、水土保持、移民安置以及工程档案等专项验收。经有关部门同意，专项验收可以与竣工验收一并进行。专项验收主持单位应按国家和相关行业的有关规定确定。

3. 竣工验收

应在工程建设项目全部完成并满足一定运行条件后1年内进行，不能按期进行竣工验收的，经竣工验收主持单位同意，可适当延长，但不得超过6个月。竣工验收分竣工技术预验收和竣工验收两个阶段。竣工验收程序为：项目法人组织进行验收自查；项目法人提交竣工验收报告；竣工验收主持单位批复竣工验收申请报告；进行竣工技术预验收；召开竣工验收会议；印发竣工验收鉴定书。竣工验收主要工作报告包括：工程建设管理工作报告；工程施工管理工作报告；工程设计工作报告；工程建设监理工作报告；工程运行管理工作报告；工程质量监督报告；工程安全监督报告。

## 二、法人验收

法人验收应以合同为依据，按照SL 223—2008《水利水电建设工程验收规程》要求进行，其验收分为分部工程验收、单位工程验收、水电站（泵站）中间机组启动验收、合同工程完工验收等。以下列举分部工程、单位工程验收程序。

1. 分部工程验收

由项目法人（或委托监理单位）主持，验收工作组由项目法人、勘测、设计、监理、施工、主要设备制造（供应）商等单位的代表组成。运行管理单位可根据具体情况决定是否参加，质量监督机构宜派代表列席大型枢纽工程主要建筑物的分部工程验收会议，每个单位代表人数不宜超过 2 名。其验收程序为：听取施工单位工程建设和单元工程质量评定的汇报；现场检查工程完成情况和工程质量；检查单元工程质量评定及相关档案资料；讨论并通过分部工程验收鉴定书。

2. 单位工程验收

由项目法人主持，验收工作组由项目法人、勘测、设计、监理、施工、主要设备制造（供应）商等单位的代表组成。运行管理单位可根据具体情况决定是否参加，质量监督机构宜派代表列席大型枢纽工程主要建筑物的单位工程验收会议，每个单位代表人数不宜超过 3 名。其验收程序为：听取工程参建单位工程建设情况汇报；现场检查工程完成情况和工程质量；检查分部工程验收有关资料及相关档案资料；讨论并通过单位工程验收鉴定书。

# 单元五　工程质量控制的常用工具及应用

“一切用数据说话”是全面质量管理的观点之一。为了将收集的数据变为有用的质量信息，就必须把收集来的数据进行整理，经过统计分析，找出规律，发现存在的质量问题，进一步分析影响的原因，以便采取相应的对策与措施，使工程质量处于受控状态。

## 一、质量控制统计分析基础

### （一）质量数据的分类

质量数据是指对工程（或产品）进行某种质量特性的检查、试验、化验等所得到的量化结果，这些数据向人们提供了工程（或产品）的质量评价和质量信息。

1. 按质量数据的特征分类

按质量数据的本身特征分类可分为计量值数据和计数值数据两种。

（1）计量值数据。计量值数据是指可以连续取值的数据，属于连续型变量，如长度、时间、重量、强度等。这些数据都可以用测量工具进行测量，这类数据的特点是：在任何两个数值之间都可以取得精度较高的数值。

（2）计数值数据。计数值数据是指只能计数、不能连续取值的数据，如废品的个数、合格的分项工程数、出勤的人数等。此外，凡是由计数值数据衍生出来的量，也属于计数值数据。如合格率、缺勤率等虽都是百分数，但由于它们的分子是计数值，所以它们都是计数值数据。同理，由计量值数据衍生出来的量，也属于计量值数据。

2. 按质量数据收集的目的不同分类

按质量数据收集的目的不同分类，可以分为控制性数据和验收性数据两种。

（1）控制性数据。控制性数据是指以工序质量作为研究对象，定期随机抽样检验所获得的质量数据。它用来分析、预测施工（生产）过程是否处于稳定状态。

（2）验收性数据。验收性数据是以工程产品（或原材料）的最终质量为研究对象，分析、判断其质量是否达到技术标准或用户的要求，而采用随机抽样检验而获取的质量数据。

**（二）质量数据的整理**

1. 数据的修约

过去对数据采取四舍五入的修约规则，但是多次反复使用，将使总值偏大。因此，在质量管理中，建议采用“四舍六入五单双法”修约，即四舍六入，五后非零时进一，五后皆零时视五前奇偶，五前为偶应舍去，五前为奇则进一（零视为偶数）。此外，不能对一个数进行连续修约。例如，将下列数字修约为保留一位小数时，分别为：①14.2631—14.3；②14.3426—14.3；③14.251—14.3；④14.1500—14.2；⑤14.2500—14.2。

2. 总体算术平均数 $p$

$$p=\frac{1}{N}(X_1+X_2+\cdots+X_n) \tag{1-1}$$

式中：$N$ 为总体中个体数；$X_i$ 为总体中第 $i$ 个个体的质量特性值。

3. 样本算术平均数 $J$

$$J=\frac{1}{n}(x_1+x_2+\cdots+x_n) \tag{1-2}$$

式中：$n$ 为样本容量；$x_i$ 为样本中第 $i$ 个样品的质量特性值。

4. 样本中位数 $\widetilde{X}$

中位数又称中数。样本中位数就是将样本数据按数值大小有序排列后，位置居中的数值。

当 $n$ 为奇数时

$$\widetilde{X}=x_{\frac{n+1}{2}} \tag{1-3}$$

当 $n$ 为偶数时

$$\widetilde{X}=\frac{1}{2}(x_{\frac{n}{2}}+x_{\frac{n+1}{2}}) \tag{1-4}$$

5. 极差 $R$

极差是数据中最大值与最小值之差，是用数据变动的幅度来反映分散状况的特征值。极差计算简单、使用方便，但比较粗略，数值仅受两个极端值的影响，损失的质量信息多，不能反映中间数据的分布和波动规律，仅适用于小样本。其计算公式为

$$R=x_{\max}-x_{\min} \tag{1-5}$$

6. 标准偏差

极差只反映数据分散程度，虽然计算简便，但不够精确。因此，对计算精度要求较高时，需要用标准偏差来表征数据的分散程度。标准偏差简称标准差或均方差。总体的标准差用 $\sigma$ 表示，样本的标准差用 $S$ 表示。标准差值小说明分布集中程度高，离散程度小，均值对总体的代表性好；标准差的平方是方差，有鲜明的数理统计特征，能确切说明数据分布的离散程度和波动规律，是最常采用的反映数据变异程度的特征值。其计算公式如下：

（1）总体的标准偏差 $\sigma$：

$$\sigma=\sqrt{\frac{\sum_{i=1}^{n}(x_i-p)^2}{N}} \tag{1-6}$$

（2）样本的标准偏差 $S$：

$$S=\sqrt{\frac{\sum_{i=1}^{n}(x_i-J)^2}{n-1}} \tag{1-7}$$

当样本量（$n\geqslant50$）足够大时，样本标准偏差 $S$ 接近于总体标准差，式（1-7）中的分母（$n-1$）可简化为 $n$。

7. 变异系数

标准偏差反映的是样本数据的绝对波动状况，当测量较大的量值时，绝对误差一般较大；测量较小的量值时，绝对误差一般较小。因此，用相对波动的大小，即变异系数更能反映样本数据的波动性。变异系数用 $C_v$ 表示，是标准偏差 $S$ 与算术平均值 $J$ 的比值，即

$$C_v=S/J \tag{1-8}$$

混凝土强度保证率和匀质性指标按月分不同强度等级进行统计，混凝土匀质性指标以在标准温、湿度条件下养护 28d 龄期的混凝土试件抗压强度的变异系数 $C_v$ 值表示。

强度保证率 $P$ 是设计要求在施工中抽样检验混凝土的抗压强度，必须大于或等于某一强度等级的概率。如混凝土等级为 C20，设计要求强度保证率 $P$ 为 80%，即平均 100 次试验中允许有 20 次试验强度结果小于 C20。

强度保证率可从图 1-1 中查出，$R_{28}$ 是设计要求 28d 龄期混凝土强度，$R_m$ 是控制试件的平均强度。

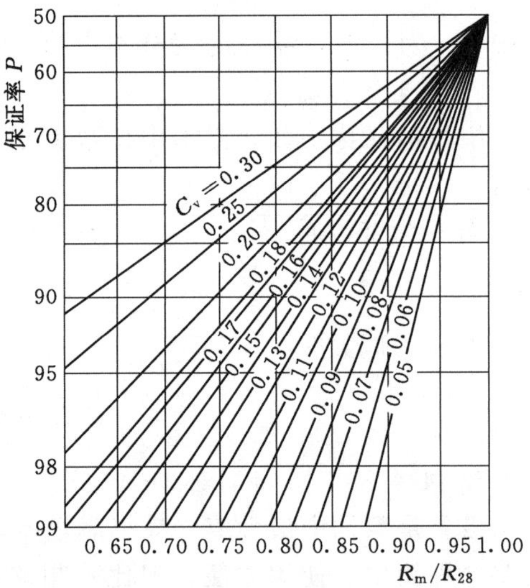


图 1-1　混凝土强度保证率曲线

## （三）质量数据的分布规律

在实际质量检测中，发现即使在生产过程是稳定正常的情况下，同一总体（样本）的个体产品的质量特性值也是互不相同的。这种个体间表现形式上的差异性，反映在质量数据上即为个体数值的波动性和随机性。然而当运用统计方法对这些大量的个体质量数值进行加工、整理和分析后，会发现这些产品质量特性值（以计量值数据为例）大多分布在数值变动范围的中部区域，即有向分布中心靠拢的倾向，表现为数值的集中趋势；还有一部分质量特性值在中心的两侧分布，随着逐渐远离中心，数值的个数变少，表现为数值的离散趋势。质量数据的集中趋势和离散趋势反映了总体（样本）质量变化的内在规律性。质量数据具有个体数值的波动性和总体（样本）分布的规律性。

1. 质量数据波动的原因

在生产实践中，常会产生在设备、原材料、工艺及操作人员相同的条件下，生产的同

一种产品的质量不同，反映在质量数据上，即具有波动性，亦称为变异性。究其波动的原因，均可归纳为下列五个方面因素（4M1E）的影响：①人（man）的状况，如精神、技术、身体和质量意识等；②机械（machine）设备、工具等的精度及维护保养状况；③材料（material）的成分、性能；④方法（method）、工艺、测试方法等；⑤环境（environment），如温度和湿度等。

根据造成质量波动的原因，以及对工程质量的影响程度和消除的可能性，将质量数据的波动分为两大类，即正常波动和异常波动。质量特性值的变化在质量标准允许范围内波动称之为正常波动，是由偶然性因素引起的；若是超越了质量标准允许的范围，则称之为异常波动，它是由系统性因素引起的。

（1）偶然性因素。它是由偶然性、不可避免的因素造成的。影响因素的微小变化具有随机发生的特点，是不可避免、难以测量和控制的，或者是在经济上不值得消除，或者难以从技术上消除的。如原材料中的微小差异、设备正常磨损或轻微振动、检验误差等，它们大量存在但对质量的影响很小，属于允许偏差、允许位移范畴，引起的是正常波动，一般不会因此造成废品，生产过程正常稳定。通常把4M1E因素的这类微小变化归为影响质量的偶然性原因、不可避免原因或正常原因。

（2）系统性因素。当影响质量的4M1E因素发生了较大变化，如工人未遵守操作规程、机械设备发生故障或过度磨损、原材料质量规格有显著差异等情况发生，而没有及时排除，导致生产过程不正常时，产品质量数据就会离散过大或与质量标准有较大偏离，表现为异常波动，使次品、废品产生，这就是产生质量问题的系统性原因或异常原因。由于异常波动特征明显，容易识别和避免，特别是对质量的负面影响不可忽视，生产中应该随时监控，及时识别和处理。

2. 质量数据分布的规律性

微课 1-5-1
质量数据及其分布规律

在正常生产条件下，质量数据仍具有波动性，即变异性。概率数理统计在对大量统计数据研究中，归纳总结出许多分布类型。一般来说，计量连续的数据符合正态分布，计件值数据符合二项分布，计点值数据符合泊松分布。正态分布规律是各种频率分布中应用最广泛的一种，在水利工程施工质量控制中，量测误差、土质含水量、填土干密度、混凝土坍落度、混凝土强度等质量数据的频数分布一般认为符合正态分布。正态分布概率密度曲线如图1-2所示。

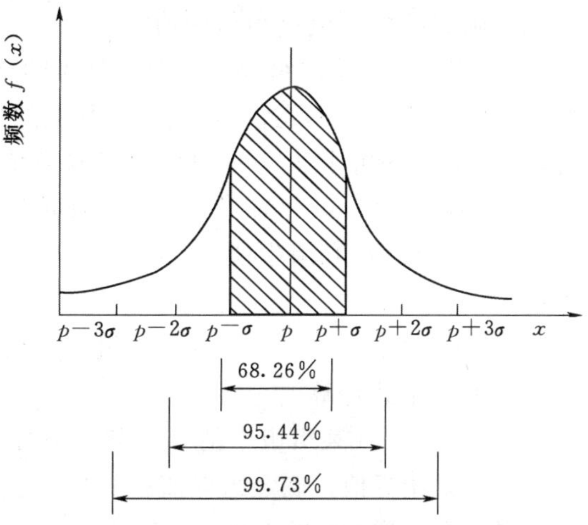


图1-2　正态分布概率密度曲线

从图中可知：

（1）分布曲线关于均值 $p$ 是对称的。

（2）标准差 $\sigma$ 大小表达曲线宽窄的程度，$\sigma$ 越大，曲线越宽，数据越分散；$\sigma$ 越小，曲线越窄，数据越集中。

（3）由概率论中的概率和正态分布的概念，查正态分布表可算出：曲线与横坐标轴所围成的面积为1；正态分布总体样本落在（$p-\sigma$，$p+\sigma$）区间的概率为 68.3%；落在（$p-2\sigma$，$p+2\sigma$）区间的概率为 95.4%，落在（$p-3\sigma$，$p+3\sigma$）区间的概率为 99.7%。也就是说，在测试 1000 件产品质量特性值中，就可能有 997 件以上的产品质量特性值落在区间（$p-3\sigma$，$p+3\sigma$）内，而出现在这个区间以外的只有不足 3 件。这在质量控制中称为“千分之三原则”或者“3σ 原则”。这个原则是在统计管理中作任何控制时的理论根据，也是国际上公认的统计原则。

微课 1-5-2
常用质量分析工具作用对比分析

微课 1-5-3
因果分析图法的应用

## 二、常用的质量分析工具

利用质量分析方法控制工序或工程产品质量，主要通过数据整理和分析，研究其质量误差的现状和内在的发展规律，据以推断质量现状和可能发生的问题，为质量控制提供依据和信息。质量分析方法本身仅是一种工具，通过它只能反映质量问题，提供决策依据。真正要控制质量，还是要依靠针对问题所采取的措施。

常用的质量分析工具有：直方图法、控制图法、排列图法、分层法、因果分析图法、相关图法和调查表法。

### （一）直方图法

1. 直方图的作用

直方图法即频数分布直方图法，它是将收集到的质量数据进行分组整理，绘制成频数分布直方图，通过频数分布分析研究数据的集中程度和波动范围的统计方法。通过直方图的观察与分析，可了解生产过程是否正常，估计工序不合格品率的高低，判断工序能力是否满足，评价施工管理水平等。

其优点是计算、绘图方便，易掌握，且直观、确切地反映出质量分布规律。其缺点是不能反映质量数据随时间的变化；要求收集的数据较多，一般要 50 个以上，否则难以体现其规律。

2. 直方图的绘制方法

（1）收集整理数据。

（2）计算极差 $R$。找出全部数据中的最大值与最小值，计算出极差 $R=X_{max}-X_{min}$。

（3）确定组数、组距和组中值。

1）确定组数。确定组数的原则是分组的结果能正确地反映数据的分布规律。组数应根据数据多少来确定。组数过少，会掩盖数据的分布规律；组数过多，数据过于零乱分散，也不能显示出质量分布状况。一般可由经验数值确定：50～100 个数据时，可分为 6～10 组；100～250 个数据时，可分为 7～12 组；数据在 250 个以上时，可分为 10～20 组。

2）确定组距 $h$ 和组中值。组距是组与组之间的间隔，即一个组的范围。各组距应相等，即

组距＝极差/组数

组中值按下式计算：

某组组中值＝（某组下界限值＋某组上界限值）/2

（4）确定组界值。确定组界值就是确定各组区间的上、下界值。为了避免 $X_{max}$ 落在第一组的界限上，第一组的下界值应比 $X_{min}$ 小；同理，最后一组的上界值应比 $X_{max}$ 大。此外，为保证所有数据全部落在相应的组内，各组的组界值应当是连续的；而且组界值要比原数据

的精度提高一级，一般以数据的最小值开始分组。第一组上、下界值按下式计算：

第一组下界限值：　　　　　　　　　$X_{min}-h/2$

第一组上界限值：　　　　　　　　　$X_{min}+h/2$

第一组的上界限值就是第二组的下界限值；第二组的上界限值等于下界限值加组距 $h$，其余类推。

（5）编制数据频数统计表。

（6）绘制频数分布直方图。以频率为纵坐标，以组中值为横坐标，画直方图，如图 1-3 所示。

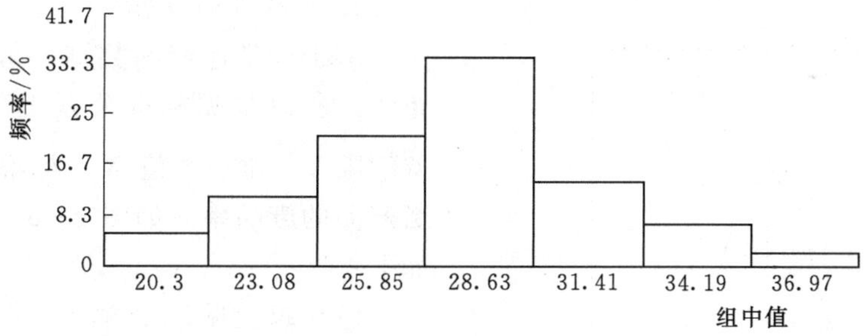


图 1-3　直方图

3. 直方图的判断和分析

通过用直方图分布和公差比较判断工序质量，如发现异常，应及时采取措施预防产生不合格品。

（1）理想型直方图［图 1-4（a）］。它是左右基本对称的单峰型。直方图的分布中心与公差中心重合；直方图位于公差范围之内，即直方图宽度 $B$ 小于公差 $T$，可以取 $T\approx 6S$，如图 1-4（a）所示，其中 $S$ 为检测数据的标准差。当直方图是左右基本对称的单峰型，且 $B<6S$ 时，是正常型的直方图，说明混凝土的生产过程正常。

（2）非正常型直方图。出现非正常型直方图时，表明生产过程或收集数据作图有问题。这就要求进一步分析判断找出原因，从而采取措施加以纠正。凡属非正常型直方图，其图形分布有各种不同缺陷，归纳起来一般有五种类型：

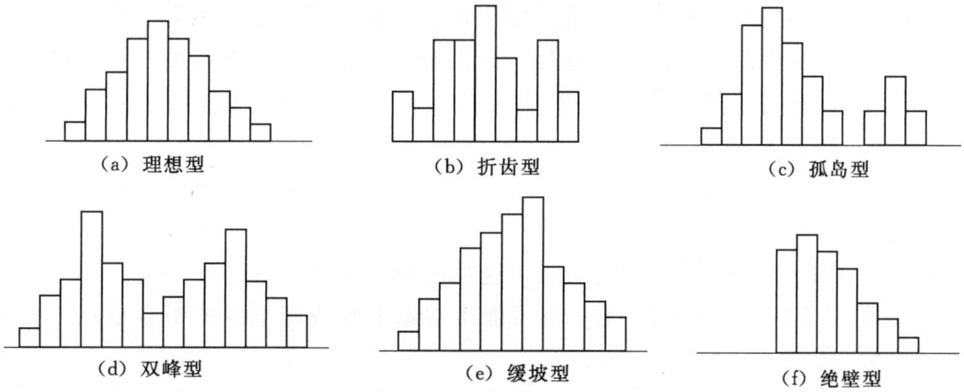


图 1-4　常见直方图

1）折齿型。是由于分组过多或组距太细所致，如图 1－4（b）所示。

2）孤岛型。是由于原材料或操作方法的显著变化所致，如图 1－4（c）所示。

3）双峰型。是由于将来自两个总体的数据（如两种不同材料、两台机器或不同操作方法）混在一起所致，如图 1－4（d）所示。

4）缓坡型。图形向左或向右呈缓坡状，即平均值差过于偏左或偏右，这是由于工序施工过程中的上控制界限或下控制界限控制太严所造成的，如图 1－4（e）所示。

5）绝壁型。是由于收集数据不当，或是人为剔除了下限以下的数据造成的，如图 1－4（f）所示。

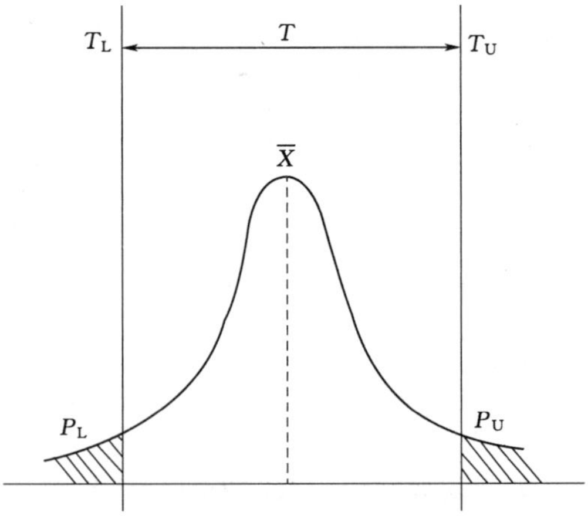


图 1－5　正态分布曲线

4. 废品率的计算

由于计量连续的数据一般是服从正态分布的，所以根据标准公差上限 $T_U$、标准公差下限 $T_L$ 和平均值 $\bar{X}$、标准偏差 $\sigma$ 可以推断产品的废品率，如图 1－5 所示。计算方法如下：

（1）超上限废品率 $P_U$ 的计算。先求出超越上限的偏移系数：

$$K_{P_U}=(T_U-\bar{X})/\sigma \tag{1-9}$$

然后根据它查正态分布表，求得超上限的废品率 $P_U$。

（2）超下限废品率 $P_L$ 的计算。先求出超越下限的偏移系数：

$$K_{P_L}=(T_L-\bar{X})/\sigma \tag{1-10}$$

再依据它查正态分布表，得出超下限的废品率 $P_L$。

（3）总废品率：

$$P=P_U+P_L \tag{1-11}$$

5. 工序能力指数 $C_p$

微课
1－5－4
工序能力及其指数

工序能力能否满足客观的技术要求，需要进行比较度量，工序能力指数就是表示工序能力满足产品质量标准的程度的评价标准。所谓产品质量标准，通常指产品规格、工艺规范、公差等。工序能力指数一般用符号 $C_p$ 表示，将正常型直方图与质量标准进行比较，即可判断实际生产施工能力。

（1）$T$ 表示质量标准要求的界限，$B$ 代表实际质量特性值分布范围。比较结果一般有以下几种情况：

1）$B$ 在 $T$ 中间，两边各有一定余地，这是理想的控制状态［图 1－6（a）］。

2）$B$ 虽在 $T$ 之内，但偏向一侧，有可能出现超上限或超下限的不合格品，要采取纠正措施，提高工序能力［图 1－6（b）］。

3）$B$ 与 $T$ 重合，实际分布太宽，极易产生超上限与超下限的不合格产品，要采取措施，提高工序能力［图 1－6（c）］。

4）$B$ 过分小于 $T$，说明工序能力过大，不经济［图 1-6（d）］。

5）$B$ 过分偏离了中心，已经产生超上限或超下限的不合格品，需要调整［图 1-6（e）］。

6）$B$ 大于 $T$，已经产生大量超上限与超下限的不合格品，说明工序能力不能满足技术要求［图 1-6（f）］。

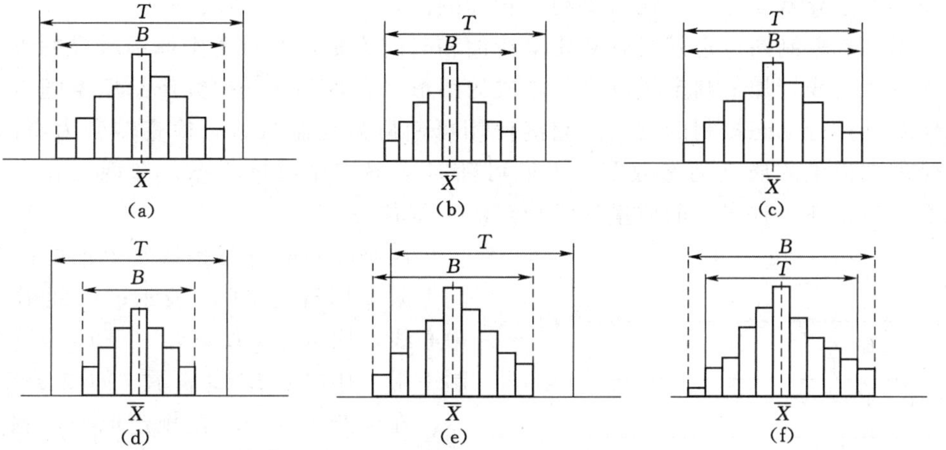


图 1-6 直方图与质量标准比较

（2）工序能力指数 $C_p$ 的计算。

1）对双侧限而言，当数据的实际分布中心与要求的标准中心一致时，即无偏的工序能力指数为

$$T = T_U - T_L$$

$$C_p = (T_U - T_L)/(6\sigma) \tag{1-12}$$

当数据的实际分布中心与要求的标准中心不一致时，即有偏的工序能力指数为

$$C_{pk} = C_p(1-K) = T(1-K)/(6\sigma)$$

$$K = 2a/T，a = (T_U + T_L)/2 - \overline{X} \tag{1-13}$$

式中：$T$ 为标准公差；$T_U$、$T_L$ 分别为标准公差上限及下限；$a$ 为偏移量；$K$ 为偏移系数。

2）对于单侧限，即只存在 $T_U$ 或 $T_L$ 时，工序能力指数 $C_p$ 的计算公式应作如下修改：

若仅存在 $T_L$，则

$$C_p = (p - T_L)/(3\sigma) \tag{1-14}$$

若仅存在 $T_U$，则

$$C_p = (T_U - p)/(3\sigma) \tag{1-15}$$

式中：$p$ 为标准（设计）中心值。

当数据的实际中心与要求的中心不一致时，同样应该用偏移系数 $K$ 对 $C_p$ 进行修正，得到单侧限有偏的工序能力指数 $C_{pk}$。

不论是双侧限还是单侧限情况，仅当偏移量较小时，所得 $C_{pk}$ 才合理。

当 $1.33 < C_p \leqslant 1.67$ 时，说明工程能力良好；当 $1 \leqslant C_p \leqslant 1.33$ 时，说明工程能力勉强；当 $C_p < 1$ 时，说明工程能力不足；当 $C_p > 1.67$ 时，说明工程能力过足，会影响工期或成本。

## （二）控制图法

前述直方图所表示的都是质量在某一段时间里的静止状态。但在生产工艺过程中，产品质量的形成是个动态过程。因此，控制生产工艺过程的质量状态，就成了控制工程质量的重要手段。这就必须在产品制造过程中及时了解质量随时间变化的状况，使之处于稳定状态，而不发生异常变化，这就需要利用管理图法。

微课 1-5-5
控制图法的应用

管理图又称控制图，它是指以某质量特性和时间为轴，在直角坐标系所描的点依时间为序所连成的折线，加上判定线以后所画成的图形。管理图法是研究产品质量随着时间变化，如何对其进行动态控制的方法。它的使用可使质量控制从事后检查转变为事前控制。借助于管理图提供的质量动态数据，人们可随时了解工序质量状态，发现问题、分析原因、采取对策，使工程产品的质量处于稳定的控制状态。

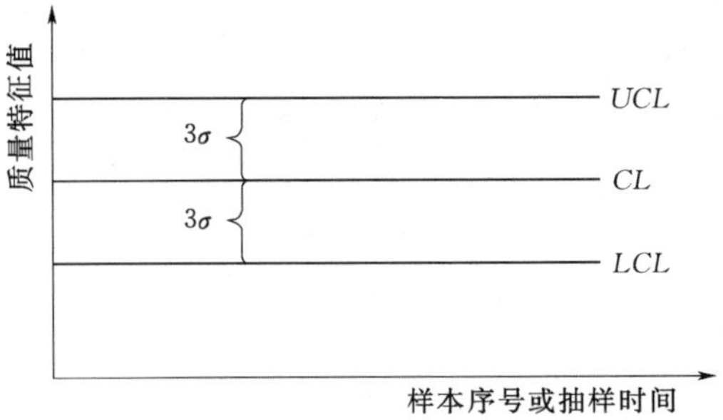

图 1-7　控制图的三条线

控制图一般有三条线：上面的一条为控制上限，用符号 *UCL* 表示；中间的一条为中心线，用符号 *CL* 表示；下面的一条为控制下限，用符号 *LCL* 表示。如图 1-7 所示。

在生产过程中，按规定取样，测定其特性值，将其统计量作为一个点画在控制图上，然后连接各点成一条折线，即表示质量波动情况。

值得注意的是，这里的控制上下限和前述的标准公差上下限是两个不同的概念，不应混淆。控制界限是概率界限，而公差界限是一个技术界限。控制界限用于判断工序是否正常，是根据生产过程处于控制状态下，所取得的数据计算出来的；而公差界限是根据工程的设计标准而事先规定好的技术要求。

1. 控制图的种类

按照控制对象，可将双侧控制图分为计量双侧控制图和计数双侧控制图两种。

计量双侧控制图包括：平均值-极差双侧控制图（$X-R$ 图），中位数-极差双侧控制图（$X-R$ 图），单值-移动极差双侧控制图（$X-R_S$ 图）。

计数双侧控制图包括：不合格品数双侧控制图（$P_O$ 图），不合格品率双侧控制图（$P$ 图），缺陷数双侧控制图（$C$ 图），单位缺陷数双侧控制图（$u$ 图）。

这里只介绍平均值-极差双侧控制图（$\bar{X}-R$）。$X$ 管理图是控制其平均值，极差 $R$ 管理图是控制其均方差，通常这两张图一起用。

2. 控制图的绘制

原材料质量基本稳定的条件下，混凝土强度主要取决于水灰比，因此可以通过控制水灰比来间接地控制强度。为说明控制图的控制方法，以设计水灰比 0.50 为例，绘制水灰比的 $\bar{X}-R$ 控制图。

（1）收集预备数据。在生产条件基本正常的条件下，分盘取样，测定水灰比，每班取得 $n=3\sim5$ 个数据（一个数据为两次试验的平均值）作为一组，抽取的组数 $t=20\sim30$ 组，见表 1-1。

**表 1-1　　$\bar{X}-R$ 双侧控制图数据表**

| 组号 | 9月的日期 | $X_1$ | $X_2$ | $X_3$ | $X_4$ | $\Sigma X_i$ | $\bar{X}$ | $R$ |
|---|---|---|---|---|---|---|---|---|
| 1 | 5 | 0.51 | 0.46 | 0.50 | 0.54 | 2.01 | 0.502 | 0.080 |
| 2 | 6 | 0.45 | 0.54 | 0.50 | 0.52 | 2.01 | 0.502 | 0.090 |
| 3 | 7 | 0.51 | 0.54 | 0.53 | 0.47 | 2.05 | 0.512 | 0.070 |
| 4 | 8 | 0.53 | 0.45 | 0.49 | 0.46 | 1.93 | 0.482 | 0.070 |
| 5 | 9 | 0.55 | 0.50 | 0.46 | 0.50 | 2.01 | 0.502 | 0.090 |
| 6 | 10 | 0.47 | 0.52 | 0.47 | 0.48 | 1.94 | 0.485 | 0.050 |
| 7 | 11 | 0.54 | 0.48 | 0.50 | 0.50 | 2.02 | 0.505 | 0.060 |
| 8 | 12 | 0.53 | 0.51 | 0.53 | 0.46 | 2.03 | 0.508 | 0.070 |
| 9 | 13 | 0.46 | 0.54 | 0.47 | 0.49 | 1.96 | 0.490 | 0.080 |
| 10 | 14 | 0.52 | 0.55 | 0.46 | 0.51 | 2.04 | 0.510 | 0.090 |
| 11 | 15 | 0.47 | 0.54 | 0.47 | 0.47 | 1.95 | 0.488 | 0.070 |
| 12 | 16 | 0.53 | 0.51 | 0.46 | 0.52 | 2.02 | 0.505 | 0.070 |
| 13 | 17 | 0.48 | 0.51 | 0.51 | 0.48 | 1.98 | 0.495 | 0.030 |
| 14 | 18 | 0.45 | 0.47 | 0.50 | 0.53 | 1.95 | 0.488 | 0.080 |
| 15 | 19 | 0.51 | 0.52 | 0.53 | 0.54 | 2.10 | 0.525 | 0.030 |
| 16 | 20 | 0.46 | 0.52 | 0.48 | 0.49 | 1.95 | 0.488 | 0.060 |
| 17 | 21 | 0.49 | 0.46 | 0.50 | 0.53 | 1.98 | 0.495 | 0.070 |
| 18 | 22 | 0.53 | 0.49 | 0.51 | 0.52 | 2.05 | 0.512 | 0.040 |
| 19 | 23 | 0.48 | 0.47 | 0.48 | 0.49 | 1.92 | 0.480 | 0.020 |
| 20 | 24 | 0.45 | 0.49 | 0.50 | 0.55 | 1.99 | 0.498 | 0.100 |
| 21 | 25 | 0.47 | 0.51 | 0.51 | 0.53 | 2.02 | 0.505 | 0.060 |
| 22 | 26 | 0.54 | 0.50 | 0.46 | 0.49 | 1.99 | 0.498 | 0.080 |
| 23 | 27 | 0.46 | 0.50 | 0.51 | 0.53 | 2.00 | 0.500 | 0.070 |
| 24 | 28 | 0.55 | 0.47 | 0.48 | 0.49 | 1.99 | 0.498 | 0.080 |
| 25 | 29 | 0.52 | 0.47 | 0.56 | 0.50 | 2.05 | 0.512 | 0.090 |

本例收集 25 组数据。

（2）计算各组平均值 $\bar{X}$ 和极差 $R$，计算结果记在右侧两栏。

（3）计算管理图的中心线，即 $X$ 的平均值 $\bar{X}$；计算 $R$ 管理图的中心线，即 $R$ 的平均值 $\bar{R}$。

（4）计算管理界限。

$\bar{X}$ 管理图：

中心线　　$CL=\bar{X}$

上管理界限　　$UCL=\bar{X}+A_2\bar{R}$

下管理界限　　$LCL=\bar{X}-A_2\bar{R}$

$\bar{R}$ 管理图：

中心线 $CL=\bar{R}$

上管理界限 $UCL=D_4\bar{R}$

下管理界限 $LCL=D_3\bar{R}$ （$n\leqslant6$ 时不考虑）

式中：系数 $A_2$、$D_3$、$D_4$ 均随 $n$ 变化，其值见表 1－2。

**表 1－2 系数 $A_2$、$D_3$ 和 $D_4$ 随 $n$ 变化的数据表**

| $n$ | 2 | 3 | 4 | 5 | 6 | 7 | 8 | 9 | 10 |
|---|---|---|---|---|---|---|---|---|---|
| $A_2$ | 1.800 | 1.023 | 0.729 | 0.577 | 0.483 | 0.419 | 0.373 | 0.337 | 0.308 |
| $D_3$ | — | — | — | — | — | 0.076 | 0.136 | 0.184 | 0.223 |
| $D_4$ | 3.267 | 2.575 | 2.282 | 2.115 | 2.004 | 1.924 | 1.864 | 1.816 | 1.777 |

本例计算结果如下：

$\bar{X}$ 管理图：

中心线 $CL=X=0.499$

上管理界限 $UCL=\bar{X}+A_2\bar{R}=0.499+0.729\times0.068=0.549$

下管理界限 $LCL=\bar{X}-A_2\bar{R}=0.499-0.729\times0.068=0.450$

$\bar{R}$ 管理图：

中心线 $CL=\bar{R}=0.068$

上管理界限 $UCL=D_4\bar{R}=0.155$

下管理界限 $LCL=D_3\bar{R}=0$ （$n\leqslant6$ 时不考虑）

（5）画管理界限并打点，如图 1－8 和图 1－9 所示。

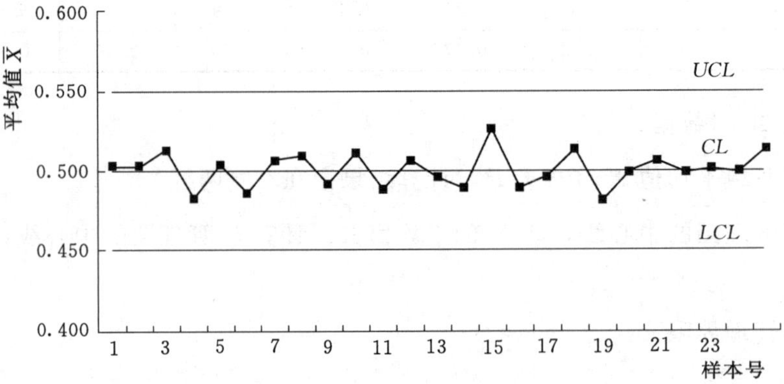


图 1－8 $\bar{X}$ 管理图

3. 控制图的分析与判断

绘制控制图的主要目的是分析判断生产过程是否处于稳定状态。控制图主要通过研究点是否超出了控制界线以及研究点在图中的分布状况，以判定产品（材料）质量及生产过

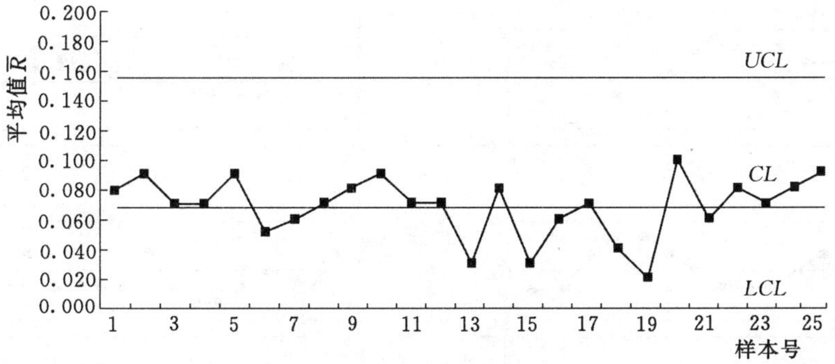


图 1-9 $\bar{R}$ 管理图

程是否稳定，是否出现异常现象。如果出现异常，应采取措施，使生产处于控制状态。

控制图的判定原则是：对某一具体工程而言，小概率事件在正常情况下不应该发生。换言之，如果小概率事件在一个具体工程中发生了，则可以判定出现了某种异常现象，否则就是正常的。由此可见，控制图判断的基本思想可以概括为“概率性质的反证法”，即借用小概率事件在正常情况下不应发生的思想作出判断。这里所指的小概率事件是指概率小于 1%的随机事件。

主要从以下四个方面来判断生产过程是否稳定：

（1）连续的点全部或几乎全部落在控制界线内，如图 1-10（a）所示。

经计算可知：

1）连续 25 点无超出控制界线者。

2）连续 35 点中最多有 1 点在界外者。

3）连续 100 点中至多允许有 2 点在界外者。

这三种情况均为正常。

（2）点在中心线附近居多，即接近上、下控制界线的点不能过多。接近控制界线是指点子落在了 $p\pm2\sigma$ 以外和 $p\pm3\sigma$ 以内。如属下列情况判定为异常：连续 3 点中至少有 2 点接近控制界线；连续 7 点中至少有 3 点接近控制界线；连续 10 点中至少有 4 点接近控制界线。

（3）点在控制界线内的排列应无规律。以下情况为异常：

1）连续 7 点及以上呈上升或下降趋势，如图 1-10（b）所示。

2）连续 7 点及以上在中心线两侧呈交替性排列。

3）点的排列呈周期性，如图 1-10（c）所示。

（4）点在中心线两侧的概率不能过分悬殊，如图 1-10（d）所示。以下情况为异常：连续 11 点中有 10 点在同侧；连续 14 点中有 12 点在同侧；连续 17 点中有 14 点在同侧；连续 20 点中有 16 点在同侧。

**（三）排列图法**

排列图法又称巴雷特图法，也称为主次因素分析图法，它是分析影响工程（产品）质量主要因素的一种有效方法。

微课 1-5-6 排列图法的应用

1. 排列图的组成

排列图是由一个横坐标、两个纵坐标、若干个矩形和一条曲线组成，如图 1-11 所示。图中左边纵坐标表示频数，即影响调查对象质量的因素重复发生或出现次数（个数、

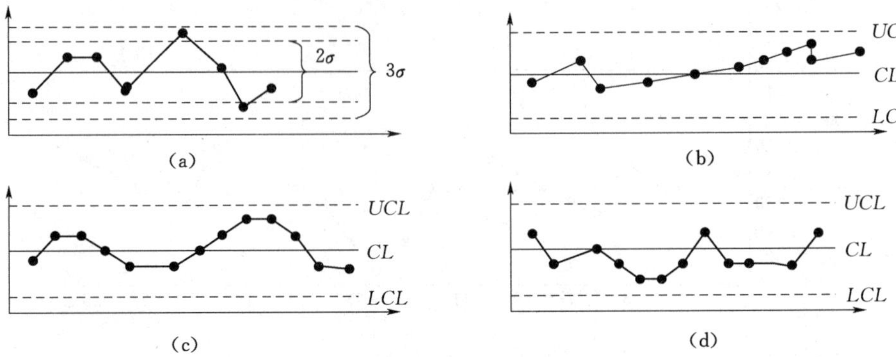

图 1-10　控制图

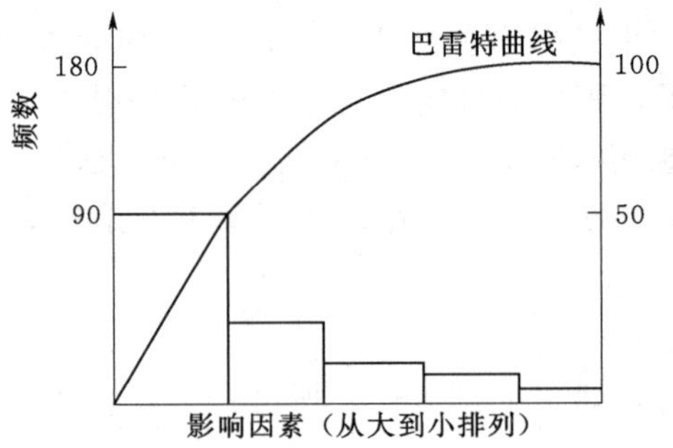

图 1-11　排列图

点数）；横坐标表示影响质量的各种因素，按出现的次数从多至少、从左到右排列；右边的纵坐标表示频率，即各因素的频数占总频数的百分比；矩形表示影响质量因素的项目或特性，其高度表示该因素频数的影响因素（从大到小排列）高低；曲线表示各因素依次的累计频率，也称为巴雷特曲线。

2. 排列图的绘制

（1）收集数据。对已经完成的分部、单元工程或成品、半成品所发生的质量问题，进行抽样检查，找出影响质量问题的各种因素，统计各种因素的频数，计算频率和累计频率。

（2）作排列图。

1）建立坐标。右边的频率坐标从 0 到 100%划分刻度；左边的频数坐标从 0 到总频数划分割度，总频数必须与频率坐标上的 100%成水平线；横坐标按因素的项目划分刻度按照频数的大小依次排列。

2）画直方图。根据各因素的频数，依照频数坐标画出直方形（矩形）。

3）画巴雷特曲线。根据各因素的累计频率，按照频率坐标上刻度描点，连接各点即为巴雷特曲线，如图 1-12 所示。

3. 排列图分析

通常将巴雷特曲线分成三个区：A 区、B 区和 C 区。累计频率在 80%以下的称为 A 区，其所包含的因素为主要因素或关键项目，是应该解决的重点；累计频率在 80%～90%的区域为 B 区，为次要因素；累计频率在 90%～100%的区域为 C 区，为一般因素，一般不作为解决的重点。

4. 排列图的作用

（1）找出影响质量的主要因素。影响工程质量的因素是多方面的，有的占主要地位，有的占次要地位。用排列图法，可方便地从众多影响质量的因素中找出影响质量的主要因素，以确定改进的重点。

（2）评价改善管理前后的实施效果。对其质量问题的解决前后，通过绘制排列图，可

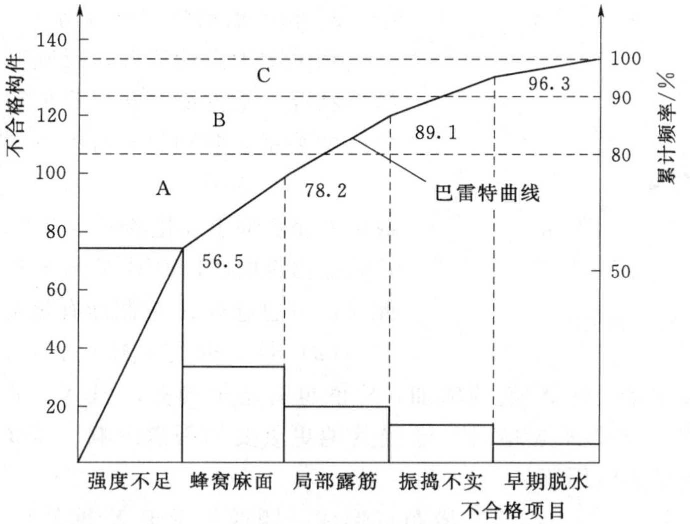


图 1-12　巴雷特曲线

直观地看出管理前后某种因素的变化。评价改善管理的效果，进而指导管理。

（3）可使质量管理工作数据化、系统化、科学化。它所确定的影响质量主要因素不是凭空设想，而是有数据依据的。同时，用图形表达后，各级管理人员和生产工人都可以看懂，一目了然，简单明确。

### （四）分层法

分层法又称分类法，是将调查收集的原始数据，根据不同的目的和要求，按某一性质进行分组、整理的分析方法。分层的结果使数据各层间的差异突出地显示出来，层内的数据差异减少了，在此基础上再进行层间、层内的比较分析，可以更深入地发现和认识质量问题的原因。由于产品质量是多方面因素共同作用的结果，因而对同一批数据，可以按不同性质分层，使我们能从不同角度来考虑、分析产品存在的质量影响因素。

微课
1-5-7
分层法的应用

### （五）相关图法

1. 相关图法的概念

相关图又称散布图。在质量控制中它是用来显示两种质量数据之间关系的一种图形。质量数据之间的关系多属相关关系，一般有三种类型：一是质量特性和影响因素之间的关系；二是质量特性和质量特性之间的关系；三是影响因素和影响因素之间的关系。

微课
1-5-8
相关图法的应用

我们可以用 $Y$ 和 $X$ 分别表示质量特性值和影响因素，通过绘制散布图，计算相关系数，分析研究两个变量之间是否存在相关关系，以及这种关系密切程度如何，进而对相关程度密切的两个变量中的一个变量进行观察控制，从而去估计控制另一个变量的数值，以达到保证产品质量的目的。这种统计分析方法，称为相关图法。

2. 相关图的绘制方法

（1）收集数据。要成对地收集两种质量数据，数据不得过少。

（2）绘制相关图。在直角坐标系中，一般 $X$ 轴用来代表原因的量或较易控制的量，$Y$ 轴用来代表结果的量或不易控制的量，然后将数据中相应的坐标位置上描点，便得到相关图（图 1-13）。

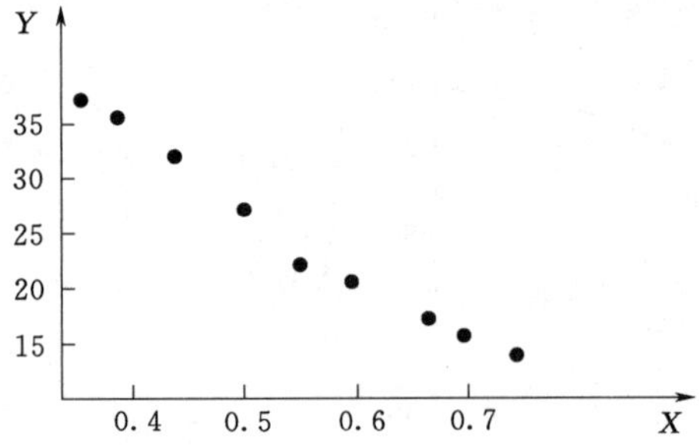


图 1-13　相关图

3. 相关图的观察和分析

相关图中点的集合，反映了两种数据之间的散布状况，根据散布状况我们可以分析两个变量之间的关系，归纳起来有以下六种类型：

（1）正相关［图 1-14（a）］。散布点基本形成由左至右向上变化的一条直线带，即随 $X$ 增加，$Y$ 值也相应增加，说明 $X$ 与 $Y$ 有较强的制约关系。此时，可通过对 $X$ 控制而有效控制 $Y$ 的变化。

（2）弱正相关［图 1-14（b）］。散布点形成向上较分散的直线带。随 $X$ 值的增加，$Y$ 值也有增加趋势，但 $X$、$Y$ 的关系不像正相关那么明确。说明 $Y$ 除受 $X$ 影响外，还受其他更重要的因素影响。需要进一步利用因果分析图法分析其他的影响因素。

（3）不相关［图 1-14（c）］。散布点形成一团或平行于 $X$ 轴的直线带。说明 $X$ 变化不会引起 $Y$ 的变化或其变化无规律，分析质量时可以排除 $X$ 的因素。

（4）负相关［图 1-14（d）］。散布点形成由左向右向下的一条直线带，说明 $X$ 对 $Y$ 的影响与正相关恰恰相反。

（5）弱负相关［图 1-14（e）］。散布点形成由左至右向下分布的较分散的直线带。说明 $X$ 与 $Y$ 的相关关系较弱，且变化趋势相反，应考虑寻找影响 $Y$ 的其他更重要的因素。

（6）非线性相关［图 1-14（f）］。散布点呈一曲线带，即在一定范围内 $X$ 增加，$Y$ 也增加；超过这个范围 $X$ 增加，$Y$ 则有下降趋势。或改变变动的斜率呈曲线形态。

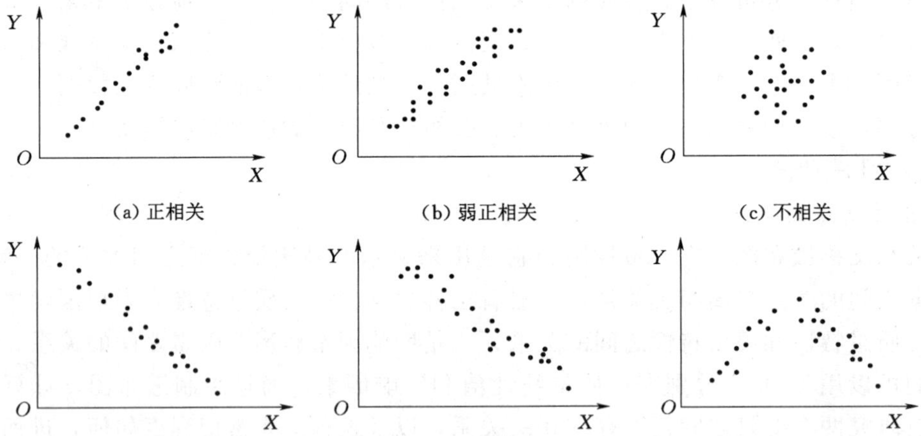


(a) 正相关　(b) 弱正相关　(c) 不相关

(d) 负相关　(e) 弱负相关　(f) 非线性相关

图 1-14　相关图的类型

微课 1-5-9

调查表法的应用

## （六）调查表法

调查表法也叫调查分析表法或检查表法，是利用图表或表格进行数据收集和统计的一种方法。也可以对数据稍加整理，粗略统计，进而发现质量问题。所以，调查表除了收集数据外，很少单独使用。调查表没有固定的格式，可根据实际情况和需要自己拟订合适的格式。根据调查的目的不同，调查表有以下几种形式：

（1）分项工程质量调查表。

（2）不合格内容调查表。

（3）不良原因调查表。

（4）工序分布调查表。

（5）不良项目调查表。

# 单元六　工程质量检验方法

## 一、施工承包人的质量检验

施工承包人的质量检验是其内部进行的质量检验，是质量检验的基础。施工承包人应建立检验制度，制定检验计划，认真执行初检、复检和终检的施工质量“三检制”，对施工过程进行全面的质量控制。

### （一）质量检验的目的

一是判断工序是否正常；二是判断工程产品、原材料的质量特性是否符合规定要求；三是及时发现质量问题及时处理。

### （二）质量检验的内涵

质量检验实际是通过观察和判断，适当结合测量、试验所进行的符合性评价。

质量检验活动主要包括：一是明确对检验对象的质量指标要求；二是按规范测试产品的质量特性指标；三是分析测试所得指标是否符合要求；四是评价与处理，对不符合质量要求的产品（原材料）提出处理意见。

## 二、抽样检验的原理和方法

质量检验按检验数量常分为全数检验、抽样检验和免检。全数检验常用于非破坏性检验，批量小、检验费用少或稍有一点缺陷就会带来巨大损失的场合等。在很多情况下常采用抽样检验。

### （一）抽样检验的原理

抽样检验是用数理统计的方法，利用从批或过程中随机抽取的样本，对批或过程的质量进行检验。

### （二）抽样检验的类型

1. 按照检验的目的分类

（1）预防性抽样检验。是在生产过程中，对产品进行检验，判断生产过程是否稳定正常。其主要是为了预测、控制工序质量而进行的检验。

（2）验收性抽样检验。是从一批产品中随机抽取部分产品进行检验，来判断这批产品的质量。

（3）监督抽样检验。由政府主管部门、行业主管部门进行检验，其主要目的是对各生产部门进行监督。

2. 按单位产品质量特征分类

（1）计数抽样检验。判断一批产品是否合格，只用到样本中不合格数目或缺陷数。其又分为计件和计点两种。计件是用来表达某些属性的件数，如不合格品数；计点一般适用于产品外观，如混凝土的蜂窝、麻面数。

（2）计量抽样检验。指定量地检验从批中随机抽取的样本，采用样品中各单位产品的特征值来判断这批产品是否合格的方法。

**（三）抽样方法**

抽样以随机为原则，要能反映群体的各处情况，取样机会要均等。工程中常采用以下抽样方法：

（1）分层随机抽样。将总体（批）分成若干层次，尽量使层内均匀。常按下列因素进行分层：

1）操作人员。可按现场、班次、操作人员经验分层。

2）机械设备。按使用的机械设备分层。

3）材料。可按材料的品种、材料进货的批次分层。

4）加工方法。可按加工方法、安装方法分层。

5）时间。按生产时间（上午、下午、夜间）分层。

该抽样方法多用于工程施工的工序质量检验及散装材料（如水泥、砂、石等）的验收检验。

（2）两级随机抽样。当许多产品装在箱中且堆在一起构成批量时，可先作为第一级对若干箱进行随机抽样，然后把挑选出的箱作为第二级，再分别从箱中对产品进行随机抽样。

（3）系统随机抽样。指当对总体随机抽样有困难时（如连续作业时取样、产品为连续体时取样等），可采用一定间隔进行抽取的抽样方法。

# 模块二　水利水电工程施工质量监控技术

## 单元一　导截流工程施工质量监控技术

### 一、导截流工程质量标准

#### （一）导流工程质量标准

1. 导流方式

水利水电施工导流方式包括各施工阶段导流泄水建筑物的型式、布置及导流程序。

导流方式主要取决于坝型及地形、地质条件，导流流量的大小也有重要影响，一些位于通航河流的工程还必须妥善解决施工期间的航运问题。

施工导流方式一般有分期围堰导流、明渠导流和隧洞导流。在施工过程中根据需要还采用坝体底孔导流、缺口导流和永久泄水建筑物导流等。

导流方式不但影响导流工程的规模和造价，且与枢纽布置、主体工程施工布置、施工工期密切相关，有时还受施工条件及施工技术水平的制约。导流方式各有其特点：

(1) 分期围堰导流（简称分期导流）方式适用于河流流量大、河槽宽、覆盖层薄的坝址，一期围堰基坑内一般包括发电、通航及用于中后期导流的永久建筑物。

(2) 隧洞导流方式适用于河谷狭窄、地质条件适合开挖导流隧洞的坝址。

(3) 明渠导流方式适用于河流流量较大，河床一侧有较宽台地的坝址。为满足中后期导流需要，还可在明渠坝段内设置导流底孔或留缺口；导流明渠还常用于施工期通航。明渠导流虽仍属于河床内分期导流，但其与分期导流的主要区别在于分期导流很少专为满足导流需要而扩大原河床的过流断面，导流的各个阶段均在原天然河床内导流。而明渠导流系利用岸边台地，在一期围堰保护下，需要在岸边专为导流或者结合永久工程开挖，建成具有必要宽度、深度、长度的明渠，以实现导流或通航的要求。

对我国已建和在建的部分混凝土坝的统计表明，在长江干流及其主要支流岷江、汉江、沅水和赣江等大江大河和较宽阔的河床上多采用分期导流或明渠导流，例如长江三峡、葛洲坝等水利枢纽工程。

葛洲坝水利枢纽工程位于湖北省宜昌市三峡出口南津关下游约3km处。长江出三峡峡谷后，水流由东急转向南，江面由390m突然扩宽到坝址处的2200m。由于泥沙沉积，在河面上形成葛洲坝、西坝两岛，把长江分为大江、二江和三江。大江为长江的主河道，二江和三江在枯水季节断流。葛洲坝水利枢纽工程横跨大江、葛洲坝、二江、西坝和三江。葛洲坝工程主要由电站、船闸、泄水闸、冲沙闸等组成。大坝全长2595m，坝顶高70m，宽30m。控制流域面积100万$km^2$，总库容量15.8万$m^3$。电站装机21台，年均发电量141亿kW·h。建船闸3座，可通过万吨级大型船队。27孔泄水闸和15

孔冲沙闸全部开启后的最大泄洪量为 11 万 $m^3/s$。葛洲坝水利枢纽工程是我国万里长江上建设的第一个大坝，该工程建设为三峡工程建设积累了宝贵的经验。而在黄河、雅砻江、乌江、清江、澜沧江等狭窄河段则采用隧洞导流，例如龙羊峡、李家峡、刘家峡、拉西瓦、公伯峡、小浪底、二滩、溪洛渡、漫湾、隔河岩、乌江渡等工程。

对土石坝的统计表明，无论河谷宽狭、导流流量大小，绝大多数都采用隧洞导流。只有极少数位于十分开阔的河床上采用涵洞导流，如瑯琊山抽水蓄能电站上水库工程。这主要是由于土石坝不便在河床内分期施工，且一般不允许坝体过水，因此河床一次断流，隧洞导流往往成为土石坝工程的主要选择。

2. 导流标准

导流建筑物级别及洪水标准，简称导流标准。

导流标准是施工首先要确定的问题。导流标准的高低实质上是风险度大小的问题。导流标准不但与工程所在地的水文气象特性、水文系列长短、导流工程运用时间长短直接相关，也取决于导流建筑物和主体工程，例如大坝的抗风险能力，以及遭遇超设计标准洪水时可能对工程本身和下游地区带来损失的大小。导流标准还受地质条件以及各种施工条件的制约。需要结合工程实际，全面综合分析其技术上的可行性和经济上的合理性，然后做出抉择。

根据 SL 303—2017《水利水电工程施工组织设计规范》，按照导流建筑物（包括临时挡水和泄水建筑物）保护对象、失事后果、使用年限、围堰工程规模等将级别划分为Ⅲ～Ⅴ级，见表 2-1。

**表 2-1　　导流建筑物级别划分**

| 级别 | 保护对象 | 失事后果 | 使用年限/a | 围堰工程规模 | |
|---|---|---|---|---|---|
| | | | | 堰高/m | 库容/亿 $m^3$ |
| Ⅲ | 有特殊要求的Ⅰ级永久性水工建筑物 | 淹没重要城镇、工矿企业、交通干线或推迟总工期及第一台（批）机组发电，推迟工程发挥效益，造成重大灾害和损失 | >3 | >50 | >1.0 |
| Ⅳ | Ⅰ、Ⅱ级永久性水工建筑物 | 淹没一般城镇、工矿企业或影响工程总工期及第一台（批）机组发电而造成较大经济损失 | 1.5～3 | 15～50 | 0.1～1.0 |
| Ⅴ | Ⅲ、Ⅳ级永久性水工建筑物 | 淹没基坑，但对总工期及第一台（批）机组发电影响不大，经济损失较少 | <1.5 | <15 | <0.1 |

注　1. 导流建筑物包括挡水和泄水建筑物，两者级别相同。
2. 系列四项指标均按导流分期划分。保护对象一栏中所列永久水工建筑物级别系按 SL 252《水利水电工程等级划分及洪水标准》划分。
3. 有、无特殊要求的永久性水工建筑物均针对施工期，有特殊要求的Ⅰ级永久性水工建筑物是指施工期不应过水的土石坝及其他有特殊要求的永久性水工建筑物。
4. 使用年限是指导流建筑物每一导流分期的工作年限，两个或两个以上导流分期共用的导流建筑物，如分期导流一期、二期共用的纵向围堰，其使用年限不能叠加计算。
5. 围堰工程规模一栏，围堰高度指挡水围堰最大高度，库容指堰前设计水位所拦蓄的水量，两者应同时满足。

导流建筑物的设计洪水标准可根据其级别和类型在表 2－2 划分的范围内选择。对于某些特别重要的工程，应提出发生超标准洪水时的应急预案。

**表 2－2　导流建筑物洪水标准划分**

| 导流建筑物类型 | 导流建筑物级别 | | |
|---|---|---|---|
| | Ⅲ | Ⅳ | Ⅴ |
| | 洪水重现期/a | | |
| 土石结构 | 50～20 | 20～10 | 10～5 |
| 混凝土、浆砌石结构 | 20～10 | 10～5 | 5～3 |

注　1. 河流水文实测资料系列较短（小于 20 年），或工程处于暴雨中心区。
2. 采用新型围堰结构型式。
3. 处于关键施工阶段，失事后可能导致严重后果。
4. 工程规模、投资和技术难度用上限与下限值相差不大。
5. 在导流建筑物级别划分中属于本级别上限。
6. 符合以上情况可采用表中上限值。

SL 303—2017《水利水电工程施工组织设计规范》充分考虑了我国幅员辽阔、水文气象特点与地形地质条件千差万别的状况，以及影响导流标准选择的因素多而复杂，对导流建筑物的洪水标准未做硬性规定，而是划分了一个幅度较大的选择范围。每一个工程都要全面分析各自的环境条件和工程特点，并结合风险度分析，因地制宜、经济合理地选择适合于本工程的导流建筑物及相应的导流标准。我国诸多工程的实践表明，不同结构型式的导流建筑物遭遇超设计标准洪水所产生的后果差别很大，对不过水土石围堰特别是拦洪库容大的高土石围堰，在确定导流标准时要留有余地，必要时可适当提高导流标准或留有后备措施。SL 303—2017《水利水电工程施工组织设计规范》重点是给出初期导流标准，但施工导流贯穿于施工活动开始进入河床到主体工程全部建成并具备正常运行条件的全过程，因此在确定导流标准时，还要充分考虑施工中后期的导流要求，尤其是对采用一次断流围堰、隧洞导流的高土石坝或高拱坝工程，不能只着眼于满足初期导流要求，更应高度重视和满足中后期的导流要求。

### （二）导流标准的实施情况举例

从以下列举的工程实例中，不难看出导流标准和围堰型式选择的正确与否，给工程带来的较大影响。

1. 二滩水电站

二滩水电站地处我国四川省西南边陲攀枝花市郊，是我国在 20 世纪建成投产最大的电站。该电站位于雅砻江下游河段二滩峡谷区内，两岸临江坡高 300～400m，左岸谷坡 25°～45°，右岸谷坡 30°～45°，雅砻江以 N60°W 方向流经坝区。河床枯水位高程 1011～1012m，水面宽 80～100m。总装机容量 330 万 kW，单机容量 55 万 kW，20 世纪均列全国第一，单机容量排世界前 10 位。二滩拱坝坝高 240m，为中国 20 世纪第一高坝。

二滩水电站混凝土双曲拱坝高 240m，左岸为地下厂房。该工程为峡谷高拱坝，只宜采用一次断流围堰，隧洞导流。在招标设计阶段，曾结合围堰型式对导流标准作了认真分析，认为高土石围堰比较适合二滩坝址覆盖层深度的实际情况。由于围堰高度超过 50m，相应拦洪库容超过了 1 亿 $m^3$，且围堰使用期较长，必须采用较高的导流标准，并认为坝址正长岩岩性坚硬，有条件开挖大型隧洞。因此推荐以 30 年一遇洪水流量 13500$m^3/s$ 作为围堰的挡水标准，用两条衬砌后断面尺寸均为 17.5m×23.0m（宽×高）的特大型隧洞导流。为降低围堰的风险度，还研究过在深厚覆盖层上建造混凝土过水围堰的方案，但因地基处理过于复杂和困难而作罢。施工时将围堰加高了 4m，达到 50 年一遇洪水的校核标准，并将围堰交付保险。该围堰在 4 年的运行期间，实际发生的最大洪水流量为 10500$m^3/s$，相当于设计导流流量的 77.8%。导流工程费用虽较高，但占总投资的比例很小。

2. 刘家峡水电站

刘家峡水电站，位于甘肃省临夏回族自治州永靖县县城西南约 1km 处。刘家峡水电站，是黄河上游开发规划中的第 7 个梯阶电站，兼有发电、防洪、灌溉、养殖、航运、旅游等功能。总装机容量 122.5 万 kW，年发电量 57 亿 kW·h，主送陕西、甘肃、青海。刘家峡水库蓄水量 57 亿 $m^3$，水域呈西南—东北向延伸，长约 54km，面积超 130$km^2$。

刘家峡水电站混凝土重力坝高 147m，发电厂房位于坝后偏右岸（其中两台机组位于右岸地下），陡槽式溢洪道位于远离河岸的右岸高台地上。工程于 1958 年开工，采用左岸单洞导流。土石过水围堰挡水标准为：枯水期 10 年一遇，洪水流量 1610$m^3/s$。1960 年 1 月河床截流后，将上游围堰改为不过水围堰，但挡水标准仅提高为枯水期 20 年一遇，洪水流量 1760$m^3/s$，要求在大汛前将大坝抢浇到河床正常水位以上，用以替代围堰。7 月上旬因围堰发生管涌，基坑被淹，7 月下旬当洪水流量达到 2000$m^3/s$ 时，围堰被毁，工程停止缓建。

1964 年复工后，工程建设吸取了过去的教训，将导流标准提高为 10 年一遇，洪水流量提高为 4700$m^3/s$，为此在右岸增设了一条 13.5m×13.5m 的导流隧洞（后期改建为永久泄洪洞），并将上游围堰改为高 49m 的混凝土过水拱形围堰，保证了大坝和厂房的正常施工。

3. 龙羊峡水电站

龙羊峡水电站位于青海中部的共和县境内，距西宁 146km。“龙羊”是藏语，意为“险峻的悬崖深谷”。龙羊峡海拔 2700m，峡长 40km，河道狭窄，狭口窄处仅 40m，水流湍急，惊涛拍岸，浊浪排空，涛声雷动。两岸山壁陡峭，如刀砍斧劈，周围乱石横布，犬牙交错，危石峥嵘。龙羊峡大坝高 178m，坝底宽 80m，拱顶宽 23.5m，全长 1227m（挡水长度），水库周长 108km，面积 383$km^2$，库容量 247 亿 $m^3$。总装机容量 128 万 kW，单机容量 32 万 kW，年发电量 60 亿 kW·h。

龙羊峡水电站混凝土拱坝高 178m，发电厂房位于坝后。导流方式为一次断流围堰、隧洞导流。隧洞断面尺寸为 15m×18m。原设计上游为溢流式混凝土拱形围堰，1979 年因截流日期拖后，难以按期完成混凝土拱形围堰，将其改为混凝土心墙土石围堰，并将挡水标准由 10 年一遇洪水提高到 20 年一遇洪水，并以 50 年一遇洪水作为校核标准。1980 年又在围堰右端增设了非常溢洪道，1981 年又据水情预报将上游围堰加高 7m。当年汛期实际发生了接近 200 年一遇的洪水，上游水位逼近加高后的堰顶，围堰蓄洪量高达 11 亿 $m^3$，严重威胁工程和下游的安全，由于奋力抢险和非常溢洪道的及时分洪才战胜了洪水，转危为安，如果事前没有预报措施，其后果将难以设想。

与龙羊峡水电站形成鲜明对照的是岩滩水电站。该工程采用明渠导流，原设计上下游为不过水土石围堰，开工后改为碾压混凝土整体重力式围堰，挡水标准为全年5年一遇洪水，围堰建成后的当年8月，发生了有水文记录以来的最大洪水，漫堰流量达4000$m^3/s$。如果仍采用不过水的土石围堰，而挡水标准又低于实际发生的大洪水，一旦漫顶溃决，将产生严重后果，可见不过水的高土石围堰风险相对较大。

### （三）截流工程质量标准

1. 概述

截流工作在泄水建筑物接近完工时，即以进占方式自两岸或一岸建筑戗堤（作为围堰的一部分）形成龙口，并将龙口防护起来，待泄水建筑物完工以后，在有利时机，全力以最短时间将龙口堵住，截断河流。接着在围堰迎水面投抛防渗材料闭气，水即全部经泄水道下泄。与闭气同时，为使围堰能挡住可能出现的洪水，必须立即加高培厚围堰，使之迅速达到相应设计水位的高程以上。

截流是整个水利枢纽施工的关键，它的成败直接影响工程进度。如失败了，就可能使工期推迟一年。截流工作的难易程度取决于河道流量，泄水条件，龙口的落差、流速，地形地质条件，材料供应情况及施工方法、施工设备等因素，因此事先经过充分的分析研究，采取适当措施，才能保证在截流施工中争取主动，顺利完成截流任务。

我国从20世纪30年代开始到50年代，截流大多以平堵完成，投抛料由普通的块石发展到使用20～30t重的混凝土四面体、六面体、异形体和构架等。从20世纪50年代开始，由于水利建设逐步转到大河流，山区峡谷落差大（4～10m）、流量大，加上重型施工机械的发展，立堵截流开始有了发展。与之相应，世界上对立堵水力学的研究也普遍开展。所以从60年代以来，立堵截流在世界各国河道截流中已成为主要方式。截流落差大于5m为常见，更高有达10m。由于在高落差下进行立堵截流，于是出现了双戗堤、三戗堤、宽戗堤的截流方法。以后立堵不仅用于岩石河床，而且向冲刷基床推广。我国绝大多数河道截流都是用立堵法完成的。

2. 截流工程质量标准

（1）河道截流是大中型水利水电工程施工中的一个重要环节。截流的成败直接关系到工程的进度和造价，设计方案必须稳妥可靠，以保证截流成功。

（2）截流宜优先选用立堵截流方式，应充分分析水力学参数、施工条件和截流难度、抛投材料数量和性质、抛投强度等因素，进行技术经济比较，并根据以下情况选择：

1）截流落差不超过4m和流量较小时，宜优先选用单戗立堵截流。当龙口水流能量相对较大、流速较高时，应制备的重大抛投物料相对较多。

2）截流流量大且落差大于4m和龙口水流能量较大时，宜采用双戗、多戗或宽戗立堵截流。

3）在条件特殊时，经充分论证后可采用建造浮桥或栈桥平堵截流、定向爆破、建闸等方式。

（3）戗堤轴线应根据河床和两岸地形、地质、交通条件、主流流向、通航、过木要求等因素综合分析选定，并考虑戗堤闭气、基础处理、堰体加高等要求，戗堤宜为围堰堰体组成部分。戗堤轴线宜位于围堰防渗体轴戗的下游。

（4）确定龙口宽度及位置应遵循以下原则：

1）龙口位置宜设于河床水位较浅、覆盖层较薄或基岩部位。

2）应考虑进占堤头稳定及河床冲刷因素，保证预进占段裹头不发生冲刷破坏。

3）龙口工程量小。

4）龙口预进占戗堤布置应便于施工。

（5）若龙口段河床覆盖层抗冲能力低，可预先在龙口抛石或抛铅丝笼护底，增大糙率和抗冲能力，减少合龙工作量，降低截流难度。立堵截流护底范围为：轴线下游护底长度可按水深的3～4倍取值，轴线以上可按最大水深的2倍取值。护底宽度根据最大可能冲刷宽度加一定富裕值确定。

（6）截流抛投材料选择的原则如下：

1）非龙口段或预进占段填料尽可能利用开挖渣料和当地天然料。

2）截流备料总量应根据截流料物堆存、运输条件、可能流失量及戗堤沉陷等因素综合分析，并留适当备用量，备用系数可取1.2～1.5。

3）龙口段重大抛投材料数量应考虑一定备用，备用系数宜取1.5～2.0。

4）重大抛投材料应考虑易于起吊运输。

（7）重要截流工程的截流设计应通过水工模型实验验证并提出截流期间相应的观测设施。

## 二、围堰工程质量标准

### （一）围堰型式及适用条件

1. 土石围堰

土石围堰是用当地材料填筑而成的围堰，不仅可以就地取材和充分利用开挖弃料作围堰填料，而且构造简单、施工方便、易于拆除，工程造价较低，这种围堰型式被广泛采用。因土石围堰断面较大，一般用于横向围堰，但在宽阔河床的分期导流中，由于围堰束窄河床增加的流速不大，也可作为纵向围堰，但需注意防冲设计，以保围堰安全。

2. 混凝土围堰

混凝土围堰具有抗冲能力大、断面尺寸小、工程量少、允许过水等优点，纵向围堰多采用。但混凝土围堰要求直接修筑在基岩上，并要求有干地施工条件，施工复杂。围堰型式多采用重力式和拱式两种，一般应优先选用重力式碾压混凝土结构，对于河谷狭窄且地质条件良好的堰址，可采用混凝土拱围堰。

如三峡、岩滩、隔河岩、龙滩等工程均采用碾压式混凝土围堰，巴西伊泰普水电站、龙羊峡水电站上游围堰，采用混凝土拱围堰。在流水中修筑混凝土围堰则比较困难，在施工队伍具有丰富水下作业经验，以及水深、流速不大的情况下，水下修筑混凝土围堰也是可能的。我国乌江渡、凤滩等水电站工程均采用水下施工修筑混凝土围堰，而且非常成功。

3. 胶凝砂砾石围堰和堆石混凝土围堰

根据地质条件的适应性，在充分利用天燃料和开挖石渣时，可采用胶凝砂砾石围堰、堆石混凝土围堰。

胶凝砂砾石坝（CSG）是介于混凝土面板堆石坝和碾压混凝土重力坝之间的一种新坝型。该坝型起源于欧洲，在法国、希腊和土耳其等国家已建成10余座，其中土耳其的两座坝坝高均超过100m，日本也建成10余座CSG坝（围堰）。我国贵州松桃道塘水库、福建尤溪街面大坝、宁德洪口水电站、大花桥水电站等工程上游围堰均采用之，其中洪口水电站上游围堰采用CSG过水围堰，工程实践证明效果很好。洪口水电站上游围堰设计挡水标准为枯水时段10年一遇洪水，相应流量为1350$m^3/s$；过水标准为全年10年一遇洪水，相应流量为4180$m^3/s$。围堰堰顶轴线长87m，顶宽4m，堰高35.5m，上、下游坡比分别为1：0.3和1：0.75，2006年6月洪峰过堰流量达5400$m^3/s$，堰顶水头达8m左右，总过水时间为44h，洪峰过后经检查，CSG围堰无裂缝，只是最大渗漏量达8L/s，围堰经受住了超标准洪水的考验。

堆石混凝土技术（RFC）是一种新型大体积混凝土施工技术，利用自密实混凝土的高流动、抗分离性能好以及自流动的特点，在粒径较大的块石（30cm以上）内随机充填自密实混凝土而形成的自密实混凝土堆石体。在陕西百佳水电站、云南松林水库工程坝体设计、大渡河沙坪二级水电站基础回填工程设计、新疆山口水电站围堰工程中均采用了堆石混凝土技术。

4. 钢板桩格形围堰

钢板桩格形围堰由一字形钢板桩与异形连接板组成的格体和联弧段构成。格体和联弧段内均填土石料，以维持围堰的稳定。

钢板桩格形围堰可以修建在岩石地基上或非岩基上，堰顶浇筑混凝土盖板后也可用作过水围堰，修建和拆除可以高度机械化，断面小，抗冲能力强，安全可靠，钢板桩尚可回收。装配式钢板桩格形围堰最高挡水水头应小于30m，打入式钢板桩格形围堰最高挡水水头应小于20m。

5. 浆砌石、钢筋笼等围堰

结合当地材料分布、环境条件和施工特点，低水头围堰可采用浆砌石、钢筋笼等围堰型式。

6. 草土围堰

草土围堰是我国劳动人民在黄河治水堵口采用的传统方法，具有悠久历史。这是一种草土混合结构，施工简单，可就地取材，造价低，易于拆除，一般适于施工水深不大于6m、流速小于3.0m/s以下的情况。

7. 木笼围堰

木笼围堰是由框格木结构内填块石组成的围堰型式。这种围堰具有断面小和抗冲能力强的特点，但木材消耗较多。施工时要求有一定的水深浮运木笼，木笼与基础面接触部分的防渗需要潜水工下水作业，施工要求技术高、精度高、造价高。

木笼围堰一般不宜高于15m。我国最高木笼围堰用于西津水电站的建设中。西津水电站位于广西横县的郁江上，是当时全国最大的低水头河床式径流电站，1958年10月动工兴建，1964年投入发电。1966年7月、1975年12月、1979年7月，2号、3号、4号机组相继投产，总投资18294万元。装机4台，总容量23.44万kW。大坝高41m，为混凝土宽缝重力坝，总长299.7m，设溢流闸门17孔。控制流域面积77300$km^2$，多年平均流量 1620$m^3$/s，总库容 30 亿 $m^3$，设计灌溉面积 8.5 万亩，年均发电量 10.91 亿 kW·h。坝基岩石为花岗岩。围堰高 18m，木结构设计复杂，抗冲流速可达 6m/s。

### （二）围堰型式选择原则

（1）安全可靠，能满足稳定、防渗、防冲要求。

（2）结构简单，施工方便，易于拆除并能充分利用当地材料及开挖渣料。

（3）堰体防渗，便于与基础、岸坡或已有建筑物连接。

（4）堰基易于处理，并与堰基地形地质条件相适应。

（5）在预定施工期内修筑到需要的断面及高程，满足施工进度要求。

（6）堰体与永久性建筑物相结合时，其型式应与永久性建筑物型式相适应。

（7）具有良好的技术经济指标。

### （三）围堰的平面布置

围堰的平面布置主要包括围堰外形轮廓布置和确定堰内基坑范围两个问题。外形轮廓不仅与导流泄水建筑物的布置有关，而且取决于围堰种类、地质条件以及对防冲措施的考虑。堰内基坑范围大小主要取决于主体工程的轮廓和相应的施工方法。当采用一次拦断法导流时，围堰基坑是由上、下游横向围堰围成。当采用分期导流时，围堰基坑是由纵向围堰与上、下游横向围堰围成。在上述两种情况下，上下游横向围堰的布置，都取决于主体工程的轮廓。通常基坑坡趾距离主体轮廓的距离不应小于 20～30m，以便于布置排水设施、交通运输道路、堆放材料和模板等。至于基坑开挖边坡的大小，则与地质条件有关。

在分期导流时，上下游围堰一般不与河床中心线垂直，围堰的平面布置常呈梯形，既可使水流顺畅，同时也便于运输道路的布置和衔接。当采用一次拦断法导流时，上、下游围堰不存在突出的绕流问题。为了减少工程量，围堰多与主河道垂直。

如果纵向围堰不作为永久建筑物的一部分，基坑坡趾距离主体工程轮廓的距离一般不小于 2.0m，以便于布置排水导流系统和堆放模板；如果纵向围堰作为永久建筑物的一部分，则该距离只需留 0.4～0.6m。

### （四）土石围堰填筑材料应具有的性能

均质土围堰填筑材料渗透系数不宜大于 $1\times10^{-4}$cm/s，防渗土料渗透系数不宜大于 $1\times10^{-5}$cm/s，心墙或斜墙土石围堰堰壳填料渗透系数宜大于 $1\times10^{-2}$cm/s。

若当地富有风化料或砾质土料，并经过实验验证能满足防渗要求时，应优先选用。水下抛投砾质土料时，应考虑处理分离的措施。

堰壳填料应为无黏性材料，一般采用天然砂卵石或石渣。围堰水下堆石体不宜采用软化系数大于 0.8 的石料。反滤料和过渡层料选用满足级配要求的天然砂砾石料。

### （五）围堰工程常见质量问题监控与防治

1. 围堰的防渗和防冲

围堰的防渗、接头和防冲是保证围堰正常的关键问题，对土石围堰来说尤为突出。一般土石围堰在流速超过 3.0m/s 时，会发生冲刷现象，尤其在采用分段围堰法导流时，若围堰布置不当，在束窄河床段的进出口和沿纵向围堰会出现严重的涡流，淘刷围堰及其基础，导致围堰失事。

（1）围堰的防渗。围堰防渗的基本要求和一般挡水建筑物无大的差异。土石围堰的防渗一般采用斜墙、斜墙接水平铺盖、垂直防渗墙或灌浆帷幕等措施。围堰一般需在水中修筑，因此如何保证斜墙和水平铺盖的水下施工质量是一个关键问题。

柘溪水电站位于湖南省资水干流上，距安化县东平镇12.5km。混凝土单支墩大头坝，最大坝高104m，装机容量44.7万kW，保证出力11.27万kW，多年平均发电量21.74亿kW·h。工程以发电为主，兼有防洪、航运等效益。工程于1958年7月开工，1962年1月第一台机组发电，1975年7月全部投产。坝址河谷呈V形，两岸陡峭，水面宽90～110m，采用明渠结合隧洞导流。明渠长500m，宽60m，底坡3‰，设计流量1300m$^3$/s。隧洞长430m，宽13.6m，高12.8m，最大泄流量850m$^3$/s。1958年12月14日明渠通水，河道截流。1959年隧洞开始过水。上游土石木笼混合过水围堰高26.5m，用0.75m厚的混凝土板和木笼护面，最大过堰流量4086m$^3$/s，单宽流量10m$^2$/s，堰顶水深3.08m。土石围堰的斜墙和铺盖是在10～20m深水中，用人工手铲抛填的方法施工，施工时注意滑坡、颗粒分离及坡面平整等的控制。

（2）围堰的接头处理。围堰的接头是指围堰与围堰、围堰与其他建筑物及围堰与岸坡等的连接。围堰的接头处理与其他水工建筑物接头处理的要求并无多大区别，所不同的仅在于围堰是临时建筑物，使用期不长，因此接头处理措施可适当简便。如混凝土纵向围堰与土石横向围堰的接头，一般采用刺墙型式，以增加绕流渗径，防止引起有害的集中渗漏。

（3）围堰的防冲。围堰遭受冲刷在很大程度上与其平面布置有关，尤其在采用分段围堰法时，水流进入围堰区受到束窄，流出围堰区又突然扩大，这样就不可避免地在河底引起动水压力的重新分布，流态发生急剧改变，此时在围堰的上下游转角处产生很大的局部压力差，局部流速显著增高，形成螺旋状的底层涡流，流速方向自下而上，从而淘刷堰脚及基础。为了避免由局部淘刷而导致溃堰的严重后果，必须采用护底措施。一般多采用简易的抛石护底措施来保护堰脚及其基础的局部冲刷；另外，还应对围堰的布置给予足够的重视，力求使水流平顺地进、出束窄河段。通常在围堰的上下游转角处设置导流墙，以改善束窄河段进出口的水流条件。导流墙实质上是纵向围堰分别向上、下游的延伸。

2. 围堰的拆除

围堰是临时建筑物，导流任务完成以后，应按设计要求进行拆除，以免影响永久建筑物的施工及运行。例如，在采用分段围堰法导流时，第一期横向围堰的拆除如果不合要求，势必会增加上、下游水位差，从而增加截流工作的难度，增加截流料物的重量及数量。如果下游围堰拆除不干净，会抬高尾水位，影响水轮机的利用水头。土石围堰相对来说断面较大，因之有可能在施工期最后一次汛期过后，上游水位下降时，从围堰的背水坡开始分层拆除，但必须保证依次拆除后所残留的断面能继续挡水和维持稳定，以免发生安全事故，使基坑过早淹没，影响施工。

土石围堰一般可用挖土机或爆破等方法拆除；草土围堰的拆除比较容易，一般水上部分用人工拆除，水下部分可在堰体挖一缺口，让其过水冲毁或用爆破法炸除；钢板桩格型围堰的拆除，首先要用抓斗或吸石器将填料清除，然后用拔桩机起拔钢板桩；混凝土围堰的拆除，一般只能用爆破法炸除，但应注意，必须使主体建筑物或其他设施不受爆破危害。

3. 围堰堰顶高程

围堰堰顶高程取决于导流设计流量及围堰的工作条件。

下游围堰的堰顶高程由下式决定：

$$H_d = h_d + h_a + \delta \tag{2-1}$$

式中：$H_d$ 为下游围堰堰顶高程，m；$h_d$ 为下游水位高程，m，可以直接由原河流水位流量关系曲线查出；$h_a$ 为波浪爬高，m；$\delta$ 为围堰的安全超高，m，一般对于不过水围堰可按有关规定确定，对过水围堰可不予考虑，见表 2-3。

上游围堰的堰顶高程由下式决定：

$$H_h = h_d + z + h_a + \delta \tag{2-2}$$

式中：$H_h$ 为上游围堰堰顶高程，m；$z$ 为上下游水位差，m；其余符号意义同前。

**表 2-3　　不过水围堰堰顶安全超高下限值**　　单位：m

| 围堰型式 | 围堰级别 | |
|---|---|---|
| | Ⅲ | Ⅳ～Ⅴ |
| 土石围堰 | 0.7 | 0.5 |
| 混凝土围堰 | 0.4 | 0.3 |

纵向围堰堰顶高程要与束窄河段宣泄导流设计流量时的水面曲线相适应。因此，纵向围堰的顶面往往做成阶梯形或倾斜状，其上游部分与上游围堰同高，下游部分与下游围堰同高。

## 三、基坑排水质量标准

### （一）基坑排水概述

基坑排水包括初期排水和经常性排水两部分。初期排水是指围堰合龙闭气后排除基坑积水为主的排水。经常性排水是指在基坑积水排完后，为保持施工基坑干燥，继续排除基坑内各种渗水、雨水、施工用水等的排水工作。

1. 排水量的计算

排水量一般以小时为设计计算单位。不同排水期的排水量计算分述如下。

（1）初期排水。初期排水包括排除基坑积水、围堰和基坑渗水及降雨径流，其排水量等于基坑积水、渗水、雨水三者之和。

1）基坑积水。基坑积水是指围堰合龙闭气后积存在基坑内的水量。它包括围堰水下部分饱和水和基坑内覆盖层饱和水，这部分水在基坑水位下降、汇流到基坑内后均需予以排除。基坑积水量可用下式表达：

$$W = KSh \tag{2-3}$$

式中：$W$ 为基坑积水量，$m^3$；$K$ 为经验系数，与围堰种类、基坑覆盖层情况、排水时间、基坑面积大小等因素有关，一般采用 1.5～2.5；$S$ 为基坑积水面积，$m^2$；$h$ 为基坑平均水深，m。

2）渗水。渗水是指通过各种途径渗到基坑内的水量。它包括围堰渗水和基坑渗水。渗水与围堰内外水位差、围堰防渗形式、基坑处理措施等有直接关系。

由于初期排水一般较少，围堰内外水位差较小，围堰合龙后亦已闭气处理，所以渗水量是不大的。

3）雨水。雨水是指在初期排水期间，由于降水在基坑集水面积内产生的径流。

集水面积应设法尽可能减少，减少到只在基坑范围内，这样可节约排水费用。为此，需将基坑范围以外流向基坑的集水面积上产生的雨水（径流）用集水沟渠排至基坑范围以外，这是特别重要的。

（2）经常性排水。经常性排水包括基坑渗水、雨水、施工中弃水。

基坑渗水，根据围堰型式、围堰工程地质、水文地质条件及围堰最高挡水水位与基坑开挖高程决定的渗流水头计算求得。雨水量则按一定时段降雨强度估算，可选用计算频率值设计，亦可参用枢纽附近雨量台站实测降水强度进行计算。施工弃水，主要包括基坑冲洗、混凝土施工养护等用水。它与工程规模有关，一般按每次养护每立方米混凝土用水5L、每天养护8次估算养护用水。

（3）基坑过水后的排水。过水围堰在每次基坑过水后的排水主要是排除过水后围堰基坑内积水，可按设计基坑水位计算基坑积水量，其他与初期排水相同。

（4）小时排水量计算。为了确定基坑排水的设备和工艺布置，只有一个总排水量是不够的，必须通过计算，用小时排水量来确定抽水设备的规模。在小时排水量计算时，要注意下列几个问题：

1）在初期排除基坑集水时，一方面要按施工进度安排时间排完，另一方面又要与围堰断面型式相适应。为了在排水时不致因基坑水位下降速度太快而影响围堰的安全，一般土石围堰允许基坑水位下降速度为1～2m/d。开始时下降速度要小，视抽水情况检验可以适当加快，同时还要考虑围堰背水坡填料的排水性能。

2）渗水量按各施工期设计渗透水头计算，按渗多少排多少确定小时排水量。由于渗水量计算影响因素复杂，难以计算准确，一般在计算后均乘以1.1～1.2的安全系数。在基本资料较多、渗透图形较准且有一定试验验证资料时，安全系数可以小些；反之，从安全角度出发则应选用较大安全系数。

3）雨水量计算一般均按抽水时段的最大降雨量计算。深基坑有时亦考虑用小时降水强度核算，以免基坑遭受淹没。

4）小时排水量的组合，在不同的时期，组合情况各异，一般初期排水以基坑积水为主，经常性排水除有枯水期与汛期之分外，汛期降雨量与混凝土养护水不要叠加组合，而是将渗水分别与降水和基坑弃水组合，选用大者来确定抽水容量。对于过水围堰过水后的排水只有基坑积水。

2. 排水设备选择

排水设备选择主要根据小时排水量及排水扬程来确定。排水扬程包括几何扬程和排水管道、闸阀、弯头等局部和沿程的水头损失。

基坑排水的主要设备是低扬程的离心水泵。在组织基坑排水时，扬程应力求不超过15～20m。如果基坑很长（300～500m以上），应在下游侧设置一些排水点。为了汇集基坑中的渗水，应设置专门的排水深井，深井前方接集水沟，井内放入几组吸水管。在采用大功率水泵时，集水井的最小深度应不小于2～2.5m，井的平面尺寸为1.5m×1.5m～2.0m×2.0m，井的总容积应能保证水泵运行3～5min（如果停电时间不超过3～5min）。在个别情况下，根据供电的实际情况，也可考虑较长的间歇时间，此时，井的容积也应相应加大。

从地面上排出积水是最经济的，但在软土层中，特别是在有承压地下水时，采用地面排水将使今后的水工建筑物地基土壤受到破坏，变得松散，这是不允许的。因此，地面排水方法可用于岩石、黏土、密实砂黏土或粗砾石层等不易松散破坏的地基中，而在砂土、亚砂土和轻质砂黏土地基中，基坑排水应采用地下方式。

对于砂土围堰，为了减少深基坑内的集水数量，一般都在其地基中设置专门的防渗墙。在下卡马水电站建设中，采用防渗墙以减少通过河床冲积层进入基坑的渗水，该水电站防渗墙长600m，面积10400m$^2$，向下一直伸入隔水地层，墙深16～17.5m，宽500m。防渗墙主要依靠向槽内浇筑膨润土泥浆和投入块状黏土而使其达到稳定。

3. 排水布置

排水布置包括排水站、排水管道、集水坑及集水沟渠的布置。

（1）排水站布置。初期排水时，排水站的布置根据基坑集水深度大小，可采用固定式排水站和浮动式排水站，一般水泵允许吸程为5m左右，当基坑水深小于5m时，可采用固定式排水站。基坑水深大于5m，一级站不能排完时，需布置多级排水站或浮动式排水站。基坑水深较大时，浮动式排水站可随基坑水位下降而移动，可避免排水站搬迁，从而能增大排水站的利用和减少设备数量。

排水站布置要注意能排除基坑最低处集水，尽可能缩短排水管道，避免与基坑施工交通等发生干扰，初期与后期要尽可能结合，要布置较好的出水通道。

经常性排水站运用时间较长，应充分利用地形，可分设于基坑上下游地势低洼处，使管道布置最短，避免与基坑开挖、出渣运输以及围堰加高等施工发生干扰，同时应注意使集水沟渠和集水坑的布置有比较合适的场地。根据基坑范围大小，经常性排水站分成几处布置，一般中型工程在围堰基坑上下游应各布置一个站。

过水围堰的排水站，应考虑基坑过水时需拆除排水站和过水后又要恢复的情况。要求排水管道布置在不受过水影响的位置，以便于很快恢复排水站的工作。

（2）排水管道布置。基坑排水管道，一般使用胶管、铸铁管和钢管。胶管和钢管由于重量较轻，宜在初期排水时设站使用，特别是浮动式排水站使用胶管显得更能适应基坑下降的连续排水条件。铸铁管多在经常性排水时使用，由于使用时间较长，常将其固定在管座上，在布置上要求管道最短、集中，尽可能不受基坑施工交通影响，给维修养护提供有利条件。

（3）集水坑及集水沟渠布置。集水坑对初级排水关系不大，在几天或十几天内即可将基坑存水排除，无须布置固定集水坑。

对于经常性排水，集水坑及集水沟渠的布置是十分重要的。它的任务和作用是汇集基坑范围内的水，以便集中于集水坑内，由排水站排出基坑以外。首先，集水坑布置高程要能将基坑大部分水汇集至集水坑内，集水坑高程是排水站设计扬程的依据。其次，集水坑要求有一定容积，主要目的是使经常性排水能正常运行，使水泵工作经常处于最优状态。若容积太小，常在一次大雨后就可能淹没排水站和基坑，若因短期停电或设备临时故障，基坑和排水站则将面临险境。

对于基坑局部低洼沟可用小型水泵排至集水坑内，再由排水站排出。

### （二）基坑排水质量标准

（1）在导流工程投资中，基坑排水费用所占比重较大，应结合不同防渗措施进行综合分析，使总费用最小。

（2）初期排水总量由围堰闭气后的基坑积水量、抽水过程中围堰及基础渗水量、堰身及基坑覆盖层中的含水量，以及可能的降水量等四部分组成。其中可能的降水量可采用抽水时段的多年日平均降水量计算。初期排水的时间为：大型基坑一般可采用5～7d，中型基坑不超过3～5d。具体确定基坑水位下降速度时，尚应考虑对不同堰型的影响。

（3）经常性排水应分别计算围堰和基础在设计水头的渗流量、覆盖层中的含水量、排水时降水量及施工弃水量，再据此确定最大抽水强度。其中降水量按抽水时段最大日降水量在当天抽干计算；施工弃水量与降水量不应叠加。基坑渗水量可视围堰型式、防渗方式、堰基情况、地质资料可靠程度、渗流水头等因素适当扩大。

（4）抽水设备应有一定的备用和可靠电源。

### （三）基坑排水的首次疏干问题

在基坑排水施工中，特别需要注意的是基坑排水的首次疏干问题，因为它涉及围堰的安全、工期的长短、施工费用的多少。为此往往要采用较大功率的排水设备，需要的时间也比较长。例如在布拉茨克和克拉斯诺雅尔斯克水电站施工中，第一期基坑的疏干时间分别为3个半月和13个月，第二期基坑则分别为5个半月和5个月。尽管围堰结构、地基以及基坑边坡情况均容许大幅度加快抽水速度，但基坑中水位的实际降低速度仍很缓慢：布拉茨克水电站不超过0.7m/d，克拉斯诺雅尔斯克水电站则不超过0.5m/d。

当围堰建成的时刻，围堰所围的基坑往往是泡在水中的，且水位一般与河水齐平。排除掉这一部分积水是基坑抽水和使围堰转入单侧承受水压作用阶段需要完成的主要任务。

首次疏干基坑时所需排除的水量，包括基坑中原有的积水，以及在抽水过程中由于地下渗流、堰体渗漏和降雨径流等汇集到基坑中的水量。

大型水利枢纽的建设经验表明，第一次疏干基坑积水在一般条件下需要2～4周。在这一段时间内，排水设备的排水能力应按基坑初期水量的3～4倍考虑。在排除基坑最初积水时，确定抽干基坑积水的时间是个重要问题。这里有两个相互矛盾的因素：一方面，主体工程要求尽早开工；另一方面，抽水时又必须保证河岸、边坡、围堰和基坑底的稳定，因为水位急剧下降可能导致这些部分遭到破坏。土层中的管涌变形往往发生在水位的急降过程中。边坡的坍滑和流土现象都是突然发生的，一般不可能用肉眼及时发现。

实践表明，水位下降的速度在最初几天里应控制在下列数值内：地基为粗粒土和岩石时不超过0.5～0.7m/d，地基为中粒土时不超过0.4m/昼夜，地基为细粒土时不超过0.15～0.2m/d。

# 单元二 土石方工程施工质量监控技术

## 一、施工测量控制

施工测量控制的依据是 SL 52—2015《水利水电工程施工测量规范》和国家测绘局颁发的有关测量规范。

### （一）施工测量控制

（1）工程的首级控制基准点一般由业主单位向承建单位提供。质检员应对上述基准点成果进行复核，并将复核结果以书面形式向监理机构报告，如有异议，由监理机构转报项目法人进行核实，经检查后，由业主单位（或监理单位）以书面形式通知承建单位后才能启用该成果。

（2）应根据施工需要加密控制点，并应在施测前 7d 将作业方案报监理机构审批，施测结束后，将外业记录、控制点成果及精度分析资料报监理审核。该成果必须经监理机构批准后才能正式启用。

（3）承建单位应负责保护并经常检查已接收的和自行建立的控制点，一经发现有位移或破坏，及时报告监理工程师，在监理工程师及业主指示下采取必要的措施予以保护或重建。若因施工需要拆除个别控制点，承建单位应提出申请，报监理机构和业主批准。

### （二）施工放样

（1）对各工程部位的施工放样，应严格按合同文件及施工测量规范执行，确保放样精度满足设计要求。

（2）关键部位的放样措施必须经质检员审核报监理审批。如基础开挖开口线、坝轴线、混凝土工程基础轮廓点等放样，监理将进行内、外业检查和复核。

（3）每块混凝土浇筑前，必须进行模板的形体尺寸检查，并将校模资料上报监理审查，内容包括测站、后视、实测值与设计值比较差异量等。

### （三）施工测量质量控制

（1）施工测量资料应整理齐全。

（2）开口轮廓位置和开挖断面的放样应保证开挖规格，其精度应符合下列要求：

平面：覆盖层 50cm；岩石 20cm。

高程：覆盖层 25cm；岩石 10cm。

（3）断面测量应符合下列规定：

1）断面测量应平行于主体建筑物轴线设置断面基线，基线两端点应埋标桩。正交于基线的各断面桩间距应根据地形和基础轮廓确定，混凝土建筑物基础的断面应布设在各坝段的中线、分线上；弧线段应设立以圆弧中心为基准的正交弧线断面，其断面间距的确定除服从基础设计轮廓外，一般应均分圆心角。

2）断面间距用钢卷尺实量，实量各间距总和与断面基线总长（$L$）的差值应控制在 $L/500$ 以内。

3）断面测量需设转点时，其距离可用钢卷尺或皮卷尺实量。若用视距观测，必须进行往测、返测，其校差应不大于 $L/200$。

4）开挖中间过程的断面测量，可用经纬仪测量断面桩高程。但在岩基竣工时断面测量必须以五等水准测定断面桩高程。

（4）基础开挖完成以后，应及时测绘最终开挖地形图以及与设计施工详图同位置、同比例的纵横剖面图。竣工地形图及纵横剖面图的规格应符合下列要求：

1）原始地面（覆盖层和岩基面）地形图比例，一般为 1∶200～1∶1000。

2）用于计算工程量（覆盖层和岩基面）的横断面图，纵向比例一般为 1∶100～1∶200，横向比例一般为 1∶200～1∶500。

3）竣工基础横断面图纵横比例一般为 1∶100～1∶200。

4）竣工建基面地形图比例一般为 1∶200，等高距可根据坡度和岩基起伏状况选用 0.2m、0.5m 或 1.0m，也可仅测绘平面高程图。

## 二、土方明挖工程质量控制

### （一）土方开挖的质量控制

在水利工程施工中，明挖主要是建筑物基础、导流渠道、溢洪道和引航道（枢纽工程具有通航功能时）、地下建筑物的进、出口等部位的露天开挖，为开挖工程的主体。明挖的施工部署可分为两种类型：一是工程规模大且开挖场面宽广，地形相对平坦，适宜于大型机械化施工，可以达到较高的强度，如葛洲坝工程和长江三峡工程；二是工程规模虽不很大，但工程处于高山峡谷之中，不利于机械作业，只能依靠提高施工技术，才能克服困难，顺利完成。

#### 1. 土方明挖工程施工方法

土方明挖工程依据施工对象和施工方法的特点，可以分为建筑物基础开挖、渠道开挖和河道疏浚。

水利水电工程建筑物主要是坝、闸、船闸、电站等，其基础开挖的共同特点是要符合建筑物要求的形态，对开挖边界线外保留的土体不允许破坏其天然结构。

土方开挖一般不需要爆破，可用机械直接开挖。

基础开挖从地形特征上可分为河床开挖和岸坡开挖。河床开挖的特点是地形较平坦、施工比较方便，但往往施工时间短，强度较大；岸坡开挖，特别是山区高坝的岸坡，其开挖高度大，施工条件差，技术复杂，一般多在施工的前期开挖。

闸、坝的土质地基开挖，一般应自上而下全断面一次挖完。在开挖中，应特别注意排水设施，还必须审慎地注意地基的不均匀沉陷。开挖程序应结合排水考虑。

#### 2. 土方明挖工程质量控制要点

（1）开挖应遵循自上而下的原则，并分层检查和检测，同时应做好施工记录。

（2）应按施工组织设计要求设置弃渣场，并按指定地点弃渣，不应随意弃渣。

（3）开挖坡面应稳定，无松动。

（4）开挖轮廓应满足下列要求：

1）符合施工详图所示的开口线、坡度和工程的要求。

2）如果某些部位按施工详图开挖后，不能满足稳定、强度、抗渗要求，或设计要求有变更时，必须按监理、业主、设计商定的要求继续开挖到位。

3）最终开挖超、欠挖值满足规范要求，坡度不得陡于设计坡度。

（5）边坡开挖完成后应及时进行保护。对于高边坡或可能失稳的边坡应按合同或设计文件规定进行边坡稳定检测，以便及时判断边坡的稳定情况和采取必要的加固措施。

（6）对于在外界环境作用下极易风化、软化和冻裂的软弱基面，若其上建筑物暂时未能施工覆盖时，应按设计文件和合同技术要求进行保护。

3. 土方开挖单元工程施工质量标准

（1）土方开挖施工单元工程分表土及土质岸坡清理、软基或土质岸坡开挖两个工序，其中软基或土质岸坡开挖工序为主要工序。

（2）表土及土质岸坡清理施工质量标准见表 2－4，软基或土质岸坡开挖施工质量标准见表 2－5。

### （二）岩石岸坡开挖质量控制

（1）岩石岸坡开挖单元工程分为岩石岸坡开挖、地质缺陷处理两个工序，其中岩石岸坡开挖工序为主要工序。

（2）岩石岸坡开挖施工质量标准见表 2－6，地质缺陷处理施工质量标准见表 2－8。

### （三）岩石地基开挖质量控制

岩石地基开挖应按照 SL 47—2020《水工建筑物岩石地基开挖施工规范》进行。

1. 一般规定

（1）一般情况下，岩石基础开挖应自上而下进行，当岸坡和河床底部同时施工时，应确保安全；否则，必须先进行岸坡开挖。

**表 2－4　　表土及土质岸坡清理施工质量标准**

| 项次 | | 检验项目 | 质量标准 | 检验方法 | 检验数量 |
|---|---|---|---|---|---|
| 主控项目 | 1 | 表土清理 | 树木、草皮、树根、乱石、坟墓以及各种建筑物全部清除；水井、泉眼、地道、坑窖等洞穴的处理符合设计要求 | 观察，查阅施工记录 | 全数检查 |
| | 2 | 不良土质的处理 | 淤泥、腐殖质土、泥炭土全部清除；对风化岩石、坡积物、残积物、滑坡体、粉土、细砂等处理符合设计要求 | | |
| | 3 | 地质坑、孔处理 | 构筑物基础区范围内的地质探孔、竖井、试坑的处理符合设计要求；回填材料质量满足设计要求 | 观察，查阅施工记录，取样试验等 | |
| 一般项目 | 1 | 清理范围 | 满足设计要求；长、宽边线允许偏差：人工施工 0～50cm，机械施工 0～100cm | 量测 | 每边线测点不少于 5 个，且点间距不大于 20m |
| | 2 | 土质岸边坡度 | 不陡于设计边坡 | | 每 10 延米量测 1 处；高边坡需测定断面，每 20 延米测 1 个断面 |

**表 2-5　　软基或土质岸坡开挖施工质量标准**

<table>
<tr><th colspan="2">项次</th><th>检验项目</th><th colspan="3">质　量　标　准</th><th>检验方法</th><th>检 验 数 量</th></tr>
<tr><td rowspan="3">主控项目</td><td>1</td><td>保护层开挖</td><td colspan="3">保护层开挖方式应符合设计要求，在接近建基面时，宜使用小型机具或人工挖除，不应扰动建基面以下的原地基</td><td rowspan="3">观察、测量、查阅施工记录</td><td rowspan="3">全数检查</td></tr>
<tr><td>2</td><td>建基面处理</td><td colspan="3">构筑物软基和土质岸坡开挖面平顺。软基和土质岸坡与土质构筑物接触时，采用斜面连接，无台阶、急剧变坡及反坡</td></tr>
<tr><td>3</td><td>渗水处理</td><td colspan="3">构筑物基础区及土质岸坡渗水（含泉眼）妥善引排或封堵，建基面清洁无积水</td></tr>
<tr><td rowspan="8">一般项目</td><td rowspan="8">1</td><td rowspan="8">基坑断面尺寸及开挖面平整度</td><td rowspan="4">无结构要求或无配筋</td><td>长或宽不大于 10m</td><td>符合设计要求，允许偏差为－10～20cm</td><td rowspan="8">观察、测量、查阅施工记录</td><td rowspan="8">检测点采用横断面控制，断面间距不大于 20m，各横断面点数间距不大于 2m，局部突出或凹陷部位（面积在 $0.5m^2$ 以上）应增设检测点</td></tr>
<tr><td>长或宽大于 10m</td><td>符合设计要求，允许偏差为－20～30cm</td></tr>
<tr><td>坑（槽）底部标高</td><td>符合设计要求，允许偏差为－10～20cm</td></tr>
<tr><td>垂直或斜面平整度</td><td>符合设计要求，允许偏差为 20cm</td></tr>
<tr><td rowspan="4">有结构要求有配筋预埋件</td><td>长或宽不大于 10m</td><td>符合设计要求，允许偏差为 0～20cm</td></tr>
<tr><td>长或宽大于 10m</td><td>符合设计要求，允许偏差为 0～30cm</td></tr>
<tr><td>坑（槽）底部标高</td><td>符合设计要求，允许偏差为 0～20cm</td></tr>
<tr><td>斜面平整度</td><td>符合设计要求，允许偏差为 15cm</td></tr>
</table>

**表 2-6　　岩石岸坡开挖施工质量标准**

<table>
<tr><th colspan="2">项次</th><th>检验项目</th><th>质　量　标　准</th><th>检验方法</th><th>检 验 数 量</th></tr>
<tr><td rowspan="3">控项目</td><td>1</td><td>保护层开挖</td><td>浅孔、密孔、少药量、控制爆破</td><td>观察、量测、查阅施工记录</td><td>每个单元抽测 3 处，每处不少于 $10m^2$</td></tr>
<tr><td>2</td><td>开挖坡面</td><td>稳定且无松动岩块、悬挂体和尖角</td><td>观察、仪器测量、查阅施工记录</td><td>全数检查</td></tr>
<tr><td>3</td><td>岩体的完整性</td><td>爆破未损害岩体的完整性，开挖面无明显爆破裂隙，声波降低率小于 10% 或满足设计要求</td><td>观察、声波检测（需要时采用）</td><td>符合设计要求</td></tr>
</table>

续表

<table>
<tr><th colspan="2">项次</th><th>检验项目</th><th colspan="2">质　量　标　准</th><th>检验方法</th><th>检　验　数　量</th></tr>
<tr><td rowspan="6">一般项目</td><td>1</td><td>平均坡度</td><td colspan="2">开挖坡面不陡于设计坡度，台阶（平台、马道）符合设计要求</td><td rowspan="6">观察、测量、查阅施工记录</td><td rowspan="6">总检测点数量采用横断面控制，断面间距不大于 10m，各横断面沿坡面斜长方向侧点间距不大于 5m，且点数不少于 6 个；局部突出或凹陷部位（面积在 $0.5m^2$ 以上）应增设检测点</td></tr>
<tr><td>2</td><td>坡角标高</td><td colspan="2">±20cm</td></tr>
<tr><td>3</td><td>坡面局部超欠挖</td><td colspan="2">允许偏差：欠挖不大于 20cm，超挖不大于 30cm</td></tr>
<tr><td rowspan="3">4</td><td rowspan="3">炮孔痕迹保存率</td><td>节理裂隙不发育的岩体</td><td>>80%</td></tr>
<tr><td>节理裂隙发育的岩体</td><td>>50%</td></tr>
<tr><td>节理裂隙极发育的岩体</td><td>>20%</td></tr>
</table>

（2）为保证基础岩体不受开挖区爆破的破坏，应按留足保护层的方式进行开挖，在有条件的情况下，则应先采取预裂防震，再进行开挖区的松动爆破。

（3）基础开挖中，对设计开口线外坡面、岸坡和坑槽开挖壁面等，若有不安全的因素，均必须进行处理，并采取相应的防护措施。随着开挖高度下降，对坡（壁）面应及时测量检查，防止欠挖，避免在形成高边坡后再进行坡面处理。

（4）遇有不良的地质条件时，为了防止因爆破造成过大震裂或滑坡等，对爆破孔的深度和最大一段起爆药量，应根据具体条件由施工、地质和设计单位共同研究另行确定，实施之前必须报监理工程师审批。

（5）实际开挖轮廓应符合设计要求。对软弱岩石，其最大误差应由设计和施工单位共同议定；对坚硬或中等坚硬的岩石，其最大的误差应符合下列规定：

1）平面高程一般不大于 0.2m。

2）边坡规格依开挖高度而异：8m 以内时，误差不大于 0.2m；8～15m 时，误差不大于 0.3m；16～30m 时，误差不大于 0.5m。

（6）爆破施工预留保护层厚度不小于 1.5m，清除岩基保护层时，必须采用浅孔、密孔、少药量火炮爆破开挖，建基面必须无松动岩块、无爆破影响裂隙。

（7）在建筑物及新浇筑混凝土附近进行爆破时，必须考虑爆破对它的影响。

*2. 质量检查处理要点*

（1）开挖后的建筑物基础轮廓不应有反坡；若出现反坡时均应处理成顺坡。对于陡坎，应将其顶部削成钝角或圆滑状。

（2）建基面应整修平整。

（3）建基面如有风化、破碎，或含有软弱夹层和断层破碎带以及裂隙发育和具有水平裂隙等，均应用人工或风镐挖到设计要求的深度。

（4）建基面附有的方解石薄脉、黄锈（氧化铁）、氧化锰、碳酸钙和黏土等，经设计、地质人员鉴定，认为影响基岩与混凝土的结合时，都应清除。

（5）建基面经锤击检查松动的岩块，必须清除干净。

（6）易风化及冻裂的软弱建基面，当不能及时覆盖时，应采取专门技术措施处理。

（7）在建基面上发现地下水时，应及时采取措施进行处理，避免新浇筑混凝土受到损害。

3. 施工质量标准

（1）其单元工程分为岩石基础开挖、地质缺陷处理两个工序，其中岩石基础开挖工序为主要工序。

（2）岩石地基开挖施工质量标准见表 2－7，地质缺陷处理施工质量标准见表 2－8。

**表 2－7　　岩石地基开挖施工质量标准**

<table>
<tr><th colspan="2">项次</th><th>检验项目</th><th colspan="2">质量标准</th><th>检验方法</th><th>检验数量</th></tr>
<tr><td rowspan="4">主控项目</td><td>1</td><td>保护层开挖</td><td colspan="2">浅孔、密孔、小药量、控制爆破</td><td rowspan="3">观察、量测、查阅施工记录</td><td>每个单元抽测 3 处，每处不少于 $10m^2$</td></tr>
<tr><td>2</td><td>建基面处理</td><td colspan="2">开挖后岩面应满足设计要求，建基面上无松动岩块，表面清洁、无泥垢、油污</td><td rowspan="2">全数检查</td></tr>
<tr><td>3</td><td>多组切割的不稳定岩体开挖和不良地质开挖处理</td><td colspan="2">满足设计处理要求</td></tr>
<tr><td>4</td><td>岩体的完整性</td><td colspan="2">爆破未损害岩体的完整性，开挖面无明显爆破裂隙，声波降低率小于 10% 或满足设计要求</td><td>观察、声波检测（需要时采用）</td><td>符合设计要求</td></tr>
<tr><td rowspan="8">一般项目</td><td rowspan="4">1</td><td rowspan="4">无结构要求或无配筋的基坑断面尺寸及开挖面平整度</td><td>长或宽不大于 10m</td><td>符合设计要求，允许偏差为－10～20cm</td><td rowspan="8">观察、仪器测量、查阅施工记录</td><td rowspan="8">检测点采用横断面控制，断面间距不大于 20m，各横断面点数间距不大于 2m，局部突出或凹陷部位（面积在 $0.5m^2$ 以上）应增设检测点</td></tr>
<tr><td>长或宽大于 10m</td><td>符合设计要求，允许偏差为－20～30cm</td></tr>
<tr><td>坑（槽）底部标高</td><td>符合设计要求，允许偏差为－10～20cm</td></tr>
<tr><td>垂直或斜面平整度</td><td>符合设计要求，允许偏差为 20cm</td></tr>
<tr><td rowspan="4">2</td><td rowspan="4">有结构要求或有配筋预埋件的基坑断面尺寸及开挖面平整度</td><td>长或宽不大于 10m</td><td>符合设计要求，允许偏差为 0～10cm</td></tr>
<tr><td>长或宽大于 10m</td><td>符合设计要求，允许偏差为 0～20cm</td></tr>
<tr><td>坑（槽）底部标高</td><td>符合设计要求，允许偏差为 0～20cm</td></tr>
<tr><td>垂直或斜面平整度</td><td>符合设计要求，允许偏差为 15cm</td></tr>
</table>

表 2-8　　地质缺陷处理施工质量标准

| 项次 | | 检验项目 | 质量标准 | 检验方法 | 检验数量 |
|---|---|---|---|---|---|
| 主控项目 | 1 | 地质探孔、竖井、平洞、试坑处理 | 符合设计要求 | 观察、量测、查阅施工记录等 | 全数检查 |
| | 2 | 地质缺陷处理 | 节理、裂隙、断层、夹层或构造破碎带的处理符合设计要求 | | |
| | 3 | 缺陷处理采用材料 | 材料质量满足设计要求 | 查阅施工记录、取样试验等 | 每种材料至少抽验1组 |
| | 4 | 渗水处理 | 地基及岸坡的渗水（含泉眼）已引排或封堵，岩面整洁无积水 | 观察、查阅施工记录 | 全数检查 |
| 一般项目 | 1 | 地质缺陷处理范围 | 地质缺陷处理的宽度和深度符合设计要求。地基及岸坡岩石断层、破碎带的沟槽开挖边坡稳定，无反坡，无浮石，节理、裂隙内的充填物冲洗干净 | 量测、观察、查阅施工记录 | 检测点采用横断面或纵断面控制，各断面点数不少于5个，局部突出或凹陷部位（面积在 $0.5m^2$ 以上）应增设检测点 |

注　构筑物地基、岸坡地质缺陷处理的灌浆、沟槽回填混凝土等工程措施，按 SL 633《水利水电工程单元工程施工质量验收评定标准——地基处理与基础工程》或 SL 632《水利水电工程单元工程施工质量验收评定标准——混凝土工程》中的有关条文执行。

## 三、洞室开挖工程质量控制

### （一）一般规定

（1）开挖方法与地下建筑物的规模和地质条件密切相关，开挖过程中应对地质揭露的各种地质现象进行编录，预测预报可能出现的地质问题，修正围岩工程地质分段分类以研究改进围岩支护方案。

（2）应按施工组织设计要求设置弃渣场，不得随意弃渣。

（3）开挖壁（坡）面应稳定，无松动岩块，且满足设计要求。

### （二）岩石洞室开挖质量控制

1. 单元工程划分

（1）平洞开挖工程通常以每个区、段或混凝土浇筑块划分为一个单元工程。

（2）竖井（斜井）开挖工程宜以每 5～15m 划分为一个单元工程。

（3）洞室开挖工程可参照平洞或竖井划分单元工程。

2. 施工质量标准

岩石洞室开挖施工质量标准见表 2-9。

### （三）土质洞室开挖质量控制

1. 单元工程划分

每一个施工验收的区、段、块划分为一个单元工程。

2. 施工质量控制标准

土质洞室开挖施工质量标准见表 2-10。

**表 2－9　　岩石洞室开挖施工质量标准**

<table>
<tr><th colspan="2">项次</th><th>检验项目</th><th colspan="3">质 量 标 准</th><th>检验方法</th><th>检 验 数 量</th></tr>
<tr><td rowspan="4">主控项目</td><td>1</td><td>光面爆破和预裂爆破效果</td><td colspan="3">残留炮孔痕迹分布均匀，预裂爆破后的裂缝连续贯穿。相邻两孔间的岩面平整，孔壁无明显的爆破裂隙，两茬炮之间的台阶或预裂爆破孔的最大外斜值不宜大于10cm。炮孔痕迹保存率：完整岩石在90%以上，较完整和完整性差的岩石不小于60%，较破碎和破碎岩石不宜小于20%</td><td>观察、量测、统计等</td><td>每个单元抽测3处，每处不少于2～5$m^2$</td></tr>
<tr><td>2</td><td>洞、井轴线</td><td colspan="3">符合设计要求，允许偏差为－5～5cm</td><td>测量、查阅施工记录</td><td rowspan="2">全数检查</td></tr>
<tr><td>3</td><td>不良地质处理</td><td colspan="3">符合设计要求</td><td>查阅施工记录</td></tr>
<tr><td>4</td><td>爆破控制</td><td colspan="3">爆破未损害岩体的完整性，开挖面无明显爆破裂隙，声波降低率小于10%，或满足设计要求</td><td>观察、声波检测（需要时采用）</td><td>符合设计要求</td></tr>
<tr><td rowspan="9">一般项目</td><td>1</td><td>洞室壁面清撬</td><td colspan="3">洞室壁面上无残留的松动岩块和可能塌落危石碎块，岩石面干净，无岩石碎片、尘埃、爆破泥粉等</td><td>观察、查阅施工记录</td><td>全数检查</td></tr>
<tr><td rowspan="4">2</td><td rowspan="8">岩石壁面、局部超、欠挖及平整度</td><td rowspan="4">无结构要求、无配筋预埋件</td><td>底部标高</td><td>符合设计要求，允许偏差为－10～20cm</td><td rowspan="8">测量</td><td rowspan="8">采用横断面控制，间距不大于5m，各横断面点数间距不大于2m，局部突出或凹陷部位（面积在0.5$m^2$以上）应增设检测点</td></tr>
<tr><td>径向尺寸</td><td>符合设计要求，允许偏差为－10～20cm</td></tr>
<tr><td>侧向尺寸</td><td>符合设计要求，允许偏差为－10～20cm</td></tr>
<tr><td>开挖面平整度</td><td>符合设计要求，允许偏差为15cm</td></tr>
<tr><td rowspan="4">3</td><td rowspan="4">有结构要求或有配筋预埋件</td><td>底部标高</td><td>符合设计要求，允许偏差为0～15cm</td></tr>
<tr><td>径向尺寸</td><td>符合设计要求，允许偏差为0～15cm</td></tr>
<tr><td>侧向尺寸</td><td>符合设计要求，允许偏差为0～15cm</td></tr>
<tr><td>开挖面平整度</td><td>符合设计要求，允许偏差为10cm</td></tr>
</table>

**表 2-10　　土质洞室开挖施工质量标准**

| 项次 | | 检验项目 | 质量标准 | 检验方法 | 检验数量 |
|---|---|---|---|---|---|
| 主控项目 | 1 | 超前支护 | 钻孔安装位置、倾斜角度准确。注浆材料配比与凝胶时间、灌浆压力、次序等符合设计要求 | 观察、量测、查阅施工记录 | 每个单元抽检3处，每处每项不少于3个点 |
| | 2 | 初期支护 | 安装位置准确。初喷、喷射混凝土、回填注浆材料配比与凝胶时间、灌浆压力、次序以及喷射混凝土厚度等符合设计要求。喷射混凝土密实、表面平整，平整度应满足±5cm | 观察、量测、喷射面插标尺 | 每个单元抽检3～5处 |
| | 3 | 洞、井轴线 | 符合设计要求，允许偏差为−5～5cm | 量测、查阅施工记录 | 全数检查 |
| 一般项目 | 1 | 洞面清理 | 洞壁围岩无松土、尘埃 | | |
| | 2 | 底部标高 | 符合设计要求，允许偏差为0～10cm | 激光指向仪、断面仪、经纬仪、水准仪以及拉线检查 | 采用横断面控制，间距不大于5m，各横断面点数间距不大于2m，局部突出或凹陷部位（面积在$0.5m^2$以上）应增设检测点 |
| | 3 | 径向尺寸 | 符合设计要求，允许偏差为0～10cm | | |
| | 4 | 侧向尺寸 | 符合设计要求，允许偏差为0～10cm | | |
| | 5 | 开挖面平整度 | 符合设计要求，允许偏差为10cm | | |
| | 6 | 洞室变形监测 | 土质洞室的地面、洞室壁面变形监测点埋设符合设计或有关规范要求 | 观察、测量、查阅观测记录 | 全数观测。根据围岩变形稳定情况确定观测频次，但每天不少于2次 |

**注**　土质洞室开挖不允许欠挖。

## 四、土石方填筑工程质量控制

### （一）一般规定

（1）应分层填筑，分层检查和检测，并应做好施工记录。

（2）填筑料的质量指标符合设计要求。

（3）铺筑前应进行现场碾压试验，以确定碾压方式及其质量控制参数。

微课 2-2-1

土石方工程施工质量控制

### （二）土料填筑质量控制

（1）通常每一区、段的每一层即为一个单元工程。

（2）土料填筑单元工程分为结合面处理、卸料及铺填、土料压实、接缝处理四个工序，其中土料压实工序为主要工序。

（3）结合面处理施工质量标准见表2-11，卸料及铺填施工质量标准见表2-12，土料压实施工质量标准见表2-13，接缝处理施工质量标准见表2-14。

### （三）砂砾料填筑质量控制

（1）通常每一区、段的每一层即为一个单元工程。

（2）其工序可分为砂砾料铺填、压实两个工序，其中砂砾料压实工序为主要工序。

（3）砂砾料铺填施工质量标准见表2-15，砂砾料压实施工质量标准见表2-16。

### （四）堆石料填筑质量控制

（1）通常每一区、段的每一铺填层即为一个单元工程。

**表 2－11　　结合面处理施工质量标准**

| 项次 | | 检验项目 | 质量标准 | 检验方法 | 检验数量 |
|---|---|---|---|---|---|
| 主控项目 | 1 | 建基面地基压实 | 黏性土、砂质土地基土层的压实度等指标符合设计要求。无黏性土地基土层的相对密实度符合设计要求 | 方格网布点检查 | 坝轴线方向 50m，上下游方向 20m 范围内布点。检验深度应深入地基表面 1.0m，对地质条件复杂的地基，应加密布点取样检验 |
| | 2 | 土质建基面刨毛 | 土质地基表面刨毛 3～5cm，层面刨毛均匀细致，无团块、空白 | 方格网布点检查 | 每个单元不少于 30 个点 |
| | 3 | 无黏性土建基面的处理 | 反滤过渡层材料的铺设应满足设计要求 | 检验方法及数量详见表 2－19 和表 2－20 | |
| | 4 | 岩面和混凝土面处理 | 与土质防渗体接合的岩面或混凝土面，无浮渣、污物杂物，无浮皮粉尘、油垢，无局部积水等。铺填前涂刷浓泥浆或黏土水泥砂浆，涂刷均匀，无空白；混凝土面涂刷厚度为 3～5mm，裂隙岩面涂刷厚度为 5～10mm，且回填及时，无风干现象。铺浆厚度允许偏差为 0～2mm | 方格网布点检查 | 每个单元不少于 30 个点 |
| 一般项目 | 1 | 层间结合面 | 上下层铺土的结合层面无砂砾、无杂物、表面松土、湿润均匀、无积水 | 观察 | 全数检查 |
| | 2 | 涂刷浆液质量 | 浆液稠度适宜、均匀无团块，材料配比误差不大于 10% | 观察、抽测 | 每拌和一批至少抽样检测 1 次 |

**表 2－12　　卸料及铺填施工质量标准**

| 项次 | | 检验项目 | 质量标准 | 检验方法 | 检验数量 |
|---|---|---|---|---|---|
| 主控项目 | 1 | 卸料 | 卸料、平料符合设计要求，均衡上升；施工面平整、土料分区清晰，上下层分段位置错开 | 观察 | 全数检查 |
| | 2 | 铺填 | 上下游坝坡铺填应有富裕量，防渗铺盖在坝体以内部分应与心墙或斜墙同时铺填；铺料表面应保持湿润，符合施工含水量 | 观察 | 全数检查 |
| 一般项目 | 1 | 结合部土料铺填 | 防渗体与地基（包括齿槽）、岸坡、溢洪道边墙、坝下埋管及混凝土齿墙等结合部位的土料铺填，无架空现象；土料厚度均匀，表面平整，无团块，无粗粒集中，边线整齐 | 观察 | 全数检查 |
| | 2 | 铺土厚度 | 铺土厚度均匀，符合设计要求，允许偏差为 －5～0cm | 测量 | 网格控制，每 $100m^2$ 为 1 个测点 |
| | 3 | 铺填边线 | 铺填边线应有一定宽裕度，压实削坡后坝体铺填边线满足 0～10cm（人工施工）、0～30cm（机械施工）要求 | 测量 | 每条边线，每 10 延米 1 个测点 |

**表 2-13　　土料压实施工质量标准**

| 项次 | | 检验项目 | 质量标准 | 检验方法 | 检验数量 |
|---|---|---|---|---|---|
| 主控项目 | 1 | 碾压参数 | 压实机具的型号、规格、碾压遍数、碾压速度、碾压振动频率、振幅和加水量应符合碾压试验确定的参数值 | 查阅试验报告、施工记录 | 每班至少检查2次 |
| | 2 | 压实质量 | 压实度和最优含水率符合设计要求。1级、2级坝和高坝的压实度不低于98%；3级中低坝及3级以下中坝的压实度不低于96%；土料的含水量应控制在最优量的-2%～3%之间。取样合格率不小于90%。不合格试样不应集中，且不低于压实度设计值的98% | 取样试验，黏性土宜采用环刀法、核子水分密度仪。砾质土可采用挖坑灌砂（灌水）法，土质不均匀的黏性土和砾质土的压实度检测也可采用三点击实法 | 黏性土1次/($100\sim200m^3$)<br>砾质土1次/($200\sim500m^3$) |
| | 3 | 压实土料的渗透系数 | 符合设计要求 | 渗透试验 | 满足设计要求 |
| 一般项目 | 1 | 碾压搭接带宽度 | 分段碾压时，相邻两段交接带碾压迹应彼此搭接，垂直碾压方向搭接带宽度应不小于0.3～0.5m；顺碾压方向搭接带宽度应为1.0～1.5m | 观察、量测 | 每条搭接带每个单元抽测3处 |
| | 2 | 碾压面处理 | 碾压表面平整，无漏压，个别有弹簧、起皮、脱空，剪力破坏部位的处理符合设计要求 | 现场观察、查阅施工记录 | 全数检查 |

**表 2-14　　接缝处理施工质量标准**

| 项次 | | 检验项目 | 质量标准 | 检验方法 | 检验数量 |
|---|---|---|---|---|---|
| 主控项目 | 1 | 接合坡面 | 斜墙和心墙内不应留有纵向接缝。防渗体及均质坝的横向接坡不应陡于1∶3，其高差应符合设计要求，与岸坡接合坡度应符合设计要求。均质坝纵向接缝斜坡坡度和平台宽度应满足稳定要求，平台间高差不大于15m | 观察、测量 | 每一结合坡面抽测3处 |
| | 2 | 接合坡面碾压 | 接合坡面填土碾压密实，层面平整、无拉裂和起皮现象 | 观察、取样检验 | 每10延米取试样1个，如一层达不到20个试样，可多层累积统计；但每层不应少于3个试样 |
| 一般项目 | 1 | 接合坡面填土 | 填土质量符合设计要求，铺土均匀、表面平整，无团块、无风干 | 观察、取样检验 | 全数检查 |
| | 2 | 接合坡面处理 | 纵横接缝的坡面削坡、湿润、刨毛等处理符合设计要求 | 观察、布置方格网量测 | 每个单元不少于30个点 |

表 2-15　　砂砾料铺填施工质量标准

| 项次 | | 检验项目 | 质量标准 | 检验方法 | 检验数量 |
|---|---|---|---|---|---|
| 主控项目 | 1 | 铺料厚度 | 铺料层厚度均匀，表面平整，边线整齐。允许偏差不大于铺料厚度的10%且不应超厚 | 按20m×20m方格网的角点为测点，定点测量 | 每个单元不少于10个点 |
| | 2 | 岸坡接合处铺填 | 纵横向接合部应符合设计要求；岸坡接合处的填料不应分离、架空；检测点允许偏差为0～10cm | 观察、量测 | 每条边线，每10延米量测1组 |
| 一般项目 | 1 | 铺填层面外观 | 砂砾料铺填力求均衡上升，无团块，无粗粒集中 | 观察 | 全数检查 |
| | 2 | 富裕铺填宽度 | 富裕铺填宽度满足削坡后压实质量要求。检测点允许偏差为0～10cm | 观察、量测 | 每条边线，每10延米量测1组 |

表 2-16　　砂砾料压实施工质量标准

| 项次 | | 检验项目 | 质量标准 | 检验方法 | 检验数量 |
|---|---|---|---|---|---|
| 主控项目 | 1 | 碾压参数 | 压实机具的型号、规格、碾压遍数、碾压速度、碾压振动频率、振幅和加水量应符合碾压试验确定的参数值 | 按碾压试验报告检查、查阅施工记录 | 每班至少检查2次 |
| | 2 | 压实质量 | 相对密度不低于设计要求 | 查阅施工记录，取样试验 | 按铺填1000～5000$m^3$取1个试样，但每层测点不少于10个点，渐至坝顶处每层或每个单元不宜少于5个点；测点中应至少有1～2个点分布在设计边坡线以内30cm处，或与岸坡接合处附近 |
| 一般项目 | 1 | 压层表面质量 | 表面平整，无漏压、欠压 | 观察 | 全数检查 |
| | 2 | 断面尺寸 | 压实削坡后上、下游设计边坡超填值允许偏差为±20cm，坝轴线与相邻坝料接合面距离的允许偏差为±30cm | 测量检查 | 每层不少于10处 |

（2）其工序可分为堆石料铺填、压实两个工序，其中堆石料压实工序为主要工序。

（3）堆石料铺填施工质量标准见表2-17，堆石料压实施工质量标准见表2-18。

### （五）反滤（过渡）料填筑质量控制

（1）通常每一区、段的每一层划分为一个单元工程。

（2）其工序可分为反滤（过渡）料铺填、压实两个工序，其中反滤（过渡）料压实工序为主要工序。

（3）反滤（过渡）料铺填施工质量标准见表2-19，反滤（过渡）料压实施工质量标准见表2-20。

**表 2-17　　堆石料铺填施工质量标准**

| 项次 | | 检验项目 | 质　量　标　准 | 检验方法 | 检 验 数 量 |
|---|---|---|---|---|---|
| 主控项目 | 1 | 铺料厚度 | 铺料厚度应符合设计要求，允许偏差为铺料厚度的－10%～0，且每一层应有90%的测点达到规定的铺料厚度 | 方格网定点测量 | 每个单元的有效检测点总数不少于20个 |
| 一般项目 | 1 | 接合部铺填 | 堆石料纵横向结合部位宜采用台阶收坡法，台阶宽度应符合设计要求，结合部位的石料无分离、架空现象 | 观察、查阅施工记录 | 全数检查 |
| | 2 | 铺填层面外观 | 外观平整，分区均衡上升，大粒径料无集中现象 | 观察 | 全数检查 |

**表 2-18　　堆石料压实施工质量标准**

<table>
<tr><th colspan="2">项次</th><th>检验项目</th><th colspan="3">质　量　标　准</th><th>检验方法</th><th>检 验 数 量</th></tr>
<tr><td rowspan="2">主控项目</td><td>1</td><td>碾压参数</td><td colspan="3">压实机具的型号、规格、碾压遍数、碾压速度、碾压振动频率、振幅和加水量应符合碾压试验确定的参数值</td><td>查阅试验报告、施工记录</td><td>每班至少检查2次</td></tr>
<tr><td>2</td><td>压实质量</td><td colspan="3">孔隙率不大于设计要求</td><td>试坑法</td><td>主堆石区每5000～50000m³ 取样1次；过滤层区每1000～5000m³ 取样1次</td></tr>
<tr><td rowspan="5">一般项目</td><td>1</td><td>压层表面质量</td><td colspan="3">表面平整，无漏压、欠压</td><td>观察</td><td>全数检查</td></tr>
<tr><td rowspan="4">2</td><td rowspan="4">断面尺寸</td><td rowspan="2">下游坡铺填边线距坝轴线距离</td><td>有护坡要求</td><td>符合设计要求，允许偏差为±20cm</td><td rowspan="4">测量</td><td rowspan="4">每一检查项目，每层不少于10个点</td></tr>
<tr><td>无护坡要求</td><td>符合设计要求，允许偏差为±30cm</td></tr>
<tr><td colspan="2">过渡层与主堆石区分界线距坝轴线距离</td><td>符合设计要求，允许偏差为±30cm</td></tr>
<tr><td colspan="2">垫层与过渡层分界线距坝轴线距离</td><td>符合设计要求，允许偏差为－10～0cm</td></tr>
</table>

**表 2-19　　反滤（过渡）料铺填施工质量标准**

| 项次 | | 检验项目 | 质　量　标　准 | 检验方法 | 检 验 数 量 |
|---|---|---|---|---|---|
| 主控项目 | 1 | 铺料厚度 | 铺料厚度均匀，不超厚，表面平整，边线整齐；检测点允许偏差不大于铺料厚度的10%，且不应超厚 | 方格网定点测量 | 每个单元不少于10个点 |
| | 2 | 铺填位置 | 铺填位置准确，摊铺边线整齐，边线偏差为±5cm | 观察、测量 | 每条边线，每10延米检测1组，每组2个点 |

续表

| 项次 | | 检验项目 | 质　量　标　准 | 检验方法 | 检 验 数 量 |
|---|---|---|---|---|---|
| 主控项目 | 3 | 接合部 | 纵横向符合设计要求，岸坡接合处的填料无分离、架空 | 方观察、查阅施工记录 | 全数检查 |
| 一般项目 | 1 | 铺填层面外观 | 铺填力求均衡上升，无团块，无粗粒集中 | 观察 | 全数检查 |
| | 2 | 层间结合面 | 上下层间的结合面无泥土、杂物等 | | |

表 2-20　　反滤（过渡）料压实施工质量标准

| 项次 | | 检验项目 | 质　量　标　准 | 检验方法 | 检 验 数 量 |
|---|---|---|---|---|---|
| 主控项目 | 1 | 碾压参数 | 压实机具的型号、规格、碾压遍数、碾压速度、碾压振动频率、振幅和加水量应符合碾压试验确定的参数值 | 查阅试验报告、施工记录 | 每班至少检查 2 次 |
| | 2 | 压实质量 | 相对密度不低于设计要求 | 试坑法 | 每 200～400$m^3$ 检测 1 次，每个取样断面每层所取的样品不应少于 1 组 |
| 一般项目 | 1 | 压层表面质量 | 表面平整，无漏压、欠压和出现弹簧土现象 | 观察 | 全数检查 |
| | 2 | 断面尺寸 | 压实后的反滤层、过渡层的断面尺寸偏差值不大于设计厚度的 10% | 查阅施工记录、测量 | 每 100～200$m^3$ 检测 1 组，或每 10 延米检测 1 组，每组不少于 2 个点 |

### （六）垫层工程质量控制

（1）为面板堆石坝的垫层工程。

（2）每一区、段划分为一个单元工程。

（3）其工序可分为垫层料铺填、压实两个工序，其中垫层料压实工序为主要工序。

（4）垫层料铺填施工质量标准见表 2-21，垫层料压实施工质量标准见表 2-22，垫层坡面防护层检验项目及偏差标准见表 2-23。

### （七）排水工程施工质量控制

（1）适用以砂砾料、石料为排水体的工程，如坝体贴坡式排水、棱体式排水、褥垫式排水等。

（2）每一区、段划分为一个单元工程。

（3）排水工程单元工程施工质量标准见表 2-24。

### （八）砌石工程施工质量控制

1. 一般规定

（1）砌石工程施工应自下而上分层施工，分层检查和检测，并做好记录。

（2）原材料质量指标符合设计要求。

2. 干砌石工程施工质量控制

（1）每一区段划分为一个单元工程。

（2）干砌石单元工程施工质量标准见表 2-25。

**表 2-21　垫层料铺填施工质量标准**

<table>
<tr><th colspan="2">项次</th><th>检验项目</th><th colspan="2">质　量　标　准</th><th>检验方法</th><th>检 验 数 量</th></tr>
<tr><td rowspan="4">主控项目</td><td>1</td><td>铺料厚度</td><td colspan="2">铺料厚度均匀，不超厚。表面平整，边线整齐，检查点允许偏差为±3cm</td><td>方格网定点测量</td><td>铺料厚度按 10m×10m 网格布置测点，每个单元不少于 4 个点</td></tr>
<tr><td rowspan="2">2</td><td rowspan="2">铺填位置</td><td>垫层与过渡层分界线与坝轴线距离</td><td>符合设计要求，允许偏差为－10～0cm</td><td rowspan="2">测量</td><td rowspan="2">每个单元不少于 10 处</td></tr>
<tr><td>垫层外坡线距坝轴线（碾压层）</td><td>符合设计要求，允许偏差为±5cm</td></tr>
<tr><td>3</td><td>结合部</td><td colspan="2">垫层摊铺顺序、纵横向接合部符合设计要求。岸坡接合处的填料不应分离、架空</td><td>观察、查阅施工记录</td><td>全数检查</td></tr>
<tr><td rowspan="3">一般项目</td><td>1</td><td>铺填层面外观</td><td colspan="2">铺填力求均衡上升，无团块，无粗粒集中</td><td>观察</td><td>全数检查</td></tr>
<tr><td>2</td><td>接缝重叠宽度</td><td colspan="2">接缝重叠宽度应符合设计要求，检查点允许偏差为±10cm</td><td>查阅施工记录、量测</td><td>每 10 延米检测 1 组，每组 2 个点</td></tr>
<tr><td>3</td><td>层间结合面</td><td colspan="2">上下层间的结合面无撒入泥土、杂物等</td><td>观察</td><td>全数检查</td></tr>
</table>

**表 2-22　垫层料压实施工质量标准**

<table>
<tr><th colspan="2">项次</th><th>检验项目</th><th>质　量　标　准</th><th>检验方法</th><th>检 验 数 量</th></tr>
<tr><td rowspan="2">主控项目</td><td>1</td><td>碾压参数</td><td>压实机具的型号、规格、碾压遍数、碾压速度、碾压振动频率、振幅和加水量应符合碾压试验确定的参数值</td><td>查阅试验报告、施工记录</td><td>每班至少检查 2 次</td></tr>
<tr><td>2</td><td>压实质量</td><td>压实度（或相对密实度）不低于设计要求</td><td>查阅施工记录、观察，试坑法测定，试坑均匀分布于断面</td><td>水平面按每 500～1000m³ 检测 1 次，但每个单元取样不应少于 3 次；斜坡面按每 1000～2000m³ 检测 1 次</td></tr>
<tr><td rowspan="2">一般项目</td><td>1</td><td>压层表面质量</td><td>层面平整，无漏压、欠压，各碾压段之间的搭接不小于 1.0m</td><td>观察</td><td>全数检查</td></tr>
<tr><td>2</td><td>垫层坡面保护</td><td>保护形式、采用材料及其配合比应满足设计要求。坡面防护层应做到喷、摊均匀密实，无空白、鼓包，表面平整、洁净。防护层应符合表 2-23 的质量要求</td><td colspan="2">详见表 2-23 的要求</td></tr>
</table>

**表 2-23　　垫层坡面防护层检验项目及偏差标准**

<table>
<tr><th>项次</th><th colspan="2">项　　目</th><th>允 许 偏 差</th><th>检 验 方 法</th><th>检 测 数 量</th></tr>
<tr><td>1</td><td colspan="2">保护层材料</td><td>满足设计要求</td><td>取样抽验</td><td>每批次或每单位工程取样 3 组</td></tr>
<tr><td>2</td><td colspan="2">配合比</td><td>满足设计要求</td><td>取样抽验</td><td>每种配合比至少取样 1 组</td></tr>
<tr><td rowspan="5">3</td><td rowspan="5">碾压水泥砂浆</td><td>铺料厚度</td><td>设计厚度±3cm</td><td>拉线测量</td><td>沿坡面按 20m×20m 网格布置测点</td></tr>
<tr><td>摊铺每条幅宽度大于等于 4m</td><td>0～10cm</td><td>拉线测量</td><td>每 10 延米检测 2 组</td></tr>
<tr><td>碾压方法及遍数</td><td>满足设计要求</td><td>观察、查阅施工记录</td><td>全数检查</td></tr>
<tr><td>碾压后砂浆表面平整度</td><td>偏离设计线 −8～5cm</td><td>拉线测量</td><td>沿坡面按 20m×20m 网格布置测点</td></tr>
<tr><td>砂浆初凝前应碾压完毕，终凝后洒水养护</td><td>满足设计要求</td><td>观察、查阅施工记录</td><td>全数检查</td></tr>
<tr><td rowspan="4">4</td><td rowspan="4">喷射混凝土或水泥砂浆</td><td>喷层厚度偏离设计线</td><td>±5cm</td><td>拉线测量</td><td>沿坡面按 20m×20m 网格布置测点</td></tr>
<tr><td>喷层施工工艺</td><td>满足设计要求</td><td>观察、查阅施工记录</td><td>全数检查</td></tr>
<tr><td>喷层表面平整度</td><td>±3cm</td><td>拉线测量</td><td>沿坡面按 20m×20m 网格布置测点</td></tr>
<tr><td>喷层终凝后洒水养护</td><td>满足设计要求</td><td>观察、查阅施工记录</td><td>全数检查</td></tr>
<tr><td rowspan="3">5</td><td rowspan="3">阳离子乳化沥青</td><td>喷涂层数</td><td>满足设计要求</td><td rowspan="3">查阅施工记录</td><td rowspan="3">全数检查</td></tr>
<tr><td>喷涂间隔时间</td><td>不小于 24h 或满足设计要求</td></tr>
<tr><td>喷涂前应清除坡面浮尘，喷涂后随即均匀撒砂</td><td>满足设计要求</td></tr>
</table>

**表 2-24　　排水工程单元工程施工质量标准**

<table>
<tr><th colspan="2">项次</th><th>检验项目</th><th>质　量　标　准</th><th>检验方法</th><th>检 验 数 量</th></tr>
<tr><td rowspan="2">主控项目</td><td>1</td><td>结构型式</td><td>排水体结构型式，纵横向接头处理，排水体的纵坡及防冻保护措施等应满足设计要求</td><td>观察、查阅施工记录</td><td>全数检查</td></tr>
<tr><td>2</td><td>压实质量</td><td>无漏压、欠压，相对密实度或孔隙率应满足设计要求</td><td>试坑法</td><td>按每 200～400m³ 检测 1 次，每个取样断面每层取样不少于 1 次</td></tr>
<tr><td>一般项目</td><td>1</td><td>排水设施位置</td><td>排水体位置准确，基底高程、中（边）线偏差为±3cm</td><td>测量</td><td>基底高程、每中（边）线每 10 延米检测 1 组，每组不少于 3 个点</td></tr>
</table>

续表

| 项次 | | 检验项目 | | 质量标准 | 检验方法 | 检验数量 |
|---|---|---|---|---|---|---|
| 一般项目 | 2 | 结合面处理 | | 层面接合良好，与岸坡接合处的填料无分离、架空现象，无水平通缝。靠近反滤层的石料为内小外大，堆石接缝为逐层错缝，不应垂直相接，表面的砌石为平砌，平整美观 | 观察、查阅施工记录 | 每 $100m^2$ 检查 1 处，每处检查面积为 $10m^2$；排水管路按每 50 延米检查 1 处，每处检查长度为 5m（含 1 个管路接头） |
| | 3 | 排水材料摊铺 | | 摊铺边线整齐，厚度均匀，表面平整，无团块、粗粒集中现象；检测点允许偏差为±3cm | 观察、水准仪或拉线量测 | 铺料厚度按 10m×10m 网格布置测点，每个单元不少于 4 个点 |
| | 4 | 排水体结构外轮廓尺寸 | | 压实后排水体结构外轮廓尺寸应不小于设计尺寸的 10% | 查阅施工记录、测量 | 每 $50m^2$ 或 20 延米检测 6 点，检测点采用横断面或纵断面控制，各断面点数不少于 3 个，局部突出或凹陷部位（面积在 $0.5m^2$ 以上）应增设检测点 |
| | 5 | 排水体外观 | 表面平整度 | 符合设计要求。干砌：允许偏差为±5cm；浆砌：允许偏差为±3cm | 用 2m 靠尺测量 | 每个单元检测点数不少于 10 个 |
| | | | 顶标高 | 符合设计要求。干砌：允许偏差为±5cm；浆砌：允许偏差为±3cm | 水准仪测 | 每 10 延米测 1 个点 |

**注**　1. 对关键部位单元工程和重要隐蔽单元工程的施工质量验收评定应有设计、建设等单位的代表签字，具体要求应满足 SL 176《水利水电工程施工质量检验与评定规程》的规定。

2. 本表所填“单元工程量”不作为施工单位工程量结算计量的依据。

**表 2-25　干砌石单元工程施工质量标准**

| 项次 | | 检验项目 | 质量标准 | 检验方法 | 检验数量 |
|---|---|---|---|---|---|
| 主控项目 | 1 | 石料表面质量 | 石料规格应符合设计要求 | 量测、取样试验 | 根据料源情况抽验 1～3 组，但每一种材料至少抽验 1 组 |
| | 2 | 砌筑 | 自下而上错缝竖砌，石块紧靠密实，垫塞稳固，大块压边；采用水泥砂浆勾缝时，应预留排水孔。砌体应咬扣紧密、错缝 | 观察、翻撬或铁钎插检。对砌墙（坝）必要时采用试坑法检查孔隙率 | 网格法布置测点，上游面护坡工程每个单元的有效检测点总数不少于 30 个，其他护坡工程每个单元的有效检测点总数不少于 20 个 |

续表

| 项次 | | 检验项目 | 质量标准 | | 检验方法 | 检验数量 |
|---|---|---|---|---|---|---|
| 一般项目 | 1 | 基面处理 | 基面处理方法、基础埋置深度应符合设计要求 | | 观察、查阅施工验收记录 | 全数检查 |
| | 2 | 基面碎石垫层铺填质量 | 碎石垫层料的颗粒级配、铺填方法、铺填厚度及压实度应满足设计要求 | | 量测、取样试验 | 每个单元检测点总数不少于20个 |
| | 3 | 干砌石体的断面尺寸 | 表面平整度 | 符合设计要求。允许偏差为5cm | 用2m靠尺量测 | 每个单元检测点数不少于25～30个 |
| | | | 厚度 | 符合设计要求。允许偏差为±10% | 测量 | 每100m²测3个点 |
| | | | 坡度 | 符合设计要求。允许偏差为±2% | 坡尺及垂线 | 每个单元实测断面不少于2个 |

注　1. 对关键部位单元工程和重要隐蔽单元工程的施工质量验收评定应有设计、建设等单位的代表签字，具体要求应满足SL 176《水利水电工程施工质量检验与评定规程》的规定。
2. 本表所填“单元工程量”不作为施工单位工程量结算计量的依据。

3. 水泥砂浆砌石体施工质量控制

（1）每一个（道）墩、墙划分为一个单元工程，或每一个段、块的连续砌筑层（砌筑层高3～5m）划分为一个单元工程。

（2）其工序一般为浆砌石体层面处理、砌筑、伸缩缝三个工序，其中砌筑工序为主要工序。

（3）水泥砂浆砌石体层面处理施工质量标准见表2-26；水泥砂浆砌石体砌筑施工质量标准见表2-27；水泥砂浆砌体表面砌缝宽度控制标准见表2-28；浆砌石坝体外轮廓尺寸偏差控制标准见表2-29；浆砌石墩、墙砌体位置、尺寸偏差控制标准见表2-30；浆砌石溢洪道溢流面砌筑结构尺寸偏差控制标准见表2-31；水泥砂浆砌石体伸缩缝（填充材料）施工质量标准见表2-32。

**表2-26　　水泥砂浆砌石体层面处理施工质量标准**

| 项次 | | 检验项目 | 质量标准 | 检验方法 | 检验数量 |
|---|---|---|---|---|---|
| 主控项目 | 1 | 砌体仓面清理 | 仓面干净，表面湿润均匀。无浮渣，无杂物，无积水，无松动石块 | 观察、查阅验收记录 | 全数检查 |
| | 2 | 表面处理 | 垫层混凝土表面、砌石体表面局部光滑的砂浆表面应凿毛，毛面面积应不小于95%的总面积 | 观察、方格网法量测 | 整个砌筑面 |
| 一般项目 | 1 | 垫层混凝土 | 已浇垫层混凝土，在抗压强度未达到设计要求前，不应在其面层上进行上层砌石的准备工作 | 观察、查阅施工记录 | 全数检查 |

**表 2-27　　水泥砂浆砌石体砌筑施工质量标准**

| 项次 | | 检验项目 | 质量标准 | 检验方法 | 检验数量 |
|---|---|---|---|---|---|
| 主控项目 | 1 | 石料表观质量 | 石料规格应符合设计要求，表面湿润、无泥垢、油渍等污物 | 观察、测量 | 逐块观察、测量。根据料源情况抽检 1～3 组，但每一种材料至少抽检 1 组 |
| | 2 | 普通砌石体砌筑 | 铺浆均匀，无裸露石块；灌浆、塞缝饱满，砌缝密实，无架空等现象 | 观察、翻撬观察 | 翻撬抽检每个单元不少于 3 块 |
| | 3 | 墩、墙砌石体砌筑 | 先砌筑角石，再砌筑镶面石，最后砌筑填腹石。镶面石的厚度应不小于 30cm。临时间断处的高低差应不大于 1.0m，并留有平缓台阶 | 观察、测量 | 全数检查 |
| | 4 | 墩、墙砌筑型式 | 内外搭砌，上下错缝；丁砌石分布均匀，面积不少于墩、墙砌体全部面积的 1/5，且长度大于 60cm；毛块石分层卧砌，无填心砌法；每砌筑 70～120cm 高度找平一次；砌缝宽度基本一致 | 观察、测量 | 每 20 延米抽查 1 处，每处 3 延米，但每个单元工程不应少于 3 处 |
| | 5 | 砌石坝：砌石体质量 | 密度、孔隙率应符合设计要求 | 试坑法 | 坝高 1/3 以下，每砌筑 10m 高挖试坑 1 组；坝高 1/3～2/3 处，每砌筑 15m 高挖试坑 1 组；坝高 2/3 以上，每砌筑 20m 高挖试坑 1 组 |
| | 6 | 砌石坝：抗渗性能 | 对有抗渗要求的部位，砌体透水率应符合设计要求 | 压水试验 | 每砌筑 2 层高，进行 1 次钻孔压水试验，每 100～200$m^2$ 坝面钻孔 3 个，每次试验不少于 3 孔 |
| | 7 | 砌石坝：砌缝饱满度与密实度 | 饱满且密实 | 钻孔检查 | 每 100$m^3$ 砌体钻孔取芯 1 次 |
| 一般项目 | 1 | 水泥砂浆沉入度 | 符合设计要求，允许偏差为±1cm | 现场抽检 | 每班不少于 3 次 |
| | 2 | 砌缝宽度 | 水泥砂浆砌体表面砌缝宽度应符合表 2-28 的规定 | 见表 2-28 | |
| | 3 | 浆砌石坝体的外轮廓尺寸 | 浆砌石坝体的外轮廓尺寸偏差应符合表 2-29 的规定 | 见表 2-29 | |
| | 4 | 浆砌石墩、墙砌体尺寸、位置 | 浆砌石墩、墙砌体位置、尺寸偏差应符合表 2-30 的规定 | 见表 2-30 | |
| | 5 | 浆砌石溢洪道溢流面砌筑结构尺寸和位置 | 浆砌石溢洪道溢流面砌筑结构尺寸偏差应符合表 2-31 的规定 | 见表 2-31 | |

**表 2－28　　水泥砂浆砌体表面砌缝宽度控制标准**

| 项次 | 砌缝类别 | 砌缝宽度/mm | | | 允许偏差/% | 检验方法 | 检验数量 |
|---|---|---|---|---|---|---|---|
| | | 粗料石 | 预制块 | 块石 | | | |
| 1 | 平缝 | 15～20 | 10～15 | 20～25 | 10 | 观察、测量 | 每砌筑表面 $10m^2$ 抽检1处，每个单元工程不少于10处，每处检查不少于1m缝长 |
| 2 | 竖缝 | 20～30 | 15～20 | 20～40 | | | |

**表 2－29　　浆砌石坝体外轮廓尺寸偏差控制标准**

| 项次 | 项目 | | | 允许偏差/mm | 检验方法 | 检验数量 |
|---|---|---|---|---|---|---|
| 1 | 坝体轮廓线 | 平面 | | ±40 | 仪器测量 | 沿坝轴线方向每10～20m校核1点，每个单元工程不少于10个点 |
| | | 高程 | 重力坝 | ±30 | | |
| | | | 拱坝、支墩坝 | ±20 | | 沿坝轴线方向每3～5m校核1点，每个单元工程不少于20个点 |
| 2 | 浆砌石（混凝土预制块）护坡 | | 表面平整度 | ≤30 | | 每个单元检测点数不少于25～30个点 |
| | | | 厚度 | ±30 | | 每 $100m^2$ 测3个点 |
| | | | 坡度 | ±2% | | 每个单元实测断面不少于2个 |

**表 2－30　　浆砌石墩、墙砌体位置、尺寸偏差控制标准**

| 项次 | 类别 | | 允许偏差/mm | 检验方法及数量 |
|---|---|---|---|---|
| 1 | 轴线位置偏移 | | 10 | 经纬仪、拉线测量，每10延米检查1个点 |
| 2 | 顶面标高 | | ±15 | 水准仪测量，每10延米检查1个点 |
| 3 | 厚度 | 设闸门位置 | ±10 | 测量检查，每1延米检查1个点 |
| | | 无闸门位置 | ±20 | 测量检查，每5延米检查1个点 |

**表 2－31　　浆砌石溢洪道溢流面砌筑结构尺寸偏差控制标准**

| 项次 | 类别 | 项目 | 允许偏差/mm | 检验方法及数量 |
|---|---|---|---|---|
| 1 | 砌缝类别 | 平缝宽15mm | ±2 | 测量。每 $100m^2$ 抽查1处，每处 $10m^2$，每个单元不少于3处 |
| | | 竖缝宽1520mm | ±2 | 经纬仪、水准仪测量，每 $100m^2$ 抽查20个点 |
| 2 | 平面控制 | 堰顶 | ±10 | |
| | | 轮廓线 | ±20 | |
| 3 | 竖向控制 | 堰顶 | ±10 | |
| | | 其他位置 | ±20 | 2m靠尺检查，每 $100m^2$ 抽查20个点 |
| 4 | 表面平整度 | | 20 | |

表 2-32　　水泥砂浆砌石体伸缩缝（填充材料）施工质量标准

| 项次 | | 检验项目 | 质量标准 | 检验方法 | 检验数量 |
|---|---|---|---|---|---|
| 主控项目 | 1 | 伸缩缝缝面 | 平整、顺直、干燥，外露铁件应割除，确保伸缩有效 | 观察 | 全部 |
| | 2 | 材料质量 | 符合设计要求 | 观察、抽查试验 | |
| 一般项目 | 1 | 涂敷沥青料 | 涂刷均匀平整、与混凝土粘接紧密，无气泡及隆起现象 | 观察 | 全部 |
| | 2 | 粘贴沥青油毛毡 | 铺设厚度均匀平整、牢固、搭接紧密 | | |
| | 3 | 铺设预制油毡板或其他闭缝板 | 铺设厚度均匀平整、牢固、相邻块安装紧密平整无缝 | | |

4. 混凝土砌石体施工质量控制

（1）其单元划分及工序与水泥砂浆砌石体相同。

（2）层面处理施工质量标准见表 2-26；混凝土砌石体砌筑施工质量标准见表 2-33；细石混凝土砌体表面砌缝宽度控制标准见表 2-34。

5. 水泥砂浆勾缝施工质量控制

（1）单元工程宜以水泥砂浆勾缝的砌体面积或相应的砌体分段、分块划分。

表 2-33　　混凝土砌石体砌筑施工质量标准

| 项次 | | 检验项目 | 质量标准 | 检验方法 | 检验数量 |
|---|---|---|---|---|---|
| 主控项目 | 1 | 石料表观质量 | 石料规格应符合设计要求，表面湿润、无泥垢及油渍等污物 | 观察、测量 | 逐块观察、测量。根据料源情况抽验 1～3 组，但每一种材料至少抽验 1 组 |
| | 2 | 砌石体砌筑 | 混凝土铺设均匀，无裸露石块；砌石体灌注、塞缝混凝土饱满，砌缝密实，无架空现象 | 观察、翻撬检查 | 翻撬抽检每个单元不少于 3 块 |
| | 3 | 腹石砌筑型式 | 粗料石砌筑，宜一丁一顺或一丁多顺；毛石砌筑，石块之间不应出现线或面接触 | 现场观察 | 每 $100m^2$ 坝面抽查 1 处，每处面积不小于 $10m^2$，每个单元不应少于 3 处 |
| | 4 | 砌石体质量 | 抗渗性、密度、孔隙率应符合设计要求 | 检验方法及数量详见表 2-27 | |
| 一般项目 | 1 | 混凝土维勃稠度或坍落度 | 拌和物均匀，维勃稠度或坍落度偏离设计中值不大于 2cm | 现场抽检 | 每班不少于 3 次 |
| | 2 | 表面砌缝宽度 | 砌体表面砌缝宽度应满足表 2-34 的质量要求 | | |
| | 3 | 混凝土砌石体的外轮廓尺寸 | 混凝土砌石体的外轮廓尺寸应满足表 2-29～表 2-31 的质量要求 | | |

**表 2-34　　细石混凝土砌体表面砌缝宽度控制标准**

| 砌缝类别 | 砌缝宽度/mm | | | 允许偏差/% | 检验方法 | 检验数量 |
|---|---|---|---|---|---|---|
| | 粗料石 | 预制块 | 块石 | | | |
| 平缝 | 25～30 | 20～25 | 30～35 | 10 | 观察、测量 | 每砌筑表面 $10m^2$ 抽检一处，每个单元抽检不少于 10 处，每处检查缝长不少于 1m |
| 竖缝 | 30～40 | 25～30 | 30～50 | | | |

（2）勾缝采用的水泥砂浆应单独拌制，不应与砌体砂浆混用。

（3）水泥砂浆勾缝单元工程施工质量标准见表 2-35。

**表 2-35　　水泥砂浆勾缝单元工程施工质量标准**

| 项次 | | 检验项目 | 质量标准 | 检验方法 | 检验数量 |
|---|---|---|---|---|---|
| 主控项目 | 1 | 清缝 | 清缝宽度不小于砌缝宽度，水平缝清缝深度不小于 4cm，竖缝清缝深度不小于 5cm；缝槽清洗干净，缝面湿润，无残留灰渣和积水 | 观察、测量 | 每 $10m^2$ 砌体表面抽检不少于 5 处，每处缝长不少于 1m |
| | 2 | 勾缝 | 勾缝型式符合设计要求，分次向缝内填充、压实，密实度达到要求，砂浆初凝后不应扰动 | 砂浆初凝前通过压触对比抽检勾缝的密实度。抽检压触深度不应大于 0.5cm | 每 $100m^2$ 砌体表面至少抽检 10 处，每处缝长不少于 1m |
| | 3 | 养护 | 有效及时，一般砌体养护 28d；对有防渗要求的砌体养护时间应满足设计要求。养护期内表面保持湿润，无时干时湿现象 | 观察、检查施工记录 | 全数检查 |
| 一般项目 | 1 | 水泥砂浆沉入度 | 符合设计要求，允许偏差为±1cm | 现场抽检 | 每班不少于 3 次 |

### （九）土工合成材料滤层、防渗、排水工程施工质量控制

1. 一般规定

（1）工程常见土工织物滤层、排水工程或土工膜防渗体工程。

（2）铺设土工合成材料的基面经验收合格后方可铺设。

（3）原材料质量符合设计要求。

（4）按设计要求顺序进行铺设，并做好施工记录。

2. 土工织物滤层与排水施工质量控制

（1）单元工程划分：平面形式每 500～$1000m^2$ 划分为一个单元工程；圆形、菱形或梯形断面（包括盲沟）形式每 50～100 延米划分为一个单元工程。

（2）其工序分为场地清理及垫层料铺设、织物备料、土工织物铺设、回填及表面防护四个工序，其中土工织物铺设工序为主要工序。

（3）场地清理与垫层料铺设施工质量标准见表 2-36；织物备料质量标准见表 2-37；土工织物铺设施工质量标准见表 2-38；回填和表面防护施工质量标准见表 2-39。

3. 土工膜防渗工程施工质量控制

（1）单元工程划分：每次连续铺筑的区、段或每 500～1000$m^2$ 划分为一个单元工程；土工膜防渗体与刚性建筑物或周边连接部位按连续施工段（一般 30～50m）划分为一个单元工程。

（2）其工序分为下垫层与支持层、土工膜备料、土工膜铺设、土工膜与刚性建筑物或周边连接处理、上垫层和防护层五个工序，其中土工膜铺设工序为主要工序。

**表 2-36　　场地清理与垫层料铺设施工质量标准**

| 项次 | | 检验项目 | 质　量　标　准 | 检验方法 | 检验数量 |
|---|---|---|---|---|---|
| 主控项目 | 1 | 场地清理 | 地面无尖棱硬物，无凹坑，基面平整 | 观察、查阅施工记录 | 全数检查 |
| | 2 | 垫层料的铺填 | 铺摊厚度均匀，碾压密实度符合设计要求 | 量测、取样试验 | 铺填厚度每个单元检测 30 个点；碾压密实度每个单元检测 1 组 |
| 一般项目 | 1 | 场地清理、平整及铺设范围 | 场地清理平整与垫层料铺设的范围符合设计的要求 | 量测 | 每条边线，每 10 延米检测 1 个点。清整边线应大于土工织物铺设边线外 50cm；垫层料的铺填边线不小于土工织物铺设边线 |

**表 2-37　　织物备料质量标准**

| 项次 | | 检验项目 | 质　量　标　准 | 检验方法 | 检验数量 |
|---|---|---|---|---|---|
| 主控项目 | 1 | 土工织物的性能指标 | 土工织物的物理性能指标、力学性能指标、水力学指标，以及耐久性指标均应符合设计要求 | 查阅出厂合格证和原材料试验报告，并抽样复查 | 每批次或每单位工程取样 1～3 组进行试验检测 |
| 一般项目 | 1 | 土工织物的外观质量 | 无疵点、破洞等 | 观察 | 全数检查 |

**表 2-38　　土工织物铺设施工质量标准**

| 项次 | | 检验项目 | 质　量　标　准 | 检验方法 | 检验数量 |
|---|---|---|---|---|---|
| 主控项目 | 1 | 铺设 | 土工织物铺设工艺符合要求，平顺、松紧适度、无皱褶，与土面密贴；场地洁净，无污物污染，施工人员佩戴满足现场操作要求 | 观察 | 全数检查 |
| | 2 | 拼接 | 搭接或缝接符合设计要求，缝接宽度不小于 10cm；平地搭接宽度不小于 30cm；不平整场地或极软土搭接宽度不小于 50cm；水下及受水流冲击部位应采用缝接，缝接宽度不小于 25cm，且缝成两道缝 | 观察、量测 | 逐缝、全数检查 |
| 一般项目 | 1 | 周边锚固 | 锚固型式以及坡面防滑钉的设置符合设计要求。水平铺设时其周边宜将土工织物延长回折，做成压枕的型式 | 观察、量测、查阅施工记录 | 周边锚固每 10 延米检测 1 个断面，坡面防滑钉的位置偏差不大于 10cm |

表 2-39 回填和表面防护施工质量标准

| 项次 | | 检验项目 | 质量标准 | 检验方法 | 检验数量 |
|---|---|---|---|---|---|
| 主控项目 | 1 | 回填材料质量 | 回填材料性能指标应符合设计要求，且不应含有损坏织物的物质 | 观察、取样试验 | 软化系数、抗冻性、渗透系数等每批次或每单位工程取样 3 组；粒径、级配、含泥量、含水量等每 100～200$m^3$ 取样 1 组 |
| | 2 | 回填时间 | 及时，回填覆盖时间超过 48h 应采取临时遮阳措施 | 观察、查阅施工记录 | 全数检查 |
| 一般项目 | 1 | 回填保护层厚度及压实度 | 符合设计要求，厚度允许误差为 0～5cm，压实度符合设计要求 | 观察、量测、查阅施工记录 | 回填铺筑厚度每个单元检测 30 个点；碾压密实度每个单元检测 1 组 |

（3）下垫层与支持层、上垫层与保护层的质量标准参考前反滤（过渡）料标准；土工膜备料质量标准见表 2-40；土工膜铺设施工质量标准见表 2-41；土工膜与刚性建筑物或周边连接处理施工质量标准见表 2-42。

表 2-40 土工膜备料质量标准

| 项次 | | 检验项目 | 质量标准 | 检验方法 | 检验数量 |
|---|---|---|---|---|---|
| 主控项目 | 1 | 土工膜的性能指标 | 土工膜的物理性能指标、力学性能指标、水力学指标以及耐久性指标应符合设计要求 | 查阅出厂合格证和原材料试验报告，并抽样复查 | 每批次或每单位工程取样 1～3 组进行试验检测 |
| 一般项目 | 1 | 土工膜的外观质量 | 无疵点、破洞等，符合国家标准 | 观察 | 全数检查 |

表 2-41 土工膜铺设施工质量标准

| 项次 | | 检验项目 | 质量标准 | 检验方法 | 检验数量 |
|---|---|---|---|---|---|
| 主控项目 | 1 | 铺设 | 土工膜的铺设工艺应符合设计要求，平顺、松紧适度、无皱褶，留有足够的余幅，与下垫层密贴 | 观察、查阅验收记录 | 全数检查 |
| | 2 | 拼接 | 拼接方法、搭接宽度应符合设计要求，粘接搭接宽度宜不小于 15cm，焊缝搭接宽度宜不小于 10cm。膜间形成的节点，应为 T 形，不应做成十字形。接缝处强度不低于母材的 80% | 目测法、现场检漏法和抽样测试法 | 每 100 延米接缝抽测 1 处，但每个单元工程不少于 3 处。接缝处强度每一个单位工程抽测 1～3 次 |
| | 3 | 排水、排气 | 排水、排气的结构型式符合设计要求，阀体与土工膜连接牢固，不应漏水漏气 | 目测法、现场检漏法和抽样测试法 | 逐个检查 |
| 一般项目 | 1 | 铺设场地 | 铺设面应平整，无杂物、尖锐凸出物。铺设场区气候适宜，场地洁净，无污物污染，施工人员佩戴满足现场操作要求 | 观察、查阅验收记录 | 全数检查 |

表 2-42　　土工膜与刚性建筑物或周边连接处理施工质量标准

| 项次 | | 检验项目 | 质量标准 | 检验方法 | 检验数量 |
|---|---|---|---|---|---|
| 主控项目 | 1 | 周边封闭沟槽结构、基础条件 | 封闭沟槽的结构型式、基础条件应符合设计要求 | 观察、查阅施工记录 | 全数检查 |
| | 2 | 封闭材料质量 | 封闭材料质量应满足设计要求，试样合格率不小于95%，不合格试样不应集中，且不低于设计指标的0.98倍 | 观察、查阅验收记录、现场取样试验 | 每个单元至少取1组，试验项目应满足设计要求 |
| 一般项目 | 1 | 沟槽开挖、结构尺寸 | 周边封闭沟槽土石方开挖尺寸，封闭材料如黏土、混凝土结构尺寸应满足设计要求。检测点误差为±2cm | 观察、测量 | 沿封闭沟槽每5延米测1个横断面，每断面不少于5个点 |

## 五、水利建设爆破工程质量标准

### （一）一般规定

（1）钻孔施工不宜采用直径（$d$）大于150mm的钻头造孔。钻孔孔径按造孔的钻头直径可分为大孔径（110mm<$d$≤150mm）、中孔径（50mm<$d$≤110mm）、小孔径（$d$≤50mm）。

（2）紧邻设计建筑物基面、设计边坡、建筑物或防护目标，不应采用大孔径爆破方法。

（3）在有水或潮湿条件下进行爆破，应采用抗水爆破材料；在寒冷地区的冬季进行爆破，必须采用抗冻爆破材料。

（4）炸药用量，以2号岩石硝铵炸药为准，若使用其他品种的炸药，其用量应进行换算。

（5）爆破作业的安全，必须遵守现行GB 6722—2014《爆破安全规程》的规定。

### （二）紧邻水平建基面的爆破

（1）紧邻水平建基面爆破效果，除其开挖偏差应符合基本的规定外，还不应使建基面岩体产生大量爆破裂隙，以及使节理裂隙面、层面等软弱面明显恶化，并损害岩体的完整性。

（2）紧邻水平建基面的岩体保护层厚度，应由爆破试验确定。

（3）对岩体保护层进行分层爆破，必须遵守下述规定：

第一层：炮孔不得穿入距水平建基面1.5m的范围；炮孔装药直径不应大于400mm；应采用梯段爆破方法。

第二层：对节理裂隙不发育、较发育、发育和坚硬的岩体，炮孔不得穿入距水平建基面0.5m的范围；对节理裂隙极发育和软弱的岩体，炮孔不得穿入距水平建基面0.7m的范围。

炮孔与水平建基面的夹角不应大于60°，炮孔装药直径不应大于32mm。应采用单孔起爆方法。

第三层：对节理裂隙不发育、较发育、发育和坚硬、中等坚硬的岩体，炮孔不得穿过水平建基面；对节理裂隙极发育和软弱的岩体，炮孔不得穿入距水平建基面0.2m的范围，剩余0.2m的岩体应进行撬挖。

炮孔角度、装药直径和起爆方法，均同第二层的规定。

### （三）特殊部位附近的爆破

（1）如需在新浇筑大体积混凝土附近进行爆破，必须进行试验后确定。

（2）如需在新灌浆区、新预应力锚固区、新喷锚（或喷浆）支护区等部位附近进行爆破，必须通过试验证明可行，并经主管部门批准。

# 单元三　普通混凝土工程施工质量监控技术

## 一、普通混凝土单元工程施工质量控制

### （一）一般规定

微课 2-3-1 混凝土制备与运输质量控制

（1）单元工程划分：按混凝土浇筑仓号，每一仓号为一个单元工程；排架、柱、梁等按一次检查验收的若干个柱、梁为一个单元工程。

（2）普通混凝土单元工程的工序：分基础面或施工缝处理、模板安装、钢筋制作与安装、预埋件（止水、伸缩缝和坝体排水管）制作与安装、及混凝土浇筑（含养护、脱模）、外观质量检查六个工序，其中钢筋制作与安装、混凝土浇筑为主要工序。

### （二）基础面、施工缝处理

基础面处理施工质量标准见表 2-43，混凝土施工缝处理施工质量标准见表 2-44。

**表 2-43　基础面处理施工质量标准**

| 项次 | | 检验项目 | | 质量标准 | 检验方法 | 检验数量 |
|---|---|---|---|---|---|---|
| 主控项目 | 1 | 基础面 | 岩基 | 符合设计要求 | 观察、查阅设计图纸或地质报告 | 全仓 |
| | | | 软基 | 预留保护层已挖除；基础面符合设计要求 | 观察、查阅测量断面图及设计图纸 | |
| | 2 | 地表水和地下水 | | 妥善引排或封堵 | 观察 | 全仓 |
| 一般项目 | 1 | 岩面清理 | | 符合设计要求；清洗洁净，无积水，无积渣杂物 | 观察 | |

注　构筑物基础的整体开挖应符合 SL 631《水利水电工程单元工程施工质量验收评定标准——土石方工程》中的有关标准。

**表 2-44　混凝土施工缝处理施工质量标准**

| 项次 | | 检验项目 | 质量标准 | 检验方法 | 检验数量 |
|---|---|---|---|---|---|
| 主控项目 | 1 | 施工缝的留置位置 | 符合设计或有关施工规范规定 | 观察、量测 | 全数 |
| | 2 | 施工缝面凿毛 | 基面无乳皮，成毛面，微露粗砂 | 观察 | |
| 一般项目 | 1 | 缝面清理 | 符合设计要求；清洗洁净，无积水，无积渣杂物 | 观察 | |

## （三）模板制作与安装

模板制作与安装施工质量标准见表 2-45。

微课 2-3-2 模板工程质量控制

**表 2-45　模板制作与安装施工质量标准**

| 项次 | | 检验项目 | | 质量标准 | | 检验方法 | 检验数量 |
|---|---|---|---|---|---|---|---|
| 主控项目 | 1 | 稳定性、刚度和强度 | | 满足混凝土施工荷载要求，并符合模板设计要求 | | 对照模板设计文件及图纸检查 | 全部 |
| | 2 | 承重模板底面高程 | | 允许偏差为 0～5mm | | 仪器测量 | 模板面积在 $100m^2$ 以内，不少于 10 个点；每增加 $100m^2$，检查点数增加不少于 10 个 |
| | 3 | 排架、梁板、柱、墙 | 结构断面尺寸 | 允许偏差为±10mm | | 钢尺测量 | |
| | | | 轴线位置 | 允许偏差为±10mm | | 仪器测量 | |
| | | | 垂直度 | 允许偏差为±5mm | | 2m 靠尺量测、或仪器测量 | |
| | 4 | 结构物边线与设计边线 | | 外露表面 | 内模板：允许偏差为 -10～0mm；外模板：允许偏差为 0～10mm | 钢尺测量 | |
| | | | | 隐蔽内面 | 允许偏差为 15mm | | |
| | 5 | 预留孔、洞尺寸及位置 | | 孔、洞尺寸 | 允许偏差为-10mm | 测量、查看图纸 | |
| | | | | 孔洞位置 | 允许偏差为±10mm | | |
| 一般项目 | 1 | 模板平整度、相邻两板面错台 | | 外露表面 | 钢模：允许偏差为 2mm；木模：允许偏差为 3mm | 2m 靠尺量测或拉线检查 | 模板面积在 $100m^2$ 以内，不少于 10 个点；每增加 $100m^2$，检查点数增加不少于 10 个 |
| | | | | 隐蔽内面 | 允许偏差为 5mm | | |
| | 2 | 局部平整度 | | 外露表面 | 钢模：允许偏差为 3mm；木模：允许偏差为 5mm | 按水平线（或垂直线）布置检测点，2m 靠尺量测 | 模板面积在 $100m^2$ 以上，不少于 20 个点。每增加 $100m^2$，检查点数增加不少于 10 个 |
| | | | | 隐蔽内面 | 允许偏差为 10mm | | |
| | 3 | 板面缝隙 | | 外露表面 | 钢模：允许偏差为 1mm；木模：允许偏差为 2mm | 量测 | $100m^2$ 以上，检查 3～5 个点；$100m^2$ 以内，检查 1～3 个点 |
| | | | | 隐蔽内面 | 允许偏差为 2mm | | |
| | 4 | 结构物水平断面内部尺寸 | | 允许偏差为±20mm | | 测量 | $100m^2$ 以上，不少于 10 个点；$100m^2$ 以内，不少于 5 个点 |
| | 5 | 脱模剂涂刷 | | 产品质量符合标准要求，涂刷均匀，无明显色差 | | 查阅产品质检证明，观察 | 全面 |
| | 6 | 模板外观 | | 表面光洁，无污物 | | 观察 | |

注　1. 外露表面、隐蔽内面系指相应模板的混凝土结构物表面最终所处的位置。

2. 有专门要求的高速水流区、溢流面、闸墩、闸门槽等部位的模板，还应符合有关专项设计的要求。

## （四）钢筋制作与安装

钢筋制作与安装施工质量标准见表 2－46，钢筋连接施工质量标准见表 2－47。

微课 2－3－3
钢筋工程质量控制

**表 2－46　　钢筋制作与安装施工质量标准**

| 项次 | | 检验项目 | | 质量标准 | 检验方法 | 检验数量 |
|---|---|---|---|---|---|---|
| 主控项目 | 1 | 钢筋的数量、规格尺寸、安装位置 | | 符合质量标准和设计的要求 | 对照设计文件检查 | 全数 |
| | 2 | 钢筋接头的力学性能 | | 符合规范要求和国家及行业有关规定 | 对照仓号在结构上取样测试 | 焊接 200 个接头检查 1 组，机械连接 500 个接头检验 1 组 |
| | 3 | 焊接接头和焊缝外观 | | 不允许有裂缝、脱焊点、漏焊点，表面平顺，没有明显的咬边、凹陷、气孔等，钢筋不应有明显烧伤 | 观察并记录 | 不少于 10 个点 |
| | 4 | 钢筋连接 | | 钢筋连接的施工质量标准见表 2－47 | | |
| | 5 | 钢筋间距、保护层 | | 符合规范和设计要求 | 观察、量测 | 不少于 10 个点 |
| 一般项目 | 1 | 钢筋长度方向 | | 局部偏差为±1/2 的净保护层厚 | 观察、量测 | 不少于 5 个点 |
| | 2 | 同一反日受力钢筋间距 | 排架、柱、梁 | 允许偏差为±0.5$d$ | | |
| | | | 板、墙 | 允许偏差为±0.1 倍间距 | | |
| | 3 | 双排钢筋，其排与排间距 | | 允许偏差为±0.1 倍排距 | | |
| | 4 | 梁与柱中箍筋间距 | | 允许偏差为±0.1 倍箍筋间距 | | 不少于 10 个点 |
| | 5 | 保护层厚度 | | 局部偏差为±1/4 的净保护层厚 | | 不少于 5 个点 |

**表 2－47　　钢筋连接施工质量标准**

| 序号 | 检验项目 | | | 质量要求 | 检验方法 | 检验数量 |
|---|---|---|---|---|---|---|
| 1 | 点焊机电弧焊 | 帮条对焊接头中心 | | 纵向偏移差不大于 0.5$d$ | 观察、量测 | 每项不少于 10 个点 |
| | | 接头处钢筋轴线的曲折 | | ≤4° | | |
| | | 焊缝 | 长度 | 允许偏差为－0.5$d$ | | |
| | | | 高度 | 允许偏差为－0.5$d$ | | |
| | | | 表面气孔夹渣 | 在 2$d$ 长度上数量不多于 2 个；气孔、夹渣的直径≤3mm | | |

续表

| 序号 | 检验项目 | | | 质量要求 | 检验方法 | 检验数量 |
|---|---|---|---|---|---|---|
| 2 | 对焊及熔槽焊 | 焊接接头根部未焊透深度 | 直径25～40mm钢筋 | ≤0.15$d$ | 观察、量测 | 每项不少于10个点 |
| | | | 直径40～70mm钢筋 | ≤0.10$d$ | | |
| | | 接头处钢筋中心线的位移 | | 0.10$d$ 且≤2mm | | |
| | | 焊缝表面（长为2$d$）和焊缝截面上蜂窝、气孔、非金属杂质 | | ≤1.5$d$ | | |
| 3 | 绑扎连接 | 缺扣、松扣 | | 不大于20%且不集中 | 观察、量测 | |
| | | 弯钩朝向正确 | | 符合设计图纸 | 观察 | |
| | | 搭接长度 | | 允许偏差为－0.05的设计值 | 量测 | |
| 4 | 机械连接 | 带肋钢筋冷挤压连接接头 | 压痕处套筒外形尺寸 | 挤压后套筒长度应为原套筒长度的1.10～1.15倍，或压痕处套筒的外径波动范围为原套筒外径的0.8～0.9倍 | 观察并量测 | |
| | | | 挤压道次 | 符合型式检验结果 | 观察、量测 | |
| | | | 接头弯折 | ≤4° | | |
| | | | 裂缝检查 | 挤压后肉眼观察无裂缝 | | |
| | | 直（锥）螺纹连接接头 | 丝头外观质量 | 保护良好，无锈蚀和油污，牙形饱满光滑 | 观察、量测 | |
| | | | 套头外观质量 | 无裂纹或其他肉眼可见缺陷 | | |
| | | | 外露丝扣 | 无1扣以上完整丝扣外露 | | |
| | | | 螺纹匹配 | 丝头螺纹与套筒螺纹满足连接要求，螺纹结合紧密，无明显松动，以及相应处理方法得当 | | |

## （五）预埋件制作与安装

预埋件制作与安装施工质量标准见表2-48～表2-52。

**表2-48　　止水片（带）施工质量标准**

| 项次 | | 检验项目 | 质量标准 | 检验方法 | 检验数量 |
|---|---|---|---|---|---|
| 主控项目 | 1 | 片（带）外观 | 表面平整，无浮皮、锈污、油渍、砂眼、钉孔、裂纹等 | 观察 | 所有外露止水片（带） |
| | 2 | 基座 | 符合设计要求（按基础面要求验收合格） | 观察 | 不少于5个点 |
| | 3 | 片（带）插入深度 | 符合设计要求 | 检查、量测 | 不少于1个点 |
| | 4 | 沥青井（柱） | 位置准确、牢固，上下层衔接好，电热元件及绝热材料埋设准确，沥青填塞密实 | 观察 | 检查3～5个点 |
| | 5 | 接头 | 符合工艺要求 | 检查 | 全数 |

续表

| 项次 | | 检验项目 | | 质量标准 | 检验方法 | 检验数量 |
|---|---|---|---|---|---|---|
| 一般项目 | 1 | 片（带）偏差 | 宽 | 允许偏差为±5mm | 量测 | 检查3～5个点 |
| | | | 高 | 允许偏差为±2mm | | |
| | | | 长 | 允许偏差为±20mm | | |
| | 2 | 搭接长度 | 金属止水片 | ≥20mm，双面焊接 | 量测 | 每个焊接处 |
| | | | 橡胶、PVC止水带 | ≥100mm | 量测 | 每个连接处 |
| | | | 金属止水片与PVC止水带接头栓接长度 | ≥350mm（螺栓栓接法） | 量测 | 每个连接带 |
| | 3 | 片（带）中心线与接缝中心线安装偏差 | | 允许偏差为±5mm | 量测 | 检查1～2个点 |

**表2-49　伸缩缝（填充材料）施工质量标准**

| 项次 | | 检验项目 | 质量标准 | 检验方法 | 检验数量 |
|---|---|---|---|---|---|
| 主控项目 | 1 | 伸缩缝缝面 | 平整、顺直、干燥，外露铁件应割除，确保伸缩有效 | 观察 | 全部 |
| 一般项目 | 1 | 涂敷沥青料 | 涂刷均匀平整，与混凝土粘接紧密，无气泡及隆起现象 | 观察 | |
| | 2 | 粘贴沥青油毛毡 | 铺设厚度均匀、平整，牢固，搭接紧密 | 观察 | |
| | 3 | 铺设预制油毡板或其他闭缝板 | 铺设厚度均匀、平整，牢固，相邻块安装紧密平整无缝 | 观察 | |

**表2-50　排水系统施工质量标准**

| 项次 | | 检验项目 | | | 质量标准 | 检验方法 | 检验数量 |
|---|---|---|---|---|---|---|---|
| 主控项目 | 1 | 孔口装置 | | | 按设计要求加工、安装，并进行防锈处理，安装牢固，不应有渗水、漏水现象 | 观察、量测 | 全部 |
| | 2 | 排水管通畅性 | | | 通畅 | 观察 | |
| 一般项目 | 1 | 排水孔倾斜度 | | | 允许偏差为4% | 量测 | 全数 |
| | 2 | 排水孔（管）位置 | | | 允许偏差为100mm | 量测 | |
| | 3 | 基岩排水孔 | 倾斜度 | 孔深不小于8 m | 允许偏差为1% | 量测 | |
| | | | | 孔深小于8m | 允许偏差为2% | | |
| | | | 深度 | | 允许偏差为±0.5% | | |

**表 2-51　　冷却及灌浆管路施工质量标准**

| 项次 | | 检验项目 | 质量标准 | 检验方法 | 检验数量 |
|---|---|---|---|---|---|
| 主控项目 | 1 | 管路安装 | 安装牢固、可靠，接头不漏水、不漏气、无堵塞 | 通气、通水 | 所有接头 |
| 一般项目 | 1 | 管路出口 | 露出模板外 300～500mm，妥善保护，有识别标志 | 观察 | 全部 |

**表 2-52　　铁件施工质量标准**

<table>
<tr><th colspan="2">项次</th><th colspan="2">检验项目</th><th>质量标准</th><th>检验方法</th><th>检验数量</th></tr>
<tr><td>主控项目</td><td>1</td><td colspan="2">高程、方位、埋入深度及外露长度等</td><td>符合设计要求</td><td>对照图纸现场观察、查阅施工记录、量测</td><td rowspan="8">全部</td></tr>
<tr><td rowspan="7">一般项目</td><td>1</td><td colspan="2">铁件外观</td><td>表面无锈皮、油污等</td><td>观察</td></tr>
<tr><td rowspan="2">2</td><td rowspan="2">锚筋钻孔位置</td><td>梁、柱的锚筋</td><td>允许偏差为 20mm</td><td rowspan="2">量测</td></tr>
<tr><td>钢筋网的锚筋</td><td>允许偏差为 50mm</td></tr>
<tr><td>3</td><td colspan="2">钻孔底部的孔径</td><td>锚筋直径为 20mm</td><td>量测</td></tr>
<tr><td>4</td><td colspan="2">钻孔深度</td><td>符合设计要求</td><td>量测</td></tr>
<tr><td>5</td><td colspan="2">钻孔的倾斜度相对设计轴线</td><td>允许偏差为 5%（在全孔深度范围内）</td><td>量测</td></tr>
</table>

微课
2-3-4
混凝土浇筑与养护质量控制

## （六）混凝土浇筑

1. 一般原则和要求

（1）混凝土的生产和原材料的质量均应符合规范和设计要求。

（2）所选用的混凝土浇筑设备能力，必须与浇筑强度相适应，以确保混凝土施工的连续性。如因故中止，且超过允许间歇时间，则必须按工作缝处理。

（3）浇筑混凝土时，严禁在途中和仓内加水，以保证混凝土质量。

（4）浇入仓内的混凝土，应注意平仓振捣，不得堆积，严禁滚浇。

（5）为了防止混凝土裂缝，夏季和冬季混凝土施工，其温度控制标准，应符合有关设计文件规定，并应加强混凝土养护和表面保护。

2. 混凝土浇筑

混凝土浇筑施工质量标准见表 2-53。

表 2-53　　　　混凝土浇筑施工质量标准

| 项次 | | 检验项目 | 质量标准 | 检验方法 | 检验数量 |
| --- | --- | --- | --- | --- | --- |
| 主控项目 | 1 | 入仓混凝土料 | 无不合格料入仓。如有少量不合格料入仓，应及时处理至达到要求 | 观察 | 不少于入仓总次数的50% |
| | 2 | 平仓分层 | 厚度不大于振捣棒有效长度的90%，铺设均匀，分层清楚，无骨料集中现象 | 观察、量测 | 全部 |
| | 3 | 混凝土振捣 | 振捣器垂直插入下层5cm，有次序，间距、留振时间合理，无漏振，无超振 | 在混凝土浇筑过程中全部检查 | |
| | 4 | 铺筑间歇时间 | 符合要求，无初凝现象 | 在混凝土浇筑过程中全部检查 | |
| | 5 | 浇筑温度（指有温控要求的混凝土） | 满足设计要求 | 温度计测量 | |
| | 6 | 混凝土养护 | 表面保持湿润，连续养护时间基本满足设计要求 | 观察 | |
| 一般项目 | 1 | 砂浆铺筑 | 厚度宜为2～3cm，均匀平整，无漏铺 | 观察 | |
| | 2 | 积水和泌水 | 无外部水流入，泌水排除及时 | 观察 | |
| | 3 | 插筋、管路等埋设件以及模板的保护 | 保护好，符合设计要求 | 观察、量测 | |
| | 4 | 混凝土表面保护 | 保护时间、保温材料质量符合设计要求 | 观察 | |
| | 5 | 脱模 | 脱模时间符合施工技术规范或设计要求 | 观察或查阅施工记录 | 不少于脱模总次数的30% |

## （七）外观质量检查标准

外观质量检查标准见表 2-54。

表 2-54　　　　外观质量检查标准

| 项次 | | 检验项目 | 质量标准 | 检验方法 | 检验数量 |
| --- | --- | --- | --- | --- | --- |
| 主控项目 | 1 | 表面平整度 | 符合设计要求 | 使用2m靠尺或专用工具检查 | $100m^2$以上的表面检查6～10个点；$100m^2$以下的表面检查3～5个点 |
| | 2 | 形体尺寸 | 符合设计要求或允许偏差为±20mm | 钢尺测量 | 抽查15% |
| | 3 | 重要部位缺损 | 不允许，应修复使其符合设计要求 | 观察、仪器检测 | 全部 |

续表

| 项次 | | 检验项目 | 质　量　标　准 | 检验方法 | 检 验 数 量 |
|---|---|---|---|---|---|
| 一般项目 | 1 | 麻面、蜂窝 | 麻面、蜂窝累计面积不超过0.5%。经处理符合设计要求 | 观察 | 全部 |
| | 2 | 孔洞 | 单个面积不超过0.01m²，且深度不超过骨料最大粒径。经处理符合设计要求 | 观察、量测 | |
| | 3 | 错台、跑模、掉角 | 经处理符合设计要求 | 观察、量测 | |
| | 4 | 表面裂缝 | 短小、深度不大于钢筋保护层厚度的表面裂缝经处理符合设计要求 | 观察、量测 | |

微课
2-3-5
钢筋混凝土预制构件施工质量控制

## 二、混凝土预制构件安装工程质量控制

### （一）一般规定

（1）单元工程划分：按施工检查质量评定的根、套、组划分，每一根、套、组预制构件安装为一个单元工程。

（2）工序分为构件外观质量检查、吊装、接缝及接头处理三个工序，其中吊装工序为主要工序。

（3）具体规定内容如下：

1）混凝土预制构件质量满足设计要求，对于外购的混凝土预制构件，必须提供构件性能等质量检验相关证明资料，不合格构件不应使用。

2）构件原材料和中间品质量符合相关质量标准要求。

3）吊装时，构件型号、安装位置应符合设计要求，吊装后的构件，不应出现扭曲、损坏现象。构件与底座、构件与构件的连接应符合设计要求。

### （二）施工质量控制标准

（1）构件外观质量检查标准见表2-55。

（2）吊装施工质量标准见表2-56。

（3）接缝及接头处理施工质量标准见表2-57。

**表2-55　　构件外观质量检查标准**

| 项次 | | 检 验 项 目 | 质　量　标　准 | 检验方法 | 检验数量 |
|---|---|---|---|---|---|
| 主控项目 | 1 | 外观检查 | 无缺陷 | 观察、量测 | 全数 |
| | 2 | 尺寸偏差 | 预制构件不应有影响结构性能和安装、使用功能的尺寸偏差 | 量测 | |
| 一般项目 | 1 | 预制构件标识 | 应在明显部位标明生产单位、构件型号、生产日期和质量验收标志 | 观察 | |
| | 2 | 构件上的预埋件、插筋和预留孔洞的规格、位置和数量 | 应符合标准图或设计的要求 | 观察 | |

**表 2－56　　　　吊装施工质量标准**

| 项次 | | 检验项目 | | | 质量标准 | 检验方法 | 检验数量 |
|---|---|---|---|---|---|---|---|
| 主控项目 | 1 | 构件型号和安装位置 | | | 符合设计要求 | 查阅施工图纸 | 全数 |
| | 2 | 构件吊装时的混凝土强度 | | | 符合设计要求。设计无规定时，不应低于设计强度标准值的70%；预应力构件孔道灌浆的强度，应达到设计要求 | 查阅试验资料和施工记录 | |
| 一般项目 | 1 | 柱 | 中心线和轴线位移 | | 允许偏差为±5mm | 测量 | |
| | 2 | | 垂直度 | 柱高 10m 以下 | 允许偏差为 10mm | 测量 | |
| | 3 | | | 柱高 10m 及其以上 | 允许偏差为 20mm | 测量 | |
| | 4 | | 牛腿上表面、柱顶标高 | | 允许偏差为－8～0mm | 测量 | |
| | 5 | 梁或吊车梁 | 中心线和轴线位移 | | 允许偏差为±5mm | 测量 | |
| | 6 | | 梁顶面标高 | | 允许偏差为－5～0mm | 测量 | |
| | 7 | 屋架 | 下弦中心线和轴线位移 | | 允许偏差为±5mm | 测量 | |
| | 8 | | 垂直度 | 桁架、拱形屋架 | 允许偏差为屋架高的 1/250 | 测量 | |
| | 9 | | | 薄腹梁 | 允许偏差为 5mm | | |
| | 10 | 板 | 相邻两板下表面平整 | 抹灰 | 允许偏差为 5mm | 用 2m 靠尺量测 | |
| | 11 | | | 不抹灰 | 允许偏差为 3mm | | |
| | 12 | 预制廊道、井筒板（埋入建筑物） | 中心线和轴线位移 | | 允许偏差为±20mm | 测量检查 | |
| | 13 | | 相邻两构件的表面平整 | | 允许偏差为 10mm | 用 2m 靠尺量测 | |
| | 14 | 建筑物外表面模板 | 相邻两板面高差 | | 允许偏差为 3mm（局部 5mm） | 用 2m 靠尺量测 | |
| | | | 外边线与结构物边线 | | 允许偏差为±10mm | 用 2m 靠尺量测 | |

表 2-57　　接缝及接头处理施工质量标准

| 项次 | | 检验项目 | 质量标准 | 检验方法 | 检验数量 |
|---|---|---|---|---|---|
| 主控项目 | 1 | 构件连接 | 构件与底座、构件与构件的连接应符合设计要求，受力接头应符合 GB 50204《混凝土结构工程施工质量验收规范》的规定 | 观察，查阅试验资料和施工记录 | 全数 |
| 一般项目 | 1 | 接缝凿毛处理 | 符合设计要求 | 观察 | 全面 |
| | 2 | 构件接缝的混凝土（砂浆） | 养护符合设计要求，且在规定的时间内不应拆除其支承模板 | 观察 | |

## 三、混凝土面板工程施工质量控制

### （一）一般规定

（1）本节所指混凝土面板堆石坝（含砂砾石填筑的坝）中面板和趾板施工质量控制。

（2）混凝土面板工程宜以每块面板或每块趾板划分为一个单元工程。

（3）其工序分为基础清理、模板安装、钢筋制作与安装、预埋件制作与安装、混凝土浇筑（含养护）、外观质量检查六个工序，其中钢筋制作与安装、混凝土浇筑（含养护）为主要工序。

（4）原材料和中间品质量符合规范及设计要求。

### （二）施工质量控制标准

（1）趾板基础面处理施工质量标准见表 2-43，面板基面清理施工质量标准见表 2-58。

表 2-58　　面板基面清理施工质量标准

| 项次 | | 检验项目 | 质量标准 | 检验方法 | 检验数量 |
|---|---|---|---|---|---|
| 主控项目 | 1 | 垫层坡面 | 符合设计要求；预留保护层已挖除，坡面保护完成 | 观察、查阅设计图纸 | 全数 |
| | 2 | 地表水和地下水 | 妥善引排或封堵 | 观察 | |
| 一般项目 | 1 | 基础清理 | 符合设计要求；清洗洁净，无积水，无积渣杂物 | 观察、查阅测量断面图 | |
| | 2 | 混凝土基础面 | 洁净，无浮皮，表面成毛面；无积水，无积渣杂物 | 观察 | |

（2）模板施工应符合 SL 32—2014《水工建筑物滑动模板施工技术规范》的要求及设计要求，滑模制作及安装施工质量标准见表 2-59，钢筋制作及安装施工质量标准见表 2-46 及表 2-47 的要求。

（3）预埋件制作与安装施工质量标准。止水片（带）施工质量标准见表 2-60，伸缩缝施工质量标准见表 2-61。

**表 2－59　　滑模制作及安装施工质量标准**

| 项次 | | 检验项目 | | 质量标准 | 检验方法 | 检验数量 |
|---|---|---|---|---|---|---|
| 主控项目 | 1 | 滑模结构及其牵引系统 | | 应牢固可靠，便于施工，并应设有安全装置 | 观察、试运行 | 全数 |
| | 2 | 模板及其支架 | | 满足设计稳定性、刚度和强度要求 | 观察、查阅设计文件 | |
| 一般项目 | 1 | 模板表面 | | 处理干净，无任何附着物，表面光滑 | 观察 | 全数 |
| | 2 | 脱模剂 | | 涂抹均匀 | 观察 | |
| | 3 | 滑模制作及安装 | 外形尺寸 | 允许偏差为±10mm | 量测 | 每 $100m^2$ 不少于 8 个点 |
| | 4 | | 对角线长度 | 允许偏差为±6mm | 量测 | 每 $100m^2$ 不少于 4 个点 |
| | 5 | | 扭曲 | 允许偏差为 4mm | 挂线检查 | 每 $100m^2$ 不少于 16 个点 |
| | 6 | | 表面局部不平度 | 允许偏差为 3mm | 2m 靠尺量测 | 每 $100m^2$ 不少于 20 个点 |
| | 7 | | 滚轮及滑道间距 | 允许偏差为±10mm | 量测 | 每 $100m^2$ 不少于 4 个点 |
| | 8 | 滑模轨道制作及安装 | 轨道安装高程 | 允许偏差为±5mm | 量测 | 每 10 延米测 1 个点，总检测点不少于 20 个 |
| | 9 | | 轨道安装中心线 | 允许偏差为±10mm | 量测 | |
| | 10 | | 轨道接头处轨面错位 | 允许偏差为 2mm | 量测 | 每处接头检测 2 个点 |

**表 2－60　　止水片（带）施工质量标准**

| 项次 | | 检验项目 | | 质量标准 | 检验方法 | 检验数量 |
|---|---|---|---|---|---|---|
| 主控项目 | 1 | 止水片（带）连接 | | 铜止水片连（焊）接表面光滑，无孔洞，无裂缝；对缝焊应为单面双层焊接，搭接焊应为双面焊接，搭接长度应大于 20mm。拼接处的抗拉强度不小于母材强度 | 观察、量测、工艺试验 | 每种焊接工艺不少于 3 组 |
| | | | | PVC 止水带采用热粘接或热焊接，搭接长度不小于 150mm；橡胶止水带硫化连接牢固。接头内不应有气泡、夹渣或渗水。拼接处的抗拉强度不小于母材强度 | 观察、取样检测 | |
| 一般项目 | 1 | 止水片（带）外观 | | 表面浮皮、锈污、油漆、油渍等清除干净；止水片（带）无变形、变位 | 观察 | 全数 |
| | 2 | PVC（或橡胶）垫片 | | 平铺或粘贴在砂浆垫（或沥青垫）上，中心线应与缝中心线重合；允许偏差为±5mm | 观察、量测 | 每 5 延米检测 1 个点 |
| | 3 | 制作（成型） | 宽度 | 铜止水允许偏差为±5mm；PVC 或橡胶止水带允许偏差为±5mm | 量测 | |
| | | | 鼻子或立腿高度 | 铜止水允许偏差为±2mm | | |
| | | | 中心部分直径 | PVC 或橡胶止水带允许偏差为±2mm | | |
| | 4 | 安装 | 中心线与设计 | 铜止水允许偏差为±5mm；PVC 或橡胶止水带允许偏差为±5mm | 仪器测量 | |
| | | | 两侧平段倾斜 | 铜止水允许偏差为±5mm；PVC 或橡胶止水带允许偏差为±10mm | | |

表 2-61　　伸缩缝施工质量标准

| 项次 | | 检验项目 | 质量标准 | 检验方法 | 检验数量 |
|---|---|---|---|---|---|
| 主控项目 | 1 | 柔性料填充 | 满足设计断面要求，边缘允许偏差为±10mm；面膜按设计结构设置，与混凝土面应黏结紧密，锚压牢固，形成密封腔 | 抽样检测 | 每 50～100m 为一检测段 |
| | 2 | 无黏性料填充 | 填料填塞密实，保护罩的外形尺寸符合设计要求，安装锚固用的角钢、膨胀螺栓规格、间距符合设计要求，并经防腐处理。位置偏差不大于30mm；螺栓孔距允许偏差不大于50mm；螺栓孔深允许偏差不大于5mm | 观察、量测 | 每 10 延米抽检 1 个断面 |
| 一般项目 | 1 | 面板接缝顶部预留填塞柔性填料的 V 形槽 | 位置准确，规格、尺寸符合设计要求 | 观察、量测 | 每 5 延米测 1 个横断面，每断面不少于 3 个测点 |
| | 2 | 预留槽表面处理 | 清洁、干燥，黏结剂涂刷均匀、平整，不应漏涂，涂料应与混凝土面黏结紧密 | 观察 | 全数 |
| | 3 | 砂浆垫层 | 平整度、宽度符合设计要求；平整度允许偏差为±2mm；宽度允许偏差不大于 5mm | 用 2m 靠尺量测 | 平整度，每 5 延米检测 1 个点，宽度每 5 延米检测 1 个断面 |
| | 4 | 柔性填料表面 | 混凝土表面应平整、密实；无松动混凝土块，无露筋、蜂窝、麻面、起皮、起砂现象 | 自下而上观察 | 每 5 延米检测 1 个点 |

（4）混凝土浇筑及外观质量标准。趾板混凝土浇筑施工质量标准见表 2-53；混凝土面板浇筑施工质量标准见表 2-62；外观质量检查标准见表 2-54。

表 2-62　　混凝土面板浇筑施工质量标准

| 项次 | | 检验项目 | 质量标准 | 检验方法 | 检验数量 |
|---|---|---|---|---|---|
| 主控项目 | 1 | 滑模提升速度控制 | 滑模提升速度由试验确定，混凝土浇筑连续，不允许仓面混凝土出现初凝现象。脱模后无鼓胀及表面拉裂现象，外观光滑平整 | 观察、查阅施工记录 | 全部 |
| | 2 | 混凝土振捣 | 有序振捣均匀、密实 | 观察 | |
| | 3 | 施工缝处理 | 按设计要求处理 | 观察、量测 | |
| | 4 | 裂缝 | 无贯穿性裂缝，出现裂缝按设计要求处理 | 检查、进行统计描述裂缝情况的位置、深度、宽度、长度等 | |
| 一般项目 | 1 | 铺筑厚度 | 符合规范要求 | 量测 | 每 10 延米测 1 个点 |
| | 2 | 面板厚度 | 符合设计要求，允许偏差为－50～100mm | 测量 | |
| | 3 | 混凝土养护 | 符合规范要求 | 观察、查阅施工记录 | 全部 |

## 四、沥青混凝土工程施工质量控制

### （一）一般规定

（1）本节所指碾压式沥青混凝土心墙、沥青混凝土面板工程。

（2）沥青及其他混合料质量满足技术规范要求，沥青混凝土配合比应通过试验确定，碾压施工参数应通过现场碾压试验确定。

（3）每一区、段的铺筑层划分为一个单元工程。

（4）原材料及中间品质量符合规范及设计要求。

### （二）沥青混凝土心墙施工质量控制

（1）其工序分为基座结合面处理及沥青混凝土结合层面处理、模板制作与安装、沥青混凝土铺筑三个工序，其中沥青混凝土铺筑工序为主要工序。

（2）基座结合面处理及沥青混凝土结合层面处理施工质量标准见表2-63；模板制作及安装施工质量标准见表2-64；沥青混凝土的铺筑施工质量标准见表2-65。

### （三）沥青混凝土面板施工质量控制

（1）其工序分为整平胶结层（含排水层）、防渗层、封闭层、面板与刚性建筑物链接四个工序，其中整平胶结层（含排水层）、防渗层为主要工序。

（2）整平胶结层（含排水层）施工质量标准见表2-66；防渗层施工质量标准见表2-67；封闭层施工质量标准见表2-68；面板与刚性建筑物连接施工质量标准见表2-69。

**表2-63　　基座结合面处理及沥青混凝土结合层面处理施工质量标准**

| 项次 | | 检验项目 | 质量标准 | 检验方法 | 检验数量 |
|---|---|---|---|---|---|
| 主控项目 | 1 | 沥青涂料和沥青胶配料比 | 配料比准确，所用原材料符合国家相应标准 | 查阅配合比试验报告、原材料出厂合格证明 | 每种配合比至少抽检1组 |
| | 2 | 基座结合面处理 | 结合面干净、干燥、平整、粗糙，无浮皮、浮渣，无积水 | 观察、查阅施工记录 | 全数 |
| | 3 | 层面清理 | 层面干净、平整，无杂物，无水珠，返油均匀，层面下1cm处温度不低于70℃，且各点温差不大于20℃ | 观察、测量，查阅施工记录 | 每$10m^2$量测1个点，每单元温度测量点数不少于10个 |
| 一般项目 | 1 | 沥青涂料、沥青胶涂刷 | 涂刷厚度符合设计要求，均匀一致，与混凝土贴附牢靠，无鼓包，无流淌，表面平整光顺 | 观察、量测 | 每$10m^2$量测1个点，每验收单元不少于10个点 |
| | 2 | 心墙上下层施工间歇时间 | 不宜超过48h | 观察、查阅施工记录 | 全数 |

**表 2-64　　模板制作及安装施工质量标准**

| 项次 | | 检验项目 | 质量标准 | 检验方法 | 检验数量 |
|---|---|---|---|---|---|
| 主控项目 | 1 | 稳定性、刚度和强度 | 符合设计要求 | 对照文件或设计图纸检查 | 全部 |
| | 2 | 模板安装 | 符合设计要求，牢固、不变形、拼接严密 | 观察、查阅设计图纸 | 抽查同一类型同一规格模板数量的 10%，且不少于 3 件 |
| | 3 | 结构物边线与设计边线 | 符合设计要求，允许偏差为±15mm | 钢尺测量 | 模板面积在 $100m^2$ 以内，不少于 10 个点；$100m^2$ 以上，不少于 20 个点 |
| | 4 | 预留孔、洞尺寸及位置 | 位置准确，尺寸允许偏差为±10mm | 测量、核对图纸 | 抽查点数不少于总数的 30% |
| 一般项目 | 1 | 模板平整度：相邻两板面错台 | 允许偏差为 5mm | 尺量（靠尺）测或拉线检查 | 模板面积在 $100m^2$ 以内，不少于 10 个点；$100m^2$ 以上，不少于 20 个点 |
| | 2 | 局部平整度 | 允许偏差为 10mm | 按水平线（或垂直线）布置检测点，靠尺检查 | $100m^2$ 以上，不少于 10 个点；$100m^2$ 以内，不少于 5 个点 |
| | 3 | 板块间缝隙 | 允许偏差为 3mm | 尺量 | $100m^2$ 以上，检查 3～5 个点；$100m^2$ 以内，检查 1～3 个点 |
| | 4 | 结构物水平断面内部尺寸 | 符合设计要求，允许偏差为±20mm | 尺量或仪器测量 | $100m^2$ 以上，不少于 10 个点；$100m^2$ 以内，不少于 5 个点 |
| | 5 | 脱模剂涂刷 | 产品质量符合标准要求，涂抹均匀，无明显色差 | 查阅产品质检证明，目视检查 | 全部 |

**表 2-65　　沥青混凝土的铺筑施工质量标准**

| 项次 | | 检验项目 | 质量标准 | 检验方法 | 检验数量 |
|---|---|---|---|---|---|
| 主控项目 | 1 | 碾压参数 | 应符合碾压试验确定的参数值 | 测量温度、查阅试验报告、施工记录 | 每班 2～3 次 |
| | 2 | 铺筑宽度（沥青混凝土心墙厚度） | 符合设计要求，表面光洁，无污物；允许偏差为心墙厚度的 10% | 观察、尺量、查阅施工记录 | 每 10 延米检测一组，每组不少于 2 个点，每一验收单元不少于 10 组 |
| | 3 | 压实系数 | 质量符合标准要求，取值 1.2～1.35 | 量测 | 每 100～$150m^3$ 检验 1 组 |
| | 4 | 与刚性建筑物的连接 | 符合规范和设计要求 | 观察 | 全部 |

续表

| 项次 | | 检验项目 | 质量标准 | 检验方法 | 检验数量 |
|---|---|---|---|---|---|
| 一般项目 | 1 | 铺筑厚度 | 符合设计要求 | 观察、测量 | 每班2～3次 |
| | 2 | 铺筑速度（采用铺筑机） | 规格符合设计要求或1～3m/min | 观察、量测、查阅施工记录 | 每班2～3次 |
| | 3 | 碾压错距 | 符合规范和设计要求 | 观察、量测 | 全部 |
| | 4 | 特殊部位的碾压 | 符合规范和设计要求 | 观察、量测、查阅施工记录 | |
| | 5 | 施工接缝处及碾压带处理 | 符合规范和设计要求，重叠碾压10～15cm | 观察、量测 | |
| | 6 | 平整度 | 符合设计要求，或在2m范围内起伏高度差小于10mm | 观察、靠尺量测 | 每10延米测一组，每组不少于2个点 |
| | 7 | 降温或防冻措施 | 符合规范和设计要求 | 观察、量测 | 全部 |
| | 8 | 层间铺筑间隔时间 | 宜不小于12h | 观察、量测、查阅施工记录 | |

**表2-66　沥青混凝土面板整平胶结层（含排水层）施工质量标准**

| 项次 | | 检验项目 | 质量标准 | 检验方法 | 检验数量 |
|---|---|---|---|---|---|
| 主控项目 | 1 | 碾压参数 | 应符合碾压试验确定的参数值 | 测量温度、查阅试验报告、施工记录 | 每班2～3次 |
| | 2 | 整平层、排水层的铺筑 | 应在垫层（含防渗底层）质量验收后，并须待喷涂的乳化沥青（或稀释沥青）干燥后进行 | 查阅施工记录、验收报告 | 全部 |
| 一般项目 | 1 | 铺筑厚度 | 符合设计要求 | 观察、尺量、查阅施工记录 | 摊铺厚度每10m² 量测1个点，但每单元不少于20点 |
| | 2 | 层面平整度 | 符合设计要求 | 摊铺层面平整度用2m靠尺量测 | 每10m² 量测1个点，各点允许偏差不大于10mm |
| | 3 | 摊铺碾压温度 | 初碾压温度110～140℃，终碾压温度80～120℃ | 温度计量测 | 坝面每30～50m² 量测1个点 |

**表 2－67　　防渗层施工质量标准**

| 项次 | | 检验项目 | 质量标准 | 检验方法 | 检验数量 |
|---|---|---|---|---|---|
| 主控项目 | 1 | 碾压参数 | 符合碾压试验确定的参数值 | 测量温度、查阅试验报告、施工记录 | 每班 2～3 次 |
| | 2 | 防渗层的铺筑及层间处理 | 应在整平层质量检测合格后进行，上层防渗层的铺筑应在下层防渗层检测合格后进行；各铺筑层间的坡向或水平接缝应相互错开 | 查阅施工记录、验收报告 | 全数 |
| 一般项目 | 1 | 摊铺厚度 | 符合设计要求 | 观察、尺量，查阅施工记录 | 摊铺厚度每 $10m^2$ 量测 1 个点，但每验收单元不少于 10 个点 |
| | 2 | 层面平整度 | 符合设计要求 | 摊铺层面平整度用 2m 靠尺量测 | 每 $10m^2$ 量测 1 个点，各点允许偏差不大于 10mm |
| | 3 | 沥青混凝土防渗层表面 | 不应出现裂缝、流淌与鼓包 | 观察 | 全数 |
| | 4 | 铺筑层的接缝错距 | 上下层水平接缝错距 1.0m，允许偏差为 0～20cm；上下层条幅坡向接缝错距（以 $1/n$ 条幅宽计）允许偏差为 0～20cm（$n$ 为铺筑层数） | 观测、查阅检测记录 | 各项测点均不少于 10 个 |
| | 5 | 摊铺碾压温度 | 初碾压温度为 110～140℃，终碾压温度为 80～120℃ | 现场量测 | 坝面每 30～$50m^2$ 测 1 个点 |

**表 2－68　　封闭层施工质量标准**

| 项次 | | 检验项目 | 质量标准 | 检验方法 | 检验数量 |
|---|---|---|---|---|---|
| 主控项目 | 1 | 封闭层涂抹 | 应均匀一致，无脱层和流淌，涂抹量应在 2.5～3.5$kg/m^2$ 之间，或满足设计要求；涂抹量合格率不小于 85％ | 观察、查阅施工记录 | 每天至少观察并计算铺抹量 1 次，且全部检查铺抹过程 |
| 一般项目 | 1 | 沥青胶最低软化点 | 沥青胶最低软化点不应低于 85℃，试样合格率不小于 85％ | 查阅施工记录，取样量测 | 每 500～$1000m^2$ 的铺抹层至少取 1 个试样，1 天铺抹面积不足 $500m^2$ 的也取 1 个试样 |
| | 2 | 沥青胶的铺抹 | 应均匀一致，铺抹量应在 2.5～3.5$kg/m^2$ 之间，或满足设计要求；铺抹量合格率不小于 85％ | 观察、称量 | 每天至少观察并计算铺抹量 1 次，且全部检查铺抹过程 |
| | 3 | 沥青胶的施工温度 | 搅拌出料温度为（190±10）℃；铺抹温度不小于 170℃或满足设计要求 | 查阅施工记录、现场实测 | 搅拌出料温度，每盘（罐）出料时量测 1 次；铺抹温度每天至少实测 2 次 |

表 2－69　　面板与刚性建筑物连接施工质量标准

| 项次 | | 检验项目 | 质量标准 | 检验方法 | 检验数量 |
|---|---|---|---|---|---|
| 主控项目 | 1 | 楔形体的浇筑 | 施工前应进行现场铺筑试验以确定合理施工工艺，满足设计要求；保持接头部位无熔化、流淌及滑移现象 | 观察、查阅施工记录 | 全数 |
| | 2 | 防滑层与加强层的敷设 | 满足设计要求，接头部位无熔化、流淌及滑移现象 | 观察、查阅施工记录 | |
| | 3 | 铺筑沥青混凝土防渗层 | 在铺筑沥青混凝土防渗层时，应待滑动层与楔形体冷凝且质量合格后进行，满足设计要求 | 观察、查阅施工记录 | |
| 一般项目 | 1 | 橡胶沥青胶防滑层的敷设 | 应待喷涂乳化沥青完全干燥后进行，满足设计要求 | 观察、查阅施工记录 | 全数 |
| | 2 | 沥青砂浆楔形体浇筑温度 | (150±10)℃ | 检查施工记录和现场量测 | 每盘1次 |
| | 3 | 橡胶沥青胶防滑动层拌制温度 | (190±5)℃ | 检查施工记录和现场量测 | 每盘1次 |
| | 4 | 连接面的处理 | 施工前应进行现场铺筑试验，确定施工工艺，满足设计要求 | 观察、查阅施工工艺记录和施工记录 | 全数 |
| | 5 | 加强层 | 上下层接缝的搭接宽度，符合设计要求 | 检查施工记录和现场检测 | 测点不少于10个 |

# 单元四　水工碾压混凝土工程施工质量监控技术

## 一、碾压混凝土工程概述

碾压混凝土筑坝技术的基本特点是：使用硅酸盐水泥、火山灰质掺和料、水、外加剂、砂和分级控制的粗骨料拌制成无坍落度的干硬性混凝土，采用与土石坝施工相同的运输及铺筑设备，用振动碾分层压实。碾压混凝土坝既具有混凝土体积小、强度高、防渗性能好、坝身可溢流等特点，又具有土石坝施工程序简单、快速、经济、可使用大型通用机械的优点。

碾压混凝土坝大体分为两类：一类以日本“金包银”模式为代表的 RCD，采用中心部分为碾压混凝土填筑，外部用常态混凝土（一般为 2～3m 厚）防渗和保护；另一类为全碾压混凝土坝，称为 RCC，其结构简单，施工机械化强度高。

我国碾压混凝土筑坝技术已经非常成熟，达到世界先进及领先水平：①我国已建工程最多，在建及规划设计中的工程最多；②已建、在建的不少工程代表了国际最先进的水平。例如，沙牌水电站：坝高 132m，是目前世界上最高的碾压混凝土拱坝；立州水电站：坝高 132m，是世界级碾压混凝土双曲薄拱坝，坝顶宽 7m，坝底宽 26m；龙滩大坝：是目前最高的碾压混凝土坝，最大坝高 216.5m。

## 二、碾压混凝土的质量检查内容

### （一）原材料

（1）检查水泥的标号和品种是否符合有关规定，水泥是否有出厂合格证，复验报告，水泥的各项技术性能指标是否满足规定要求。

（2）检查细骨料（砂）的细度模数及其他质量指标是否符合有关规定。

（3）检查掺和料的料源是否充足，品质如何，抽查材质试验报告。

### （二）配合比

（1）检查碾压混凝土的配合比是否满足工程设计的各项指标及施工工艺要求。

（2）检查碾压混凝土配合比设计方案及其报告。

### （三）碾压混凝土拌和

（1）检查计量器具及其使用情况，抽查配料各种称量偏差是否在允许值范围内。

（2）检查碾压混凝土拌和质量，投料顺序和拌和时间是否由试验室确定。

### （四）碾压混凝土的运输

（1）检查运输能力及卸料条件是否满足工程施工要求。

（2）检查运输工具和运输道路是否满足运送碾压混凝土的要求。

### （五）碾压混凝土入仓

（1）检查碾压混凝土与基岩结合面的处理情况。

（2）检查碾压混凝土铺筑用的模板是否满足碾压混凝土施工的要求。

（3）检查入仓方式、平仓厚度是否符合有关规定，抽查碾压试验报告。

### （六）碾压

（1）检查碾压设备的规格、型号能否满足工程施工要求。

（2）碾压遍数和碾压方式是否达到碾压试验的要求。

（3）检查碾压后的混凝土容重指标是否符合有关规定。

### （七）缝面处理

（1）检查造缝是否符合有关规定。

（2）检查填缝材料及其处理方式是否符合规定要求。

（3）检查施工缝或冷缝层面处理是否符合要求。

### （八）变态混凝土浇筑

检查常态混凝土与碾压混凝土交接处处理是否满足规定要求。

### （九）养护与防护

（1）检查碾压混凝土养护是否符合要求。

（2）冬季施工时，要检查碾压混凝土的保温措施是否可靠。

### （十）其他

（1）检查水工碾压混凝土工程的几何尺寸和外观质量。

（2）水工碾压混凝土工程质量事故的调查与处理。

（3）重要隐蔽工程和关键部位单元工程的验收签证。

（4）外观质量评定。

（5）对单位工程和重要分部工程的质量等级进行核定。

## 三、碾压混凝土的质量控制要点

### （一）对原材料的质量控制要点

（1）碾压混凝土所采用的原材料品质应符合 DL/T 5112—2009《水工碾压混凝土施工规范》、DL/T 5100—2014《水工混凝土外加剂技术规程》、DL/T 5055—2007《水工混凝土掺用粉煤灰技术规范》的要求。

微课 2-4-1

碾压混凝土施工质量控制

（2）宜优先选用散装水泥。水泥的品种，宜选用硅酸盐水泥、普通硅酸盐水泥、中热硅酸盐水泥。水泥强度等级不宜低于 32.5，其品质应符合现行国家标准及部颁标准。

（3）碾压混凝土应选用质地坚硬、级配良好的细骨料。人工砂细度模数宜在 2.2～2.9 之间，天然砂细度模数宜在 2.0～3.0 之间。应严格控制超径颗粒含量。使用细度模数小于 2.0 的天然砂，应经过试验论证。

人工砂的石粉（$d \leqslant 0.16$mm 的颗粒）含量宜控制在 10%～22%之间，最佳石粉含量应通过试验确定。

天然砂的含泥量（$d < 0.08$mm 的颗粒）应不大于 5%。

（4）选择碾压混凝土粗骨料的级配及最大粒径时，应进行技术经济比较，一般情况下以 80mm 为宜。

（5）施工前应做好掺和料料源的调查研究和品质试验。

### （二）碾压混凝土拌和的质量控制要点

（1）拌和前应对搅拌设备的各种称量装置进行检定，达到称量精度后，方可投入使用。

（2）碾压混凝土应充分搅拌均匀，其投料顺序和拌和时间由现场试验选定。当采用倾翻自由式搅拌机时，拌和时间一般需比常态混凝土延长 1min 左右。

（3）搅拌楼应有快速测定细骨料含水量的装置。

（4）搅拌过程中应经常观察灰浆在搅拌机叶片上黏结情况，若黏结严重，应及时清理。

（5）卸料斗的出料口与运输工具之间的落差应尽量缩小，并不宜大于 2m。

### （三）铺筑前准备的质量控制要点

（1）碾压混凝土铺筑前，基岩面上应先浇筑一层常态混凝土。

（2）碾压混凝土铺筑用的模板，宜采用悬臂钢模板或其他便于振动碾作业的模板。

### （四）卸料与摊铺的质量控制要点

（1）碾压混凝土宜均衡、连续地铺筑。铺筑层的高度一般由混凝土的拌制及铺筑能力、温度控制、坝体分块形状和尺寸、细部结构等因素确定。

（2）当采用自卸汽车直接进仓卸料时，宜采用退浇法依次卸料；其摊铺方向一般与坝轴线方向垂直。

卸料堆旁出现的分离骨料，应用其他机械或人工将其均匀地摊铺到未碾压的混凝土面上。

(3) 严禁不合格的混凝土进入仓内；已进入的应作处理，直到施工监督人员认可后，方可继续进行混凝土铺筑。

(4) 碾压混凝土应采用薄层平仓法，平仓厚度宜控制在17～34cm范围，如经试验论证能保证质量，也可适当放宽。

(5) 混凝土应在卸料处就地摊铺开，用平仓机平仓并辅以少量人工拿掀将其摊平。平仓机操作手应按“少刮、浅推、快提、快下”的操作要领进行作业，并避免急转弯。

(6) 平仓方向的选择，主要以减少分离为原则，避免在行车路线之间造成沟槽。平整过的仓面应平整、无坑洼、高程一致。

(7) 碾压混凝土铺筑宜在日平均气温5～25℃条件下进行。

**(五) 碾压施工的质量控制要点**

(1) 适合于压实堆石的振动碾均可用于碾压混凝土。

(2) 在坝体迎水面3m范围内，碾压方向宜与水流方向垂直，其他范围不限。

(3) 碾压时，先无振碾压两遍，然后按要求的振动碾压遍数进行碾压；各碾压条带应重叠20cm左右。碾压遍数依振动压实设备的型号和尺寸、碾压层厚度以及混凝土的配合比，经现场试验确定，一般情况下有振碾压不少于8遍。

(4) 碾压过程中用表面型核子密度仪测得的容重值已达到规定指标时，则表明该部位的混凝土已充分压实，无须再增加压实遍数。

(5) 振动碾的行走速度宜采用1km/h左右；如经论证，也可适当提高。

(6) 混凝土拌和物从拌和到碾压完毕的历时以不超过两小时为宜。

(7) 碾压层的允许间隔时间（系指从下层拌和物出机时起到上层混凝土碾压完毕止）宜控制在混凝土的初凝时间以内。

(8) 建筑物边部的碾压混凝土，可采用小型振动碾或振动夯压实。

(9) 压实过程中应注意：

1) 当混凝土表面出现裂纹时，须在有振碾压后增加两遍无振碾压。

2) 当混凝土表面出现不规则、不均匀回弹或塑性迹象时，须检查拌和的均匀性以及运输和平仓过程中的分离程度，及时采取措施（包括修改配合比等）予以纠正。

**(六) 缝面处理的质量控制要点**

(1) 碾压混凝土坝施工一般不设纵缝，横缝可采用振动切缝机等造缝。

(2) 切缝一般采用“先切后碾”，也可“先碾后切”。填缝材料可用0.2mm厚的镀锌铁片或其他材料。

(3) 施工缝或冷缝层面必须进行刷毛或冲毛，以清除表面上的乳皮和松动骨料，再铺1.5cm厚、高于混凝土设计强度等级的砂浆或同强度等级的小骨料碾压混凝土后，方可摊铺新的混凝土。

(4) 刷毛或冲毛时间可依施工季节和混凝土强度等级等条件，通过试验确定。

(5) 冲毛或刷毛的质量标准以清除混凝土表面灰浆和露出石子为准。已处理好的施工缝或冷缝层面应保持洁净和湿润状态，不得有污染、干燥面和积水。

（6）因施工计划、降雨或其他原因而停止铺筑混凝土时，其施工接缝表面应做成斜坡，坡度以采用1∶4为宜。

（7）正在铺筑或铺筑完毕但未到终凝时间的仓面，应防止外来的水流入。

**（七）变态混凝土浇筑的质量控制要点**

微课 2-4-2
缝面处理与变态混凝土施工质量控制

（1）在靠近模板、廊道、止水设施和基岩面等处，一般采用常态混凝土。如在靠近模板、廊道处采用碾压混凝土，粗骨料的最大粒径不宜大于40mm。

（2）同一仓号内常态混凝土与碾压混凝土的浇筑顺序，可依施工条件而定；但两者必须连续地进行，相接部位的压实工作，必须在先浇的混凝土初凝前完成。

（3）常态混凝土与碾压混凝土的结合部位须认真处理，碾压混凝土如在上部，振动碾碾压范围超出碾压混凝土20cm；常态混凝土如在上部，振捣器斜振范围超出常态混凝土20cm。

**（八）养护和防护的质量控制要点**

（1）碾压混凝土的铺筑仓面宜保持湿润。

（2）碾压混凝土的养生期应比常态混凝土略长，对于永久暴露面一般应维持3周以上。对于水平施工层面应维持到上一层碾压混凝土开始铺筑为止。

（3）碾压混凝土冬季施工时，应采取保温措施。拆模时间适当延长。

## 四、碾压混凝土施工质量标准

**（一）一般规定**

（1）宜以一次连续填筑的段、块划分单元工程，每一段、块为一单元工程。

（2）其工序分为基础面及层面处理、模板安装、预埋件制作与安装、混凝土浇筑、成缝、外观质量检查六个工序，其中基础面及层面处理、模板安装、混凝土浇筑为主要工序。

（3）原材料和中间品质量符合规范要求，不符合要求的不应使用。不同批次原材料在工程不同部位使用应有记录。

**（二）施工质量标准**

（1）基础面及层面处理施工质量标准见表2-70。

**表2-70　　碾压混凝土基础面及层面处理施工质量标准**

| 项次 | | 检验项目 | 质　量　标　准 | 检验方法 | 检验数量 |
|---|---|---|---|---|---|
| 主控项目 | 1 | 施工层面凿毛 | 刷毛或冲毛，无乳皮，表面成毛面 | 观察 | 全仓 |
| 一般项目 | 1 | 施工层面清理 | 符合设计要求；清洗洁净，无积水，无积渣杂物 | 观察 | |

（2）模板制作及安装施工质量标准见表2-71。

（3）混凝土铺筑碾压施工质量标准见表2-72。

（4）变态混凝土施工质量标准见表2-73。

（5）碾压混凝土成缝施工质量标准见表2-74。

**表 2-71　　模板制作及安装施工质量标准**

<table>
<tr><th colspan="2">项次</th><th>检验项目</th><th colspan="2">质量标准</th><th>检验方法</th><th>检验数量</th></tr>
<tr><td rowspan="4">主控项目</td><td>1</td><td>稳定性、刚度和强度</td><td colspan="2">符合模板设计要求</td><td>对照文件和图纸检查</td><td>全部</td></tr>
<tr><td>2</td><td>结构物边线与设计边线</td><td colspan="2">钢模：允许偏差为10mm；<br>木模：允许偏差为15mm</td><td>量测</td><td rowspan="3">不少于5个点</td></tr>
<tr><td>3</td><td>结构物水平断面内部尺寸</td><td colspan="2">允许偏差为±20mm</td><td>量测</td></tr>
<tr><td>4</td><td>承重模板标高</td><td colspan="2">允许偏差为±5mm</td><td>量测</td></tr>
<tr><td rowspan="10">一般项目</td><td rowspan="2">1</td><td rowspan="2">模板平整度：相邻两板面错台</td><td>外露表面</td><td>钢模：允许偏差为2mm；<br>木模：允许偏差为3mm</td><td rowspan="2">按照水平方向布点2m靠尺量测</td><td rowspan="2">模板面积在100m²以内，不少于10个点；100m²以上，不少于20个点</td></tr>
<tr><td>隐蔽内面</td><td>允许偏差为5mm</td></tr>
<tr><td rowspan="2">2</td><td rowspan="2">局部不平整度</td><td>外露表面</td><td>钢模：允许偏差为2mm；<br>木模：允许偏差为5mm</td><td rowspan="2">2m靠尺量测</td><td rowspan="4">不少于5个点</td></tr>
<tr><td>隐蔽内面</td><td>允许偏差为10mm</td></tr>
<tr><td rowspan="2">3</td><td rowspan="2">板面缝隙</td><td>外露表面</td><td>钢模：允许偏差为1mm；<br>木模：允许偏差为2mm</td><td rowspan="2">量测</td></tr>
<tr><td>隐蔽内面</td><td>允许偏差为2mm</td></tr>
<tr><td>4</td><td>模板外观</td><td colspan="2">规格符合设计要求；表面光洁，无污物</td><td>查阅图纸及目视检查</td><td>定型钢模板应抽查同一类型，同一规格模板的10%，且不少于3件，其他逐件检查</td></tr>
<tr><td>5</td><td>预留孔、洞尺寸边线</td><td colspan="2">钢模：允许偏差为±10mm；<br>木模：允许偏差为±15mm</td><td>查阅图纸、测量</td><td>全数</td></tr>
<tr><td>6</td><td>6留孔、洞中心位置</td><td colspan="2">允许偏差为±10mm</td><td>查阅图纸、测量</td><td>全数</td></tr>
<tr><td>7</td><td>脱模剂</td><td colspan="2">质量符合标准要求，涂抹均匀</td><td>观察</td><td>全部</td></tr>
</table>

**注**　外露表面、隐蔽内面系指相应模板的混凝土结构物表面最终所处的位置。

**表 2-72　　混凝土铺筑碾压施工质量标准**

| 项次 | | 检验项目 | 质量标准 | 检验方法 | 检验数量 |
|---|---|---|---|---|---|
| 主控项目 | 1 | 碾压参数 | 应符合碾压试验确定的参数值 | 查阅试验报告、施工记录 | 每班至少检查2次 |
| | 2 | 运输、卸料、平仓和碾压 | 符合设计要求，卸料高度不大于1.5m；迎水面防渗范围平仓与碾压方向不允许与坝轴线垂直，摊铺至碾压间隔时间不宜超过2h | 观察、记录间隔时间 | 全部 |
| | 3 | 层间允许间隔时间 | 符合允许间隔时间要求 | 观察、记录间隔时间 | |
| | 4 | 控制碾压厚度 | 满足碾压试验参数要求 | 使用插尺、直尺量测 | 每个仓号均检测2～3个点 |
| | 5 | 混凝土压实密度 | 符合规范或设计要求 | 密度检测仪测试混凝土岩芯试验（必要时） | 每100～200m$^2$碾压层测试1次，每层至少有3个点 |
| 一般项目 | 1 | 碾压条带边缘的处理 | 搭接20～30cm宽度与下一条同时碾压 | 观察、量测 | 每个仓号均检测1～2个点 |
| | 2 | 碾压搭接宽度 | 条带间搭接10～20cm；端头部位搭接不少于100cm | 观察 | 每个仓号抽查1～2个点 |
| | 3 | 碾压层表面 | 不允许出现骨料分离 | 观察 | 全部 |
| | 4 | 混凝土养护 | 仓面保持湿润，养护时间符合要求，仓面养护到上层碾压混凝土铺筑为止 | 观察 | |

**表 2-73　　变态混凝土施工质量标准**

| 项次 | | 检验项目 | 质量标准 | 检验方法 | 检验数量 |
|---|---|---|---|---|---|
| 主控项目 | 1 | 灰浆拌制 | 由水泥与粉煤灰并掺用外加剂拌制，水胶比宜不大于碾压混凝土的水胶比，保持浆体均匀 | 查阅试验报告、施工记录或比重计量测 | 全部 |
| | 2 | 灰浆铺洒 | 加浆量满足设计要求，铺洒方式符合设计及规范要求，间歇时间低于规定时间 | 观察、记录间隔时间 | |
| | 3 | 振捣 | 符合规定要求，间隔时间符合规定标准 | 浇筑过程中全部检查 | |
| 一般项目 | 1 | 与碾压混凝土振碾搭接宽度 | 应大于20cm | 观察 | 每个仓号抽查1～2个点 |
| | 2 | 铺层厚度 | 符合设计要求 | 量测 | 全部 |
| | 3 | 施工层面 | 无积水，不允许出现骨料分离；特殊地区施工时空气温度应满足施工层面需要 | 观察 | |

表 2-74 碾压混凝土成缝施工质量标准

| 项次 | | 检验项目 | 质量标准 | 检验方法 | 检验数量 |
|---|---|---|---|---|---|
| 主控项目 | 1 | 缝面位置 | 应满足设计要求 | 观察、量测 | 全部 |
| | 2 | 结构型式及填充材料 | 应满足设计要求 | 观察 | |
| | 3 | 有重要灌浆要求横缝 | 制作与安装应满足设计要求 | 观察、量测 | |
| 一般项目 | 1 | 切缝工艺 | 应满足设计要求 | 量测 | |
| | 2 | 成缝面积 | 应满足设计要求 | 量测 | |

# 单元五 灌浆工程施工质量监控技术

## 一、灌浆原材料及浆液的质量控制

### （一）原材料的质量控制

灌浆材料主要可分为两类：一类是固体颗粒的灌浆材料，如水泥、黏土、砂等；另一类是化学灌浆浆材，如环氧树脂、聚氨酯、甲凝等。

*1. 灌浆用水泥的质量要求*

水泥是固粒灌浆材料中最主要和应用最广泛的灌浆材料。

水泥的品种很多，灌浆工程所采用水泥的品种应根据灌浆目的、基岩地质条件以及环境水的侵蚀作用等因素确定，SL/T 62—2020《水工建筑物水泥灌浆施工技术规范》中规定："一般情况下，应采用硅酸盐水泥、普通硅酸盐水泥或复合硅酸盐水泥。当有抗侵蚀或其他要求时，应采用特种水泥"，"使用矿渣硅酸盐水泥或火山灰质硅酸盐水泥灌浆时，灌浆浆液水灰比不宜大于 1∶1（质量比）"。

灌浆用水泥应为新鲜水泥，受潮结块的禁止使用。灌浆用水泥的品质应符合 GB 175—2017《通用硅酸盐水泥》或采用的其他水泥标准，回填灌浆、固结灌浆、帷幕灌浆所用水泥的强度等级为 32.5 或以上，坝体接缝灌浆、各类接触灌浆所用水泥的强度等级为 42.5 或以上，帷幕灌浆、坝体接缝灌浆和各类接触灌浆所用水泥的细度要求为通过 80μm 方孔筛的筛余量不应大于 5%。对小于 0.2mm 宽度的细微裂隙，用一般水泥灌浆是没有显著效果的，这一论点已为实践所证明。这是由于水泥颗粒受到了裂隙宽度限制的缘故。在这种情况下，进行水泥灌浆，则应采用磨细水泥或超细水泥，即将普通水泥通过各种方法研磨成颗粒更细的水泥。磨细水泥的最大粒径 $D_{max}$ 在 35μm 以下，平均粒径 $D_{50}$ 为 6～10μm。超细水泥 $D_{max}$ 在 12μm 以下，$D_{50}$ 为 3～6μm。

*2. 灌浆用砂的质量要求*

在灌注大裂隙和溶洞时，为了避免浆液过大的扩散流失和节省水泥，在浆液中常加入砂，制成水泥砂浆或水泥黏土砂浆。砂应为质地坚硬的天然砂或人工砂。砂的粒度，也就是砂的粗细程度，对制成的浆液的性能有很大影响。选用砂的粒度主要应根据灌注岩石中裂隙的宽度、空洞的大小、要求浆液的性能、灌注条件以及灌浆目的等而定。一般要求灌浆用的砂的粒径不大于1.5mm。

3. 粉煤灰的质量要求

粉煤灰为在煤粉炉中燃烧煤时从烟道气体中收集到的细颗粒粉末。

依照DL/T 5055—2007《水工混凝土掺用粉煤灰技术规范》的规定，粉煤灰按其品质分为Ⅰ、Ⅱ、Ⅲ三个等级。

灌浆用粉煤灰等级应根据灌浆目的和对浆液的要求而定，一般宜采用Ⅰ级或Ⅱ级。水泥粉煤灰浆中使用的粉煤灰的细度应小于水泥的细度。

4. 黏土和膨润土的质量要求

为了改善浆液性能和节约水泥，在帷幕灌浆，特别是在砂砾石地基帷幕灌浆的浆液中，常常加入黏土和膨润土。

(1) 黏土。黏土类型有高岭黏土、蒙脱黏土、伊利黏土。由于受灌岩层地质条件的不同，对黏土性能指标的要求也应因之而异，SL/T 62—2020《水工建筑物水泥灌浆施工技术规范》中规定：塑性指数大于17；黏粒含量不小于25%；含砂量不大于5%；有机物含量不大于3%。

(2) 膨润土。膨润土作为水泥浆中的外加剂，可以提高浆液稳定性、触变性、降低析水性。作为水泥黏土浆中的掺合料，不仅可以大大改善浆液性能，而且因其是干料，配浆工艺也简便多了。在1988年左右，我国在基岩灌浆工程中开始在水泥浆液中掺入适量膨润土。灌浆所用膨润土可采用二级膨润土，一般采用润胀后加入。作为附加剂用的膨润土，颗粒越细越好，一般黏粒含量宜在40%以上，塑性指数宜在40以上。一般灌浆工程配制水泥黏土浆用的黏土，往往可以在工程所在地或其附近找到，但优质的膨润土却不是各处都有的。我国辽宁省黑山县、吉林省九台县和山东省黄县、威县、潍坊等地均制备有膨润土成品材料，细度74μm筛筛余量小于5%，小于0.002mm的黏粒含量在40%以上，液限大多在100左右或更大些，塑性指数为30～50。

5. 水的质量要求

制浆的用水，其品质符合拌制混凝土用水的要求即可。通常供作饮用的自来水及清洁不浊且无显著酸性反应的天然水，均可作为制浆用水。

6. 外加剂的质量要求

(1) 速凝剂。速凝剂可以加速水泥水化作用的发生，缩短产生水化热时间，增进早期强度。在灌浆工程中，当需要水泥浆早期很快凝结时，可视具体情况，在浆液中掺加一定量的速凝剂。适宜的掺量，应通过试验确定。

在水泥浆中，一般常用的速凝剂有氯化钙、硫酸钠、水玻璃（硅酸钠）等或使用硫铝酸盐水泥。

(2) 减水剂。减水剂是一种亲水性表面活性的化学剂，其主要作用是可以改善浆体的流动性和分散性。SL/T 62—2020《水工建筑物水泥灌浆施工技术规范》中明确规定拌制细水泥浆和稳定浆液应加入减水剂和采用高速搅拌机。诸多浆液的室内试验资料和工地施工实践表明，减水剂对改善浆液性能确实起到了很好的作用。在灌浆施工中常用的有萘磺酸盐（萘系高效减水剂）、木质素磺酸盐类和聚羧酸类高效减水剂。

常用的高效减水剂有：天津市雍阳减水剂厂生产的NF和UNF减水剂，大连第二有机化工厂生产的NF减水剂，淮南矿务局合成材料厂生产的熊猫牌NF减水剂等。木质素磺酸盐常用的是木质素磺酸钙，简称木钙。

（3）稳定剂。经常用的是膨润土及其他高塑性黏土。

根据对浆液的要求和需要，有时还常掺入其他一些外加剂。应注意的是所有外加剂凡能溶于水的均应以水溶液状态加入。

### （二）浆液的质量控制

（1）浆液的选择。基岩帷幕灌浆、基岩固结灌浆、隧洞灌浆、混凝土坝接封灌浆和岸坡接缝灌浆宜使用普通水泥浆液，特殊地质条件或特殊要求时，根据需要通过现场试验论证可选用其他特殊浆液。

（2）应定期在施工现场进行温度、密度、析水率和漏斗黏度等性能检测，发现浆液性能偏离规定指标较大时，应查明原因，及时处理。

## 二、岩石地基固结灌浆控制要点

固结灌浆是对水工建筑物基础浅层破碎、多裂隙的岩石进行灌浆处理，改善其力学性能，提高岩石弹性模量和抗压强度。它是一种比较常用的基础处理方法，在水利水电工程施工中应用广泛。

### （一）主要技术要求

（1）固结灌浆宜在有盖重混凝土的条件下进行。对于混凝土坝，盖重混凝土厚度可为1.5m以上，盖重混凝土应达到50%设计强度后方可进行钻灌。

（2）固结灌浆孔可采用风钻或其他型钻机造孔，灌浆孔孔径不宜小于56mm，孔位与设计偏差不大于10cm、孔向和孔深均应满足设计要求。

（3）固结灌浆应按分序加密的原则进行。同一区段或同一坝块内，周边孔应先行施工，其余部位灌浆孔排与排之间或同一排孔与孔之间，可分为二序施工，也可只分排序不分孔序或只分孔序不分排序。

（4）灌浆孔或灌浆段钻进完成后，应使用大水流或压缩空气冲洗钻孔，清除孔内岩粉、渣屑，冲洗后孔底残留物厚度不应大于20cm。

（5）固结灌浆孔基岩段长小于6m时，可全孔一次灌浆，大于6m时宜分段灌注。各灌浆段长度可采用5～6m，特殊情况下可适当缩短或加长，但不应大于10m。

（6）灌浆孔或灌浆段在灌浆前应采用压力水进行裂隙冲洗，冲洗压力采用灌浆压力的80%并不大于1MPa，冲洗时间为20min或至回水清净时止。串通孔冲洗方法与时间应按设计要求执行。地质条件复杂以及对裂隙冲洗有特殊要求时，冲洗方法应通过现场灌浆试验确定。

（7）固结灌浆可采用纯压式或循环式，当采用循环式灌浆时，射浆管出口与孔底距离不应大于50cm。

（8）灌浆孔宜单孔灌注，对相互串通的灌浆孔可并联灌注，并联孔数不应多于3个，软弱地质结构面和结构敏感部位，不宜进行多孔并联灌浆。

（9）灌浆压力应根据地质条件、工程要求和施工条件确定，当采用分段灌浆时，宜先进行接触段灌浆，灌浆塞宜深入基岩30～50cm，灌浆压力不宜大于0.3MPa，以下各段灌浆时，灌浆塞宜安设在受灌段顶以上50cm处，灌浆压力可适当增大，灌浆压力宜分级升高，应严格按注入率大小控制灌浆压力，防止混凝土面或基岩面抬动。

(10) 各灌浆段灌浆的结束条件应根据地质条件和工程要求确定。在灌浆段在最大设计压力下，注入率不大于1L/min后，继续灌注30min，可结束灌浆。

(11) 固结灌浆孔各灌浆段灌浆结束后可不待凝，但在灌浆前涌水、灌后返浆，或遇其他复杂地质条件时，则应待凝，待凝时间可为12～24h。

(12) 灌浆孔灌浆结束后，可采用导管注浆法封孔，孔口涌水的灌浆孔应采用全孔灌浆法封孔。

### (二) 固结灌浆质量检查

(1) 固结灌浆工程的质量检查宜采用检测岩体弹性波波速的方法，检测可在灌浆结束14d后进行。检查孔的数量和布置、岩体波速提高的程度应按设计规定执行。检测的仪器和方法应符合SL 326—2018《水利水电工程物探规程》的要求。

(2) 固结灌浆工程的质量检查也可采用钻孔压水试验的方法，检测时间可在灌浆结束7d后进行。检查孔的数量不宜少于灌浆孔总数的5%。压水试验应用单点法。工程质量合格标准为：单元工程内检查孔各段的合格率应达85%以上，不合格孔段的透水率值不超过设计规定值的150%，且不集中。

(3) 声波测试孔、压水试验检查孔完成检测工作后，应按进行灌浆和封孔，对检查不合格的孔段，应根据工程要求和不合格程度确定是否需对相邻部位进行补充灌浆和检查。

### (三) 岩石地基固结灌浆单元工程质量评定

(1) 单元工程划分：宜按混凝土浇筑块（段）划分，或按施工分区划分为一个单元工程。

(2) 其工序包括钻孔（包括冲洗）、灌浆（包括封孔）两个工序，其中灌浆为主要工序。

(3) 岩石地基固结灌浆单孔施工质量标准见表2-75。

微课
2-5-1
灌浆工程施工质量控制

**表2-75　　岩石地基固结灌浆单孔施工质量标准**

| 工序 | 项次 | | 检验项目 | 质量要求 | 检验方法 | 检验数量 |
|---|---|---|---|---|---|---|
| 钻孔 | 主控项目 | 1 | 孔深 | 不小于设计孔深 | 测绳或钢尺侧钻杆、钻具 | 逐孔 |
| | | 2 | 孔序 | 符合设计要求 | 现场查看 | |
| | | 3 | 施工记录 | 齐全、准确、清晰 | 查看 | 抽查 |
| | 一般项目 | 1 | 终孔孔径 | 符合设计要求 | 卡尺或钢尺测量钻头 | 逐孔 |
| | | 2 | 孔位偏差 | 符合设计要求 | 现场钢尺量测 | |
| | | 3 | 钻孔冲洗 | 沉积厚度小于200mm | 测绳量测 | |
| | | 4 | 裂隙冲洗和压水试验 | 回水变清或符合设计要求 | 目测或计时 | |

续表

| 工序 | 项次 | | 检验项目 | 质量要求 | 检验方法 | 检验数量 |
|---|---|---|---|---|---|---|
| 灌浆 | 主控项目 | 1 | 压力 | 符合设计要求 | 记录仪或压力表检测 | 逐孔 |
| | | 2 | 浆液及变换 | 符合设计要求 | 比重秤或重量配比等检测 | |
| | | 3 | 结束标准 | 符合设计要求 | 体积法或记录仪检测 | |
| | | 4 | 抬动观测值 | 符合设计要求 | 千分表等量测 | |
| | | 5 | 施工记录 | 齐全、准确、清晰 | 查看 | 抽查 |
| | 一般项目 | 1 | 特殊情况处理 | 处理后符合设计要求 | 现场查看、记录检查分析 | 逐项 |
| | | 2 | 封孔 | 符合设计要求 | 现场查看 | 逐孔 |

**注** 本质量标准适用于全孔一次灌浆，分段灌浆可按表2-77执行。

(4) 单孔施工质量验收评定规定：工序质量验收评定全部合格，该孔评定合格；工序质量验收评定全部合格，其中灌浆工序达到优良，该孔评定为优良。

(5) 单元工程施工质量验收评定规定：在单元工程固结灌浆效果检查符合设计和规范要求的前提下，灌浆孔100%合格，优良率小于70%时，该单元工程评定为合格；在单元工程固结灌浆效果检查符合设计和规范要求的前提下，灌浆孔100%合格，优良率不小于70%时，该单元工程评定为优良。

## 三、岩石地基帷幕灌浆质量控制

### (一) 岩石地基帷幕灌浆的一般规定

(1) 水库蓄水前，应完成蓄水初期最低库水位以下的帷幕灌浆并检查合格，水库蓄水或阶段蓄水过程中，应完成相应蓄水位以下的帷幕灌浆并检查合格。

(2) 帷幕灌浆应按分序加密的原则进行，由三排孔组成的帷幕，应先灌注下游排孔，再灌注上游排孔，后灌注中间排孔，每排孔可分为二序，由两排孔组成的帷幕应先灌注下游排孔，后灌注上游排孔，每排孔可分为二序或三序，单排孔帷幕就分为三序灌浆。

(3) 在帷幕的先灌排或主帷幕孔中宜布置先导孔，先导孔应在一序孔中先取，其间距宜为16～24m，或按该排孔数的10%布置，岩溶发育区、岸坡卸荷区等地层性状突变部位先导孔宜适当加密。

(4) 采用自上而下分段灌浆法或孔口封闭灌浆法进行帷幕灌浆时，同一排相邻的两次序孔之间，以及后序排的第一次序孔与其相邻部位前序排的最后次序孔之间，在岩石中钻孔灌浆的高差不应小于15m；采用自下而上分段灌浆法进行帷幕灌浆时，相邻的前序孔灌浆封孔结束后，后序孔方可进行钻进，但24h内不应进行裂隙冲洗与压水试验。

(5) 混凝土防渗墙下基岩帷幕灌浆宜采用自上而下分段灌浆法，也可采用自下而上分段灌浆法，不宜直接利用墙体内预埋灌浆管作为孔口管进行孔口封闭法灌浆。

(6) 帷幕后的排水孔和扬压力观测孔应在相应部位的帷幕灌浆完成并检查合格后，方可钻进。

(7) 工程必要时，应安设抬动监测装置，在灌浆过程中连续进行观测并记录，抬动变形值应在设计允许范围内。

**(二) 帷幕灌浆钻孔的质量控制**

(1) 帷幕灌浆孔的钻孔方法应根据地质条件、灌浆方法与钻孔要求而定，当采用自上而下灌浆法、孔口封闭灌浆法时，宜采用回转式钻机和金刚石或硬质合金钻头钻进；当采用自下而上灌浆法时，可采用回转式钻机或冲击回转式钻机钻进。

(2) 灌浆孔位与设计孔位的偏差不应大于10cm，孔深不应小于设计孔深，实际孔位、孔深应有记录。

(3) 帷幕灌浆中各类钻孔的孔径应根据地质条件、钻孔深度、钻孔方法、钻孔要求和灌浆方法确定。灌浆孔以较小直径为宜，但终孔孔径不宜小于56mm；先导孔、质量检查孔孔径应满足获取岩芯和进行测试的要求。

(4) 帷幕灌浆钻孔必须保证孔向准确。钻机安装必须平正稳固；钻孔宜埋设孔口管；钻机立轴和孔口管的方向必须与设计孔向一致；钻进应采用较长的粗径钻具并适当地控制钻进压力。

(5) 帷幕灌浆孔应进行孔斜测量，发现偏斜超过要求应及时纠正或采取补救措施。

(6) 垂直的或顶角小于5°的帷幕灌浆孔，其孔底的最大允许偏差值不得大于表2-76中的规定。

**表2-76　钻孔孔底最大允许偏差值**

| 孔深/m | 20 | 30 | 40 | 50 | 60 | 80 | 100 |
|---|---|---|---|---|---|---|---|
| 允许偏差/m | 0.25 | 0.50 | 0.80 | 1.15 | 1.5 | 2.00 | 2.50 |

(7) 对于顶角大于5°的斜孔，孔底允许偏差可适当放宽，方位角的偏差值不应大于5°，孔深大于100m时，孔底允许偏差值应根据工程实际情况确定。钻进过程中，应重点控制孔深20m以内的偏差。

(8) 当施工作业暂时中止时，孔口应妥善加以保护，防止流进水和落入异物。

(9) 钻孔过程应进行记录，遇岩层、岩性变化，发生掉钻、卡钻、塌孔、掉块、钻速变化、回水变色、失水、涌水等异常情况时，应详细记录。

**(三) 钻孔冲洗、裂隙冲洗和压水试验要求**

(1) 灌浆孔或灌浆段及其他各类钻孔（段）钻进结束后，应及时进行钻孔冲洗，钻孔冲洗一般采用大流量水流冲洗，孔（段）底残留物厚度不应大于20cm，遇页岩、黏土岩等遇水易软化的岩石时，可视情况采用压缩空气或泥浆进行钻孔冲洗。

(2) 采用自上而下分段灌浆法和孔口封闭法进行帷幕灌浆时，各灌浆段在灌浆前应进行裂隙冲洗。裂隙冲洗宜采用压力水洗，冲洗压力可为灌浆压力的80%，并不大于1MPa，冲洗时间至回水澄清时止或不大于20min。当采用自下而上分段灌浆法时，可在灌浆前对全孔进行一次裂隙冲洗。

(3) 帷幕灌浆先导孔、质量检查孔应自上而下分段进行压水试验，压水试验宜采用单点法，简易压水试验可与裂隙冲洗结合进行。采用自下而上分段灌浆法时，灌浆前可进行全孔一段简易压水试验和孔底段简易压水试验。

（4）岩溶、断层、大型破碎带、软弱夹层等地质条件复杂地区，以及设计有专门要求地段的裂隙冲洗，应通过现场试验确定或按设计要求执行，对遇水后性能易恶化的地层，可不进行裂隙冲洗，且宜少做或不做压水试验。

**（四）灌浆方法和灌浆方式**

（1）根据不同的地质条件和工程要求帷幕灌浆可选用自上而下分段灌浆法、自下而上分段灌浆法、综合灌浆法及孔口封闭灌浆法。

（2）根据地质条件、灌注浆液和灌浆方法的不同，应相应选用循环式灌浆或纯压式灌浆。当采用循环式灌浆法时，射浆管应下至距孔底不大于50cm。

（3）帷幕灌浆段长宜为5～6m，具备一定条件时可适当加长，但最长不应大于10m，岩体破碎、孔壁不稳时灌浆段缩短。混凝土结构和基岩接触处的灌浆段（接触段）段长1～3m。

（4）采用自上而下分段灌浆法时，第一段（接触段）灌浆的灌浆塞宜跨越混凝土与基岩接触面安放；以下各段灌浆塞应阻塞在灌浆段段顶以上50cm处，防止漏灌。

（5）采用自下而上分段灌浆法时，如灌浆段的长度因故超过10m，对该段灌浆质量应进行分析，必要时宜采取补救措施。

（6）混凝土与基岩接触段应先行单独灌注并待凝，待凝时间不宜少于24h，其余灌浆段灌浆结束后可不待凝，但灌浆前孔口涌水、灌浆后返浆等地质条件复杂情况下应待凝，待凝时间应根据工程具体情况确定。

（7）先导孔各孔段宜在进行压水试验后及时进行灌浆，也可在全孔压水试验完成后自下而上分段灌浆。

（8）不论灌前透水率大小，各灌浆段均应按技术要求进行灌浆。

**（五）灌浆压力和浆液变换**

（1）灌浆压力应根据工程等级、灌浆部位的地质条件、承受水头等情况进行分析计算并结合工程类比拟定。重要工程的灌浆压力应通过现场灌浆试验论证。施工过程中，灌浆压力可根据具体情况进行调整。灌浆压力的改变应征得设计同意。

（2）采用循环式灌浆时，灌浆压力表或记录仪的压力变送器应安装在灌浆孔孔口处回浆管路上；采用纯压式灌浆时，压力表或压力变送器应安装在孔口处进浆管路上。压力表或压力变送器与灌浆孔孔口间的管路长度不宜大于5m。灌浆压力应保持平稳，宜测读压力波动的平均值，最大值也应予以记录。

（3）根据工程情况和地质条件，灌浆压力的提升可采用分级升压法或一次升压法。升压过程中应保持灌浆压力与注入率相适应，防止发生抬动变形破坏。

（4）普通水泥浆液水灰比可采用5∶1、3∶1、2∶1、1∶1、0.7∶1、0.5∶1六级，细水泥浆液水灰比可采用3∶1、2∶1、1∶1、0.5∶1四级，灌注时由稀至浓逐级变换。开灌水灰比根据各工程地质情况和灌浆要求确定，采用循环式灌浆时，普通水泥浆可采用水灰比5∶1，细水泥浆可采用3∶1；采用纯压式灌浆时，开灌水灰比可采用2∶1或单一比级的稳定浆液。

（5）特殊地质条件下（如洞穴、宽大裂缝、松散软弱地层等）经试验验证后，可采用稳定浆液、膏状浆液进行灌注。其浆液的成分、配比以及灌注方法应通过室内浆材试验和现场灌浆试验确定。

（6）当采用多级水灰比浆液灌注时，浆液变换应符合下列原则：

1）当灌浆压力保持不变，注入率持续减少时，或注入率不变而压力持续升高时，不应改变水灰比。

2）当某级浆液注入量已达300L以上时，或灌浆时间已达30min时，而灌浆压力和注入率均无改变或改变不显著时，应改浓一级水灰比。

3）当注入率大于30L/min时，可根据具体情况越级变浓。

（7）灌浆过程中，灌浆压力或注入率突然改变较大时，应立即查明原因，采取相应的措施处理。

（8）灌浆过程的控制也可采用灌浆强度值（GIN）等方法进行，其最大灌浆压力、最大单位注入量、灌浆强度指数、浆液配比、灌浆过程控制和灌浆结束条件等，应经过试验确定。

**（六）特殊情况处理**

（1）帷幕灌浆孔终孔段的透水率或单位注入量大于设计规定时，其灌浆孔宜继续加深。

（2）灌浆过程中发现冒浆、漏浆时，应根据具体情况采用嵌缝、表面封堵、低压、浓浆、限流、限量、间歇、待凝、复灌等方法进行处理。

（3）灌浆过程中发生串浆时，应阻塞串浆孔，待灌浆孔灌浆结束后，再对串浆孔进行扫孔、冲洗、灌浆。如注入率不大，且串浆孔具备灌浆条件，也可一泵一孔同时灌浆。

（4）灌浆必须连续进行，若因故中断，应按下列原则处理：

1）应尽快恢复灌浆。如无条件在短时间内恢复灌浆时，应立即冲洗钻孔，再恢复灌浆。若无法冲洗或冲洗无效，则应进行扫孔，再恢复灌浆。

2）恢复灌浆时，应使用开灌比级的水泥浆进行灌注。如注入率与中断前相近，即可采用中断前水泥浆的比级继续灌注；如注入率较中断前减少较多，应逐级加浓浆液继续灌注；如注入率较中断前减少很多，且在短时间内停止吸浆，应采取补救措施。

（5）孔口有涌水的灌浆孔段，灌浆前应测记涌水压力和涌水量，根据涌水情况，可选用下列措施综合处理：

1）自上而下分段灌浆。

2）缩短灌浆段长。

3）提高灌浆压力。

4）改用纯压式灌浆。

5）灌注浓浆。

6）灌注速凝浆液。

7）屏浆。

8）闭浆。

9）待凝。

10）复灌。

（6）灌浆段注入量大而难以结束时，应首先结合地勘或先导孔资料查明原因，根据具体情况，可选用以下措施处理：

1）低压，浓浆，限流，限量，间歇灌浆。

2）灌注速凝浆液。

3）灌注混合浆液或膏状浆液。

（7）对溶洞灌浆，应查明溶洞规模、发育规律、充填类型、充填程度和渗流情况，采取相应措施处理：

1）溶洞内无充填物时，根据溶洞大小和地下水活动程度，可泵入高流态混凝土或水泥砂浆，或投入级配骨料再灌注水泥砂浆、混合浆液、膏状浆液，或送行模袋灌浆等。

2）溶洞内有充填物时，根据充填物类型、特征以及充填程度，可采用高压灌浆、离压旋喷灌浆等措施。

（8）灌浆过程中如回浆失水变浓，可选用下列措施处理：

1）适当加大灌浆压力。

2）采用分段阻塞循环式灌注。

3）换用相同水灰比的新浆灌注。

4）加密灌浆孔。

5）若回浆变浓现象普遍，上述处理措施效果不明显，应研究改用细水泥浆、水泥膨润土浆或化学浆液灌注。

（9）灌浆过程中，为避免射浆管被水泥浆凝铸在钻孔中，可选用下列措施处理：

1）如灌浆已进入结束条件的持续阶段，并仍为浓浆灌注时，可改用水灰比为 2 或 1 的较稀浆液灌注。

2）条件允许时，改为纯压式灌浆。

3）如射浆管已出现被凝住的征兆，应立即放开回浆阀门，强力冲洗钻孔，并尽快提升钻杆。

（10）灌浆孔段遇特殊情况，无论采用何种措施处理，均应进行扫孔后复灌，复灌后应达到规定的结束条件。

### （七）灌浆结束与封孔

（1）各灌浆段灌浆的结束条件应根据地层和地下水条件、浆液性能、灌浆压力、浆液注入量和灌浆段长度等综合确定。应符合下列原则：

1）当灌浆段在最大设计压力下，注入率不大于 1L/min 后，继续灌注 30min，可结束灌浆。

2）当地质条件复杂、地下水流速大、注入量较大、灌浆压力较低时，持续灌注的时间应适当延长。

（2）全孔灌浆结束后，应以水灰比为 0.5 的新鲜普通水泥浆液置换孔内稀浆或积水，采用全孔灌浆封孔法封孔。封孔灌浆压力：采用自上而下分段灌浆法和自下而上分段灌浆法时，可采用全孔段平均灌浆压力或 2MPa；采用孔口封闭法时，可采用该孔最大灌浆压力。封孔灌浆时间可为1h。

### （八）帷幕灌浆工程质量检查

（1）帷幕灌浆工程质量的评价应以检查孔压水试验成果为主要依据，结合施工成果资料和其他检验测试资料，进行综合分析确定。

（2）帷幕灌浆检查孔应在分析施工资料的基础上在下列部位布置：

1）帷幕中心线上。

2）基岩破碎、断层与裂隙发育、强岩溶等地质条件复杂的部位。

3）末序孔注入量大的孔段附近。

4）钻孔偏斜过大、灌浆过程不正常等经资料分析认为可能对帷幕质量有影响的部位。

5）防渗要求高的重点部位。

（3）帷幕灌浆检查孔数量可按灌浆孔数的一定比例确定。单排孔帷幕时，检查孔数量可为灌浆孔总数的10%左右，多排孔帷幕时，检查孔的数量可按主排孔数的10%左右。一个坝段或一个单元工程内，至少应布置一个检查孔。

（4）帷幕灌浆检查孔应采取岩芯，绘制钻孔柱状图。岩芯应全部拍照，重要岩芯应长期保留。

（5）帷幕灌浆的检查孔压水试验应在该部位灌浆结束14d后进行，检查孔应自上而下分段钻进，分段阻塞，分段压水试验，宜采用单点法。

（6）帷幕灌浆工程质量的评定标准为：经检查孔压水试验检查，坝体混凝土与基岩接触段的透水率的合格率为100%，其余各段的合格率不小于90%，不合格试段的透水率不超过设计规定的150%，且不合格试段的分布不集中，其他施工或测试资料基本合理，灌浆质量可评为合格。

（7）帷幕灌浆孔封孔质量应进行孔口封填外观检查和钻孔取芯抽样检查，封孔质量应满足设计要求。

（8）检查孔检查工作结束后，应按规定进行灌浆和封孔，检查不合格的孔段应根据工作要求和不合格程度确定是否需进行扩大补充灌浆和检查。

### （九）岩石地基帷幕灌浆单元工程质量验收评定

（1）单元工程划分：宜按1个坝段（块）或相邻10～20个孔划分为一个单元工程；对3排以上帷幕，宜沿轴线相邻不超过30个孔划分为一个单元工程。

（2）其工序为钻孔（包括冲洗和压水试验）、灌浆（包括封孔）两个工序，其中灌浆为主要工序。

（3）岩石地基帷幕灌浆单孔施工质量标准见表2-77。

（4）单孔施工质量验收评定规定：工序施工质量验收全部合格，该孔评定为合格；工序施工质量验收全部合格，其中灌浆优良，该孔评定为优良。

（5）单元工程验收评定规定：在单元工程帷幕灌浆效果检查符合设计和规范要求的前提下，灌浆孔100%合格，优良率小于70%时，该单元工程评定为合格；在单元工程帷幕灌浆效果检查符合设计和规范要求的前提下，灌浆孔100%合格，优良率不小于70%时，该单元工程评定为优良。

**表 2－77　　岩石地基帷幕灌浆单孔施工质量标准**

| 工序 | 项次 | | 检验项目 | 质量要求 | 检验方法 | 检验数量 |
|---|---|---|---|---|---|---|
| 钻孔 | 主控项目 | 1 | 孔深 | 不小于设计孔深 | 测绳或钢尺测钻杆、钻具 | 逐孔 |
| | | 2 | 孔底偏差 | 符合设计要求 | 测斜仪量测 | |
| | | 3 | 孔序 | 符合设计要求 | 现场查看 | 逐段 |
| | | 4 | 施工记录 | 齐全、准确、清晰 | 查看 | 抽查 |
| | 一般项目 | 1 | 孔位偏差 | ≤100mm | 钢尺量测 | 逐孔 |
| | | 2 | 终孔孔径 | ≥46mm | 测量钻头直径 | |
| | | 3 | 冲洗 | 沉积厚度小于 200mm | 测绳量测孔深 | 逐段 |
| | | 4 | 裂隙冲洗和压水试验 | 符合设计要求 | 目测和检查记录 | |
| 灌浆 | 主控项目 | 1 | 压力 | 符合设计要求 | 压力表或记录仪检测 | |
| | | 2 | 浆液及变换 | 符合设计要求 | 比重秤、记录仪等检测 | |
| | | 3 | 结束标准 | 符合设计要求 | 体积法或记录仪检测 | |
| | | 4 | 施工记录 | 齐全、准确、清晰 | 查看 | 抽查 |
| | 一般项目 | 1 | 灌浆段位置及段长 | 符合设计要求 | 绳或钢尺测钻杆、钻具查 | 抽检 |
| | | 2 | 灌浆管口距灌浆段底距离（仅用于循环式灌浆） | ≤0.5m | 钻杆、钻具、灌浆管量测或钢尺、测绳量测 | 逐段 |
| | | 3 | 特殊情况处理 | 处理后不影响质量 | 现场查看、记录检查 | 逐项 |
| | | 4 | 抬动观测值 | 符合设计要求 | 千分表等量测 | 逐段 |
| | | 5 | 封孔 | 符合设计要求 | 现场查看或探测 | 逐孔 |

**注**　本质量标准适用于自上而下循环式灌浆和孔口封闭灌浆法，其他灌浆方法可参照执行。

## 四、隧洞灌浆工程质量控制

### （一）一般规定

（1）水工隧洞混凝土衬砌段的灌浆，应按先回填灌浆后固结灌浆的顺序进行。回填灌浆应在衬砌混凝土达到70％设计强度后进行，固结灌浆宜在该部位的回填灌浆结束7d后进行。当隧洞中布置有帷幕灌浆时，应按照先回填灌浆，再固结灌浆，后帷幕灌浆的顺序施工。

（2）当隧洞、涵管布置在全强风化或松散软弱岩体中时，洞、涵环周应布置止水帷幕。

（3）水工隧洞钢板衬砌段各类灌浆的顺序应按设计规定进行。钢衬接触灌浆宜在衬砌混凝土浇筑结束 60d 后进行。

（4）灌浆结束时，有往外流浆或往上返浆的灌浆孔应闭浆待凝。

（5）必要时应安设隧洞结构变形监测装置，进行监测和记录。

**（二）回填灌浆**

（1）顶拱回填灌浆应分成区段进行，每区段长度不宜大于 3 个衬砌段，区段端部应在混凝土施工时封堵严密。

（2）灌浆孔应布置在隧洞预拱中心线上和顶拱中心角 90°～120°范围内。灌浆孔排距可为 3～6m，每排可为 1～3 孔。

（3）灌浆孔在混凝土衬砌中宜采用直接钻设的方法；在钢筋混凝土衬砌中应采用从预埋导向管中钻孔的方法。钻孔孔径不宜小于 $\phi$38mm，孔深应钻透空腔或进入围岩 10cm，并应测记混凝土厚度和混凝土与围岩之间的空腔尺寸。

（4）遇有围岩塌陷、溶洞、超挖较大等部位的回填灌浆，应在浇筑该部位的混凝土时预埋灌浆管路和排气管路，通过管路进行灌浆。埋管数量不应少于 2 个，位置在现场确定。

（5）灌浆前应对衬砌混凝土的施工缝和混凝土缺陷等进行全面检查，对可能漏浆的部位应先进行处理。

（6）灌浆采用纯压式灌浆法，宜分为两个次序进行，后序孔应包括顶孔。

（7）回填灌浆施工应从较低的一端开始，向较高的一端推进。同一区段内的同一次序孔可全部或部分钻出后再进行灌浆，也可单孔分序钻进和灌浆。

（8）低处孔灌浆时，高处孔可用于排气、排水。当高处孔排出浓浆（接近或等于注入浆液的水灰比）后，可将低处孔堵塞，改从高处孔灌浆，依此类推，直至结束。

（9）浆液的水灰比可采用 1∶1 和 0.5∶1 两级，一序孔可直接灌注水灰比 0.5∶1 浆液。空隙大的部位应灌注水泥基混合浆液或回填高流态混凝土，使用水泥砂浆时掺砂量不宜大于水泥重量的 200%。全强风化或松散软弱岩体中隧涵的回填灌浆，宜采用水泥黏土浆液或其他复合浆液灌浆。

（10）灌浆压力应视混凝土衬砌厚度和配筋情况等确定。在素混凝土衬砌中可采用 0.2～0.3MPa，钢筋混凝土衬砌中可采用 0.3～0.5MPa。

（11）灌浆应连续进行，因故中止灌浆的灌浆孔，应扫孔后再进行复灌，直至达到结束条件。

（12）灌浆结束条件：在规定的压力下，灌浆孔停止吸浆，延续灌注 10min 即可结束。

（13）灌浆孔灌浆完成后，应使用水泥砂浆将钻孔封填密实，孔口压抹齐平。

**（三）固结灌浆**

（1）灌浆孔可采用风钻或其他型式钻机钻孔，终孔直径不宜小于 $\phi$38mm，孔位、孔向和孔深应满足设计要求。灌浆孔穿过钢筋混凝土衬砌时，宜在混凝土中预埋灌浆管指示孔位，预埋管应位置准确、固定牢靠、拆模后易于找到。

（2）灌浆在喷混凝土衬砌内进行时，喷混凝土强度等级可为 C15～C20，厚度不宜小于 10cm。

（3）灌浆孔钻进结束后应使用大流量水流或压缩空气进行钻孔冲洗，冲净孔内岩粉、杂质。

(4) 灌浆孔在灌浆前应用压力水进行裂隙冲洗，冲洗时间不大于15min或至回水清净时止，冲洗压力可为灌浆压力的80%，并不大于1MPa。地质条件复杂或有特殊要求时，是否需要冲洗及如何冲洗，宜通过现场试验确定。

(5) 可在各序孔中选取约5%的灌浆孔进行灌前简易压水试验，简易压水可结合裂隙冲洗进行。

(6) 灌浆可用纯压式灌浆法，按环间分序、环内加密的原则进行。Ⅳ级、Ⅴ级围岩环间宜分为二序或三序，Ⅱ级、Ⅲ级围岩环间可不分序。竖井或斜井固结灌浆环间可不分序。环内各孔可分为两序。

(7) 灌浆宜采用单孔灌浆的方法，但在注入量较小地段，同一环内同序孔可并联灌浆，并联灌浆的孔数不宜多于3个，孔位宜保持对称。

(8) 灌浆孔基岩段长小于6m时，可全孔一次灌浆。当地质条件不良或有特殊要求时，可分段灌浆。

(9) 一般隧洞灌浆压力可为0.3～2.0MPa；高水头压力隧洞灌浆压力应根据工程要求和围岩地质条件经灌浆试验确定。

(10) 灌浆浆液水灰比、浆液变换、施工中特殊情况的处理和结束条件可按照前固结灌浆的规定执行。

(11) 围岩高压固结灌浆应由浅入深分段灌浆，灌浆段的划分、灌浆压力的使用、灌浆设备和灌浆工艺的选择应通过灌浆试验确定。

(12) 灌浆孔灌浆结束后，应排除钻孔内的积水和污物，采用“全孔灌浆法”或“导管注浆法”封孔，孔口空余部分用干硬性砂浆填实抹平。

**(四) 钢衬接触灌浆**

(1) 钢衬接触的区域和灌浆孔的位置可在现场经敲击检查确定。面积大于0.5$m^2$的脱空区宜进行灌浆，每一个独立的脱空区布孔不应少于2个，最低处和最高处都应布孔。

(2) 铜衬接触灌浆孔可在钢板上预留，孔内宜有丝扣，在预留孔钢衬外侧宜补焊加强钢板。灌浆短管与钢衬间可采用丝扣连接，也可焊接。

(3) 在钢衬的加劲环上应设置连通孔，孔径不宜小于$\phi$16mm，以便于浆液流通。

(4) 在钢衬上钻灌浆孔宜采用磁座电钻，孔径不宜小于$\phi$12mm，每孔宜测记钢衬与混凝土之间的间隙尺寸。

(5) 灌浆前应使用洁净的压缩空气检查缝隙串通情况，并吹除空隙内的污物和积水。风压应小于灌浆压力。

(6) 灌浆压力应以控制钢衬变形不超过设计规定值为准，可根据钢衬的形状、厚度、脱空面积的大小以及脱空的程度等情况确定，不宜大于0.1MPa。当脱空区高度很大时，灌浆压力应考虑浆液自重的影响。

(7) 灌浆浆液水灰比可采用0.8∶1、0.5∶1两个比级，浆液中宜加入减水剂。

(8) 灌浆应自低处孔开始，并在灌浆过程中敲击震动钢衬，待各高处孔分别排出浓浆后，依次将其孔口阀门关闭，同时应测量和记录各孔排出的浆量和浓度。

(9) 在设计规定压力下灌浆孔停止吸浆，延续灌注5min，即可结束灌浆。

(10) 如一次灌浆未能满足设计要求，可采取复灌、改用细水泥浆液或化学浆液等措施处理。

(11) 灌浆孔灌浆结束后应用丝堵加焊或焊补法封孔，孔口用砂轮磨平。

(12) 钢衬接触灌浆也可采用预埋专用灌浆管或灌浆盒的无钻孔方式进行，其技术和质量要求按设计规定执行。

**(五) 隧洞封堵灌浆**

(1) 与防渗帷幕相交的大型导流洞封堵段应按顺序进行回填灌浆、接缝灌浆或接触灌浆；封堵段围岩应进行固结灌浆和搭接帷幕灌浆。各种灌浆均应在混凝土堵头挡水前完成。其他隧洞封堵段应根据其运行条件和围岩地质条件设置和实施所需的灌浆工程。

(2) 大型导流洞封堵段混凝土结构中宜设置小型灌浆廊道，廊道断面尺寸不应小于 2.2m×2.5m（宽×高）。

(3) 隧洞封堵段顶拱空腔和接缝、接触灌浆灌区应埋设灌浆管路系统，分别进行回填灌浆、接缝灌浆或接触灌浆。

(4) 条件具备时，封堵段回填灌浆、接缝灌浆或接触灌浆也可在灌浆廊道中通过钻孔进行。

(5) 封堵段围岩固结灌浆、搭接帷幕灌浆和导流洞下部帷幕灌浆施工分别应遵守相关规定。各种灌浆宜在导流洞过水前完成，也可在导流洞封堵后在堵头灌浆廊道内施工。当采取后种安排时，应满足下列要求：

1) 适当调整下部帷幕灌浆孔的布置，以确保大坝防渗帷幕底部的连续性和整体性。

2) 钻孔灌浆施工中应注意保护好埋设的接缝灌浆系统和灌浆缝面。

(6) 工程需要时，隧洞封堵段灌浆也可通过上层邻近隧洞进行，其灌浆孔的布置和施工组织应根据工程具体情况和设计要求确定。

**(六) 质量检查**

(1) 回填灌浆工程质量的检查，可采用检查孔注浆试验或取芯检查的方法，检查时间分别在该部位灌浆结束 7d 或 28d 以后。检查孔应布置在顶拱中心线、脱空较大和灌浆情况异常的部位，孔深应穿透衬砌深入围岩 10cm。压力隧洞每 10～15m 宜布置 1 个或 1 对检查孔，无压隧洞的检查孔可适当减少。

(2) 回填灌浆工程质量检查应满足下列合格标准，根据工程条件可选用其中一种或两种检查方法。对于不要求将空腔填满的部位，浆液充填厚度应满足设计要求。

1) 单孔压浆试验。向检查孔内注入水灰比为 2∶1 的水泥浆，压力与灌浆压力相同，初始 10min 内注入浆量不大于 10L 为合格。

2) 双孔连通试验。在指定部位布置 2 个间距为 2m 的检查孔，向其中一孔注入水灰比为 2∶1 的水泥浆，压力与灌浆压力相同，若另一孔出浆流量小于 1L/min 为合格。

3) 检查孔及芯样检查。探测钻孔及观察岩芯，浆液结石充填饱满密实满足设计要求为合格。

(3) 围岩固结灌浆工程质量的检查，应以测定灌后岩体弹性波速为主，压水试验透水率为辅。弹性波测试宜采用声波法或地震波法。压水试验为单点法，按规范进行。

(4) 围岩弹性波波速测试，应在该部位灌浆结束 14d 后进行，其检查孔的布置、测试仪器的选用和合格的标准，应按设计规定执行。

(5) 固结灌浆压水试验检查的时间宜在该部位灌浆结束3d以后，检查孔的数量不宜少于灌浆孔总数的5%。合格标准为85%以上试段的透水率不大于设计规定，其余试段的透水率不超过设计规定值的150%，且分布不集中。

(6) 钢衬接触灌浆工程质量检查应在灌浆结束7d后进行，采用敲击法或其他方法，钢板脱空范围和程度应满足设计要求。

(7) 隧洞封堵段采用钻孔灌浆方式的回填灌浆、接缝灌浆或接触灌浆工程质量检查，可采取检查孔注浆试验或取芯检测方法。采用预埋灌浆管路方式的回填灌浆、接触灌浆和接缝灌浆工程质量，可通过分析灌浆施工成果资料进行评定，必要时可根据工程条件布置检查孔（槽）进行检查。

(8) 隧洞灌浆的各类检查孔、测试孔在检查工作结束后，应按规定封孔。

### （七）隧洞回填灌浆单元工程施工质量验收评价

(1) 宜按50m一个区段划分为一个单元工程。

(2) 单孔施工工序：分为灌浆区（段）封堵与钻孔（或对预埋管进行扫孔）、灌浆（包括封孔）两个工序，其中灌浆为主要工序。

(3) 隧洞回填灌浆单孔施工质量标准见表2-78。

**表2-78　隧洞回填灌浆单孔施工质量标准**

<table>
<tr><th>工序</th><th colspan="2">项次</th><th>检验项目</th><th>质量要求</th><th>检验方法</th><th>检验数量</th></tr>
<tr><td rowspan="5">封堵与钻孔</td><td rowspan="3">主控项目</td><td>1</td><td>灌区封堵</td><td>密实不漏浆</td><td>通气检查、观测</td><td>分区</td></tr>
<tr><td>2</td><td>钻孔或扫孔深度</td><td>进入基岩不小于100mm</td><td>观察岩屑</td><td rowspan="5">逐孔</td></tr>
<tr><td>3</td><td>孔序</td><td>符合设计要求</td><td>现场查看</td></tr>
<tr><td rowspan="2">一般项目</td><td>1</td><td>孔径</td><td>符合设计要求</td><td>量测钻头直径</td></tr>
<tr><td>2</td><td>孔位偏差</td><td>≤100mm</td><td>钢尺</td></tr>
<tr><td rowspan="7">灌浆</td><td rowspan="4">主控项目</td><td>1</td><td>灌浆压力</td><td>符合设计要求</td><td>现场查看压力记录仪记录</td></tr>
<tr><td>2</td><td>浆液水灰比</td><td>符合设计要求</td><td>比重秤检测</td><td>抽查</td></tr>
<tr><td>3</td><td>结束标准</td><td>符合规范要求</td><td>现场查看、查看记录仪记录</td><td>逐孔</td></tr>
<tr><td>4</td><td>施工记录</td><td>齐全、准确、清晰</td><td>查看</td><td>抽查</td></tr>
<tr><td rowspan="3">一般项目</td><td>1</td><td>特殊情况处理</td><td>处理后不影响质量</td><td>现场查看、记录检查</td><td>逐项</td></tr>
<tr><td>2</td><td>变形观测</td><td>符合设计要求</td><td>千分表等量测</td><td rowspan="2">逐孔</td></tr>
<tr><td>3</td><td>封孔</td><td>符合设计要求</td><td>目测或探测</td></tr>
</table>

注　本质量标准适用于钻孔回填灌浆施工法，预埋管路灌浆施工法可参照执行。

(4) 单孔施工质量验收评定规定：工序施工质量验收全部合格，该孔评定为合格；工序施工质量验收全部合格，其中灌浆优良，该孔评定为优良。

(5) 单元工程验收评定规定：在单元工程回填灌浆效果检查符合设计和规范要求的前提下，灌浆孔100%合格，优良率小于70%时，该单元工程评定为合格；在单元工程回填灌浆效果检查符合设计和规范要求的前提下，灌浆孔100%合格，优良率不小于70%时，该单元工程评定为优良。

### (八) 钢衬接触灌浆单元工程施工质量验收评定

(1) 宜按50m一段钢管划分为一个单元工程。

(2) 其包括钻(扫)孔(包括清洗)、灌浆两个工序，其中灌浆为主要工序。

(3) 钢衬接触灌浆单孔施工质量标准见表2-79。

(4) 单孔施工质量验收评定规定：工序施工质量验收全部合格，该孔评定为合格；工序施工质量验收全部合格，其中灌浆优良，该孔评定为优良。

(5) 单元工程验收评定规定：在单元工程钢衬接触灌浆效果检查符合设计和规范要求的前提下，灌浆孔100%合格，优良率小于70%时，该单元工程评定为合格；在单元工程钢衬接触灌浆效果检查符合设计和规范要求的前提下，灌浆孔100%合格，优良率不小于70%时，该单元工程评定为优良。

**表2-79　钢衬接触灌浆单孔施工质量标准**

| 工序 | 项次 | | 检验项目 | 质量要求 | 检验方法 | 检验数量 |
|---|---|---|---|---|---|---|
| 钻孔 | 主控项目 | 1 | 孔深 | 穿过钢衬进入脱空区 | 用卡尺测量脱空间隙 | 逐孔 |
| | | 2 | 施工记录 | 齐全、准确、清晰 | 查看 | 抽查 |
| | 一般项目 | 1 | 孔径 | ≥12mm | 卡尺量测钻头 | 逐孔 |
| | | 2 | 清洗 | 使用清洁压缩空气检查缝隙串通情况，吹除空隙内的污物和积水 | 压力表检测风压、现场查看 | |
| 灌浆 | 主控项目 | 1 | 灌浆顺序 | 自低处孔开始 | 现场查看 | 逐孔 |
| | | 2 | 钢衬变形 | 符合设计要求 | 千分表等量测 | |
| | | 3 | 灌注和排出的浆液浓度 | 符合设计要求 | 比重秤或记录仪检测 | |
| | | 4 | 施工记录 | 齐全、准确、清晰 | 查看 | 抽查 |
| | 一般项目 | 1 | 灌浆压力 | ≤0.1MPa，或符合设计要求 | 压力表或记录仪检测 | 逐孔 |
| | | 2 | 结束标准 | 在设计灌浆压力下停止吸浆，并延续灌注5min | 体积法或记录仪检测 | |
| | | 3 | 封孔 | 丝堵加焊或焊补法，焊后磨平 | 现场查看 | |

## 五、覆盖层地基灌浆施工质量控制

（1）对砂、砾（卵）石等覆盖层地基灌浆处理常采用循环钻灌法和预埋花管法，一般按一个坝段（块）或20～30个灌浆孔划分为一个单元工程。

（2）循环钻灌法单孔施工工序宜分为钻孔（包括冲洗）、灌浆（包括灌浆准备、封孔）两个工序，其中灌浆为主要工序；预埋花管法单孔施工工序宜分为钻孔（包括清孔）、花管下设（包括花管加工、花管下设及填料）、灌浆（包括注入填料、冲洗钻孔、封孔）三个工序，其中灌浆为主要工序。

（3）循环钻灌法灌浆单孔施工质量标准见表2-80；预埋花管法灌浆单孔施工质量标准见表2-81。

**表2-80　　循环钻灌法灌浆单孔施工质量标准**

| 工序 | 项次 | | 检验项目 | 质量要求 | 检验方法 | 检验数量 |
|---|---|---|---|---|---|---|
| 钻孔 | 主控项目 | 1 | 孔序 | 符合设计要求 | 现场查看 | 逐孔 |
| | | 2 | 孔底偏差 | 符合设计要求 | 测斜仪量测 | |
| | | 3 | 孔深 | 不小于设计孔深 | 测绳或钢尺侧钻杆、钻具 | |
| | | 4 | 施工记录 | 齐全、准确、清晰 | 查看 | 抽查 |
| | 一般项目 | 1 | 孔位偏差 | ≤100mm | 钢尺量测 | 逐孔 |
| | | 2 | 终孔孔径 | 符合设计要求 | 测量钻头直径 | |
| | | 3 | 护壁泥浆密度、黏度、含砂量、失水量 | 符合设计要求 | 比重秤、漏斗、含砂量测量仪、失水量仪量测 | 逐段或定时 |
| 灌浆 | 主控项目 | 1 | 灌浆压力 | 符合设计要求 | 压力表、记录仪检测 | 逐段 |
| | | 2 | 灌浆结束标准 | 符合设计要求 | 体积法或记录仪检测 | |
| | | 3 | 施工记录 | 齐全、准确、清晰 | 查看 | 抽查 |
| | 一般项目 | 1 | 灌浆段位置及段长 | 符合设计要求 | 测绳或钻杆、钻具量测 | 逐段 |
| | | 2 | 灌浆管口距灌浆段底距离 | 符合设计要求 | 钻杆、钻具量测 | |
| | | 3 | 灌浆浆液及变换 | 符合设计要求 | 比重秤或记录仪检测 | |
| | | 4 | 灌浆特殊情况处理 | 处理后符合设计要求 | 现场查看，记录检查 | 逐项 |
| | | 5 | 灌浆封孔 | 符合设计要求 | 现场查看或探测 | 逐孔 |

**表 2－81　　预埋花管法灌浆单孔施工质量标准**

| 工序 | 项次 | | 检验项目 | 质量要求 | 检验方法 | 检验数量 |
|---|---|---|---|---|---|---|
| 钻孔 | 主控项目 | 1 | 孔序 | 符合设计要求 | 现场查看 | 逐孔 |
| | | 2 | 孔深 | 不小于设计孔深 | 测绳或钢尺侧钻杆、钻具 | |
| | | 3 | 孔底偏差 | 符合设计要求 | 测斜仪量测 | |
| | | 4 | 施工记录 | 齐全、准确、清晰 | 查看 | 抽查 |
| | 一般项目 | 1 | 孔位偏差 | 不大于孔排距的 3%～5% | 钢尺量测 | 逐孔 |
| | | 2 | 终孔孔径 | ≥110mm | 测量钻头直径 | |
| | | 3 | 护壁泥浆密度 | 符合设计要求 | 比重秤检测 | 逐段或定时 |
| | | 4 | 洗孔 | 孔内泥浆黏度 20～22s，沉积厚度小于 200mm | 量测孔内泥浆黏度和孔深 | 逐孔 |
| 花管下设 | 主控项目 | 1 | 花管下设 | 符合设计要求 | 钢尺量测、现场查看 | 逐孔 |
| | | 2 | 施工记录 | 齐全、准确、清晰 | 查看 | 抽查 |
| | 一般项目 | 1 | 花管加工 | 符合设计要求 | 钢尺量测、现场查看 | 逐孔 |
| | | 2 | 周边填料 | 符合设计要求 | 检查配合比 | |
| 灌浆 | 主控项目 | 1 | 开环 | 符合设计要求 | 压力表、比重秤、计时表或记录仪检测 | 逐段 |
| | | 2 | 灌浆压力 | 符合设计要求 | 记录仪、压力表检测 | |
| | | 3 | 灌浆结束标准 | 符合设计要求 | 体积法或记录仪检测 | |
| | | 4 | 施工记录 | 齐全、准确、清晰 | 查看 | 抽查 |
| | 一般项目 | 1 | 灌浆塞位置及灌浆段长 | 符合设计要求 | 量测钻杆、钻具和灌浆塞 | 逐段 |
| | | 2 | 灌浆浆液及变换 | 符合设计要求 | 比重秤或记录仪检测 | |
| | | 3 | 灌浆特殊情况处理 | 处理后符合设计要求 | 现场查看、记录检查 | 逐项 |
| | | 4 | 灌浆封孔 | 符合设计要求 | 现场查看或探测 | 逐孔 |

（4）覆盖层地基单孔灌浆施工质量验收评定规定：工序施工质量验收全部合格，该孔评定合格；工序施工质量验收全部合格，其中灌浆优良，该孔评定为优良。

（5）单元工程验收评定规定：在单元工程灌浆效果检查符合设计要求的前提下，灌浆孔100%合格，优良率小于70%时，该单元工程评定为合格；在单元工程回填灌浆效果检查符合设计要求的前提下，灌浆孔100%合格，优良率不小于70%时，该单元工程评定为优良。

## 六、劈裂灌浆施工质量控制

（1）该灌浆方式主要用于土坝和土堤的灌浆。

（2）单元工程划分：宜按沿坝（堤）轴线相邻的10～20个灌浆孔划分为一个单元工程。

（3）其单孔施工工序分为钻孔、灌浆（包括多次复灌、封孔）两个工序，其中灌浆为主要工序。

（4）劈裂灌浆单孔施工质量标准见表2-82。

表2-82　　劈裂灌浆单孔施工质量标准

| 工序 | 项次 | | 检验项目 | 质量要求 | 检验方法 | 检验数量 |
|---|---|---|---|---|---|---|
| 钻孔 | 主控项目 | 1 | 孔序 | 按先后排序和孔序施工 | 现场查看 | 逐孔 |
| | | 2 | 孔深 | 符合设计要求 | 钢尺量测钻杆或测绳量测 | |
| | | 3 | 施工记录 | 齐全、准确、清晰 | 查看 | 抽查 |
| | 一般项目 | 1 | 孔位偏差 | ≤100mm | 钢尺量测 | 逐孔 |
| | | 2 | 孔底偏差 | 不大于孔深的2% | 测斜仪量测 | |
| 灌浆 | 主控项目 | 1 | 灌浆压力 | 符合设计要求 | 压力表或记录仪检测 | 逐孔 |
| | | 2 | 浆液浓度 | 符合设计要求 | 比重秤或记录仪检测 | |
| | | 3 | 灌浆量 | 符合设计要求 | 体积法或记录仪检测 | 每孔每次 |
| | | 4 | 灌浆间隔时间 | ≥5d | 现场查看时间 | |
| | | 5 | 施工记录 | 齐全、准确、清晰 | 查看 | 抽查 |
| | 一般项目 | 1 | 结束标准 | 符合设计要求 | 压力表、钢尺或记录仪检测 | 逐孔 |
| | | 2 | 横向水平位移与裂缝开展宽度 | 允许量均小于30mm，且停灌后能基本复原 | 钢尺量测 | 每天 |
| | | 3 | 泥墙厚度 | 符合设计要求 | 钢尺量测或体积计算 | 抽查 |
| | | 4 | 泥墙干密度 | 1.4～1.6g/cm³ | 取样检验 | |
| | | 5 | 封孔 | 符合设计要求 | 现场查看、比重秤 | 逐孔 |

# 单元六　地基处理与基础工程施工质量监控技术

## 一、防渗墙工程施工质量控制

### （一）混凝土防渗墙工程施工质量控制

（1）宜以每个槽孔划分为一个单元工程。

（2）其工序分为造孔、清孔（包括接头处理）、混凝土浇筑（包括钢筋笼、预埋件、观测仪器安装埋设）三个工序，其中混凝土浇筑为主要工序。

微课
2-6-1
混凝土防渗墙工程施工质量控制

（3）其单元工程施工质量验收评定应在工序施工质量验收合格的基础上进行。

（4）混凝土防渗墙工程施工质量标准见表 2-83。

（5）混凝土防渗墙单元工程施工质量验收评定标准：如果进行了墙体钻孔取芯和其他无损检测等方式检查，在其检查结果符合设计要求前提下，工序施工质量验收全部合格，该单元工程评定为合格；在合格的基础上，如果两个及以上工序达到优良，且混凝土浇筑工序达到优良，该单元工程评定为优良。

**表 2-83　　　　混凝土防渗墙工程施工质量标准**

<table>
<tr><th>工序</th><th colspan="2">项次</th><th colspan="2">检验项目</th><th>质量要求</th><th>检验方法</th><th>检验数量</th></tr>
<tr><td rowspan="5">造孔</td><td rowspan="3">主控项目</td><td>1</td><td colspan="2">槽孔孔深</td><td>不小于设计孔深</td><td>钢尺或测绳量测</td><td>逐槽</td></tr>
<tr><td>2</td><td colspan="2">孔斜率</td><td>符合设计要求</td><td>重锤法或测井法量测</td><td>逐孔</td></tr>
<tr><td>3</td><td colspan="2">施工记录</td><td>齐全、准确、清晰</td><td>查看</td><td>抽查</td></tr>
<tr><td rowspan="2">一般项目</td><td>1</td><td colspan="2">槽孔中心偏差</td><td>≤30mm</td><td>钢尺量测</td><td>逐孔</td></tr>
<tr><td>2</td><td colspan="2">槽孔宽度</td><td>符合设计要求（包括接头搭接厚度）</td><td>测井仪或量测钻头</td><td>逐槽</td></tr>
<tr><td rowspan="9">清孔</td><td rowspan="3">主控项目</td><td>1</td><td colspan="2">接头刷洗</td><td>符合设计要求，孔底淤积不再增加</td><td>查看、测绳量测</td><td rowspan="2">逐槽</td></tr>
<tr><td>2</td><td colspan="2">孔底淤积</td><td>≤100mm</td><td>测绳量测</td></tr>
<tr><td>3</td><td colspan="2">施工记录</td><td>齐全、准确、清晰</td><td>查看</td><td rowspan="7">逐槽</td></tr>
<tr><td rowspan="6">一般项目</td><td rowspan="2">1</td><td rowspan="2">孔内泥浆密度</td><td>黏土</td><td>≤1.30g/cm³</td><td rowspan="2">比重秤量测</td></tr>
<tr><td>膨润土</td><td>根据地层情况或现场试验确定</td></tr>
<tr><td rowspan="2">2</td><td rowspan="2">孔内泥浆黏度</td><td>黏土</td><td>≤30s</td><td>500mL/700mL 漏斗量测</td></tr>
<tr><td>膨润土</td><td>根据地层情况或现场试验确定</td><td>马氏漏斗量测</td></tr>
<tr><td rowspan="2">3</td><td rowspan="2">孔内泥浆含砂量</td><td>黏土</td><td>≤10%</td><td rowspan="2">含砂量测量仪量测</td></tr>
<tr><td>膨润土</td><td>根据地层情况或现场试验确定</td></tr>
</table>

续表

| 工序 | 项次 | | 检验项目 | 质量要求 | 检验方法 | 检验数量 |
| --- | --- | --- | --- | --- | --- | --- |
| 混凝土浇筑 | 主控项目 | 1 | 导管埋深 | ≥1m，不宜大于 6m | 测绳量测 | 逐槽 |
| | | 2 | 混凝土上升速度 | ≥2m/h | 测绳量测 | |
| | | 3 | 施工记录 | 齐全、准确、清晰 | 查看 | |
| | 一般项目 | 1 | 钢筋笼、预埋件、仪器安装埋设 | 符合设计要求 | 钢尺量测 | 逐项 |
| | | 2 | 导管布置 | 符合规范和设计要求 | 钢尺或测绳量测 | 逐槽 |
| | | 3 | 混凝土面高差 | ≤0.5m | 测绳量测 | |
| | | 4 | 混凝土最终高度 | 不小于设计高程 0.5m | 测绳量测 | |
| | | 5 | 混凝土配合比 | 符合设计要求 | 现场检验 | 逐槽或逐批 |
| | | 6 | 混凝土扩散度 | 34～40cm | 现场试验 | |
| | | 7 | 混凝土坍落度 | 18～22cm，或符合设计要求 | 现场试验 | |
| | | 8 | 混凝土抗压强度、抗渗等级、弹性模量等 | 符合抗压、抗渗、弹模等设计指标 | 室内试验 | |
| | | 9 | 特殊情况处理 | 处理后符合设计要求 | 现场查看、记录检查 | 逐项 |

### （二）高压喷射灌浆防渗墙施工质量控制

（1）单元工程划分：宜以相邻的 30～50 个高喷孔或连续 600～1000$m^2$ 防渗墙划分为一个单元工程。

（2）单元工程施工质量验收评定应在单孔质量验收合格的基础上进行。

（3）单孔施工质量标准见表 2-84。

**表 2-84　高压喷射灌浆防渗墙工程单孔施工质量标准**

| 项次 | | 检验项目 | 质量标准 | 检验方法 | 检验数量 |
| --- | --- | --- | --- | --- | --- |
| 主控项目 | 1 | 孔位偏差 | ≤50mm | 钢尺量测 | 逐孔 |
| | 2 | 钻孔深度 | 大于设计墙体深度 | 测绳或钻杆、钻具量测 | |
| | 3 | 喷射管下入深度 | 符合设计要求 | 钢尺或测绳量测喷管 | |
| | 4 | 喷射方向 | 符合设计要求 | 罗盘量测 | |
| | 5 | 提升速度 | 符合设计要求 | 钢尺、秒表量测 | |
| | 6 | 浆液压力 | 符合设计要求 | 压力表量测 | |
| | 7 | 浆液流量 | 符合设计要求 | 体积法 | |
| | 8 | 进浆密度 | 符合设计要求 | 比重秤量测 | |
| | 9 | 摆动角度 | 符合设计要求 | 角度尺或罗盘量测 | |
| | 10 | 施工记录 | 齐全、准确、清晰 | 查看 | 抽查 |

续表

| 项次 | | 检验项目 | 质 量 标 准 | 检 验 方 法 | 检验数量 |
|---|---|---|---|---|---|
| 一般项目 | 1 | 孔序 | 按设计要求 | 现场查看 | 逐孔 |
| | 2 | 孔斜率 | ≤1%，或符合设计要求 | 测斜仪、吊线等量测 | |
| | 3 | 摆动速度 | 符合设计要求 | 秒表量测 | |
| | 4 | 气压力 | 符合设计要求 | 压力表量测 | |
| | 5 | 气流量 | 符合设计要求 | 流量计量测 | |
| | 6 | 水压力 | 符合设计要求 | 压力表量测 | |
| | 7 | 水流量 | 符合设计要求 | 流量表量测 | |
| | 8 | 回浆密度 | 符合规范要求 | 比重秤量测 | |
| | 9 | 特殊情况处理 | 符合设计要求 | 根据实际情况定 | |

**注** 1. 本质量标准适用于摆喷施工法，其他施工法可调整检验项目。
2. 使用低压浆液时，“浆液压力”为一般项目。

(4) 单孔施工质量验收评定规定：主控项目检验点100%合格，一般项目逐项70%及以上检验点合格，不合格点不集中分布，且不合格点质量不超出有关规范或设计的限值，该孔评定为合格；主控项目检验点100%合格，一般项目逐项90%及以上检验点合格，不合格点不集中分布，且不合格点质量不超出有关规范或设计的限值，该孔评定为优良。

(5) 单元工程施工质量验收评定规定：在单元工程效果检查符合设计要求前提下，高喷孔100%合格，优良率小于70%，该单元工程评定为合格；在单元工程效果检查符合设计要求前提下，高喷孔100%合格，优良率不小于70%，该单元工程评定为优良。

### （三）水泥土搅拌防渗墙施工质量控制

(1) 单元工程划分：宜按沿轴线每20m划分为一个单元工程。

(2) 单元工程质量验收评定应在单桩施工质量验收合格的基础上进行。

(3) 单桩施工质量标准见表2-85。

(4) 单桩施工质量验收评定规定：主控项目检验点100%合格，一般项目逐项70%及以上检验点合格，不合格点不集中分布，且不合格点质量不超出有关规范或设计的限值，该桩评定为合格；主控项目检验点100%合格，一般项目逐项90%及以上检验点合格，不合格点不集中分布，且不合格点质量不超出有关规范或设计的限值，该桩评定为优良。

(5) 单元工程施工质量验收评定规定：在单元工程效果检查符合设计要求前提下，水泥搅拌桩100%合格，优良率小于70%，该单元工程评定为合格；在单元工程效果检查符合设计要求前提下，水泥搅拌桩100%合格，优良率不小于70%，该单元工程评定为优良。

## 二、地基排水工程施工质量控制

### （一）排水孔排水工程施工质量控制

(1) 排水孔排水主要用于坝肩、坝基、隧洞及需要降低渗透水压力工程部位岩体排水。

(2) 单元工程划分：宜按施工每个区（段）或每20个孔左右划分为一个单元工程。

表 2-85 水泥土搅拌防渗墙工程单桩施工质量标准

| 项次 | | 检验项目 | 质量标准 | 检验方法 | 检验数量 |
|---|---|---|---|---|---|
| 主控项目 | 1 | 孔位偏差 | ≤20mm | 钢尺量测 | 逐桩 |
| | 2 | 孔深 | 符合设计要求 | 量测钻杆 | |
| | 3 | 孔斜率 | 符合设计要求 | 钢尺或测绳量测 | |
| | 4 | 输浆量 | 符合设计要求 | 体积法 | |
| | 5 | 桩径 | 符合设计要求 | 钢尺量测搅拌头 | |
| | 6 | 施工记录 | 齐全、准确、清晰 | 查看 | 抽查 |
| 一般项目 | 1 | 水灰比 | 符合设计要求 | 比重秤量测或体积法 | 逐桩 |
| | 2 | 搅拌速度 | 符合设计要求 | 秒表量测 | |
| | 3 | 提升速度 | 符合设计要求 | 秒表、钢尺等 | |
| | 4、5 | 重复搅拌次数和深度 | 符合设计要求 | 查看 | |
| | 6 | 桩顶标高 | 超出设计桩顶 0.3～0.5m | 钢尺量测 | |
| | | 特殊情况处理 | 不影响质量 | 现场查看 | |

注 1. 本质量标准适用于单头搅拌机施工法，多头搅拌机施工法可参照执行。
2. 本表适用于湿法施工工艺，干法施工工艺的检验项目可适当调整。

（3）单孔施工工序：分为钻孔（包括清孔）、孔内及孔口装置安装（需设置孔内、孔口保护和需孔口测试时）、孔口测试（需孔口测试时）三个工序，其中钻孔为主要工序。

（4）单元工程施工质量验收应在单孔施工质量验收合格的基础上进行，单孔施工质量验收应在工序施工质量验收合格的基础上进行。

（5）单孔施工质量标准见表 2-86。

（6）单孔施工质量验收评定规定：工序施工质量验收全部合格，该孔评定为合格；在合格的基础上，如果两个及以上工序达到优良，且钻孔工序达到优良，该单元工程评定为优良。

表 2-86 地基排水孔单孔施工质量标准

| 工序 | 项次 | | 检验项目 | 质量要求 | 检验方法 | 检验数量 |
|---|---|---|---|---|---|---|
| 钻孔 | 主控项目 | 1 | 孔径 | 符合设计要求 | 钢尺量测 | 逐孔 |
| | | 2 | 孔深 | 符合设计要求 | 测绳量测或量测钻杆 | |
| | | 3 | 孔位偏差 | ≤100mm | 钢尺量测 | |
| | | 4 | 施工记录 | 齐全、准确、清晰 | 查看 | 抽查 |
| | 一般项目 | 1 | 钻孔孔斜 | 符合设计要求 | 测斜仪量测 | 逐孔 |
| | | 2 | 钻孔清洗 | 回水清净，孔底沉淀小于 200mm | 测绳量测，查看施工记录 | |
| | | 3 | 地质编录 | 符合设计要求 | 查看资料、图纸 | |

续表

| 工序 | 项次 | | 检验项目 | 质量要求 | 检验方法 | 检验数量 |
|---|---|---|---|---|---|---|
| 孔内及孔口装置安装 | 主控项目 | 1 | 孔内保护结构材质、规格 | 符合设计要求 | 查对设计图纸，对照地质编录图，查看施工记录 | 逐孔 |
| | | 2 | 孔内保护结构 | 符合设计要求 | | |
| | | 3 | 孔内保护结构安放位置 | 符合设计要求 | | |
| | | 4 | 孔口保护结构 | 符合设计要求 | | |
| | | 5 | 施工记录 | 齐全、准确、清晰 | 查看 | 抽查 |
| | 一般项目 | 1 | 测渗系统设备安装位置 | 符合设计要求 | 现场检查 | 指定孔 |
| 孔口测试 | 主控项目 | 1 | 排水孔渗压、渗流量观测 | 具有渗压、渗流量初始值，验收移交前的观测资料准确、齐全 | 现场检查、检查观测记录 | 逐孔或指定孔 |

(7) 单元工程施工质量验收评定规定：排水孔100%合格，优良率小于70%，该单元工程评定为合格；排水孔100%合格，优良率不小于70%，该单元工程评定为优良。

### (二) 管（槽）网排水工程施工质量控制

(1) 管（槽）网排水主要用于透水性较好的覆盖层地基、岩石地基的排水工程。

(2) 单元工程划分：宜按每一施工区（段）划分为一个单元工程。

(3) 其工序分为铺设基面处理、管（槽）网铺设及保护两个工序，其中管（槽）网铺设及保护为主要工序。

(4) 地基管（槽）网排水施工质量标准见表2-87。

**表2-87　　地基管（槽）网排水施工质量标准**

| 工序 | 项次 | | 检验项目 | 质量要求 | 检验方法 | 检验数量 |
|---|---|---|---|---|---|---|
| 铺设基面处理 | 主控项目 | 1 | 铺设基础面平面布置 | 符合设计要求 | 对照图纸、测量 | 全面检查 |
| | | 2 | 铺设基础面高程 | 符合设计要求 | 对照图纸、测量 | |
| | 一般项目 | 1 | 铺设基面平整度、压实度 | 符合设计要求 | 现场检测 | 抽查 |
| | | 2 | 施工记录 | 齐全、准确、清晰 | 查看 | |

续表

| 工序 | 项次 | | 检验项目 | 质量要求 | 检验方法 | 检验数量 |
|---|---|---|---|---|---|---|
| 管（槽）网铺设及保护 | 主控项目 | 1 | 排水管（槽）网材质、规格 | 符合设计要求 | 检查合格证、现场测试 | 抽查 |
| | | 2 | 排水管（槽）网接头连接 | 严密、不漏水 | 现场通水检查 | 逐个检查 |
| | | 3 | 保护排水管（槽）网的材料材质 | 耐久性、透水性、防淤堵性能满足设计要求 | 检查合格证、现场测试 | 抽查 |
| | | 4 | 管（槽）与基岩接触 | 严密、不漏水，管（槽）内干净 | 现场检查 | 全面检查 |
| | | 5 | 施工记录 | 齐全、准确、清晰 | 查看 | 抽查 |
| | 一般项目 | 1 | 排水管网的固定 | 符合设计要求 | 现场检查 | 全面检查 |
| | | 2 | 排水系统引出 | 符合设计要求 | 现场检查 | |

（5）单元工程施工质量验收评定规定：地基管（槽）网排水系统通水检验合格的前提下，工序施工质量验收全部合格，该单元工程评定为合格；在合格的基础上，管（槽）网铺设及保护工序达到优良，该单元工程评定为优良。

## 三、喷锚支护和预应力锚索加固工程施工质量控制

### （一）一般规定

（1）注浆锚杆安装72h内，不应敲击、碰撞或悬挂重物，适用速凝材料而有特殊说明的例外。

（2）预应力锚束制作完成应进行外观检验，验收合格者签发合格证、编号挂牌后使用。

（3）预应力锚杆施加预应力设备、锚索张拉设备应由有资质的检定机构按期检定，并应经过建立和建设单位认可。

### （二）喷锚支护工程施工质量控制

（1）喷锚支护主要用于锚杆、喷射混凝土以及杆与喷射混凝土组合支护工程。

（2）单元工程划分：宜以每一施工区（段）划分为一个单元工程。

（3）其工序分为锚杆（包括钻孔）、喷混凝土（包括钢筋网制安）两个工序，其中锚杆为主要工序。

（4）喷锚支护施工质量标准见表2-88。

（5）单元工程施工质量验收评定规定：工序施工质量验收全部合格，该单元工程评定为合格；工序施工质量验收全部合格，其中锚杆工序达到优良，该单元工程评定为优良。

**表 2－88　　喷锚支护施工质量标准**

| 工序 | 项次 | | 检验项目 | 质量要求 | 检验方法 | 检验数量 |
| --- | --- | --- | --- | --- | --- | --- |
| 锚杆 | 主控项目 | 1 | 锚杆材质和胶结材料性能 | 符合设计要求 | 抽检，查看试验资料 | 按批抽查 |
| | | 2 | 孔深偏差 | ≤50mm | 钢尺、测杆量测 | 抽查 10%～15% |
| | | 3 | 锚孔清理 | 孔内无岩粉、无积水 | 观察检查 | |
| | | 4 | 锚杆抗拔（或无损检测） | 符合设计和规范要求 | 查看试验记录 | 每 300 根抽查 3 根 |
| | | | 预应力锚杆张拉力 | 符合设计和规范要求 | | |
| | 一般项目 | 1 | 锚杆孔位偏差 | ≤150mm（预应力锚杆：≤200mm） | 钢尺、仪器量测 | 抽查 10%～15% |
| | | 2 | 锚杆钻孔方向偏差 | 符合设计要求（预应力锚杆：≤3%） | 罗盘仪、仪器量测 | |
| | | 3 | 锚杆钻孔孔径 | 符合设计要求 | 钢尺量测 | |
| | | 4 | 锚杆长度偏差 | ≤5mm | 钢尺量测 | |
| | | 5 | 锚杆孔注浆 | 符合设计和规范要求 | 现场检查 | |
| | | 6 | 施工记录 | 齐全、准确、清晰 | 查看 | 抽查 |
| 喷混凝土 | 主控项目 | 1 | 喷混凝土性能 | 符合设计要求 | 抽检，查看试验资料 | 每 100m³ 不少于 2 组 |
| | | 2 | 喷层均匀性 | 个别处有夹层、包沙 | 现场取样 | 按规范要求抽查 |
| | | 3 | 喷层密实性 | 无滴水、个别点渗水 | 现场观察 | 全面检查 |
| | | 4 | 喷层厚度 | 符合设计和规范要求 | 针探、钻孔 | 按规范要求抽查 |
| | 一般项目 | 1 | 喷混凝土配合比 | 满足规范要求 | 查看试验资料 | 每个作业班检查 2 次 |
| | | 2 | 受喷面清理 | 符合设计及规范要求 | 现场观察 | 全面检查 |
| | | 3 | 喷层表面整体性 | 个别处有微细裂缝 | 观察检查 | |
| | | 4 | 喷层养护 | 符合设计及规范要求 | 观察，查施工记录 | |
| | | 5 | 钢筋（丝）网格间距偏差 | ≤20mm | 钢尺量测 | 按批抽查 |
| | | 6 | 钢筋（丝）网安装 | 符合设计及规范要求 | 现场检查，钢尺量测 | 全面检查 |
| | | 7 | 施工记录 | 齐全、准确、清晰 | 查看 | |

### （三）预应力锚索加固工程施工质量控制

（1）本节适用于预应力锚索加固岩土边坡或洞室围岩，加固混凝土结构物工程可参照使用。

（2）单元工程划分：单根预应力锚索设计张拉力不小于500kN的，应以每根锚索为一个单元工程；小于500kN的，应以3～5根锚索划分为一个单元工程。

（3）其单根锚索施工工序可分为：钻孔、锚束制作安装、外锚头制作和锚索张拉锁定（包括防护）四个工序，其中锚索张拉锁定为主要工序。

（4）单元工程施工质量验收评定应在单根锚索施工质量验收合格的基础上进行，单根锚索施工质量验收评定应在工序验收合格的基础上进行。

（5）单根预应力锚索施工质量标准见表2-89。

（6）预应力锚索加固单根锚索施工质量验收评定规定：工序施工质量验收全部合格，该锚索评定为合格；工序施工质量验收全部合格，其中三个及其以上工序达到优良，且锚索张拉锁定工序达到优良，该锚索评定为优良。

（7）预应力锚索加固单元工程施工质量验收评定规定：

1）对于单根锚索为一个单元工程的，以单根锚索施工质量验收结果作为单元工程验收评定结果；

2）对于多根锚索为一个单元工程的：锚索100%合格，优良率小于70%，该单元工程评定为合格；锚索100%合格，优良率不小于70%，该单元工程评定为优良。

**表2-89　　单根预应力锚索施工质量标准**

| 工序 | 项次 | | 检验项目 | 质量要求 | 检验方法 | 检验数量 |
|---|---|---|---|---|---|---|
| 钻孔 | 主控项目 | 1 | 孔径 | 不小于设计值 | 钢尺量测 | 逐孔 |
| | | 2 | 孔深 | 不小于设计值，有效孔深的超深不大于200mm | 钢尺配合钻杆量测 | |
| | | 3 | 机械式锚固段超径 | 不大于孔径的3%，且不大于5mm | 钢尺配合钻杆量测 | |
| | | 4 | 孔斜率 | 不大于3%，有特殊要求的不大于0.8% | 测斜仪 | |
| | | 5 | 钻孔围岩灌浆 | 符合设计和规范要求 | 压水试验等 | |
| | | 6 | 孔轴方向 | 符合设计要求 | 罗盘仪、测量仪器检测 | |
| | | 7 | 内锚头扩孔 | 符合设计和规范要求 | 查看施工记录 | |
| | 一般项目 | 1 | 孔位偏差 | ≤100mm | 钢尺量测 | |
| | | 2 | 钻孔清洗 | 孔内不应残留废渣、岩芯 | 观察 | |
| | | 3 | 施工记录 | 齐全、准确、清晰 | 查看 | |

续表

| 工序 | 项次 | | 检验项目 | 质量要求 | 检验方法 | 检验数量 |
|---|---|---|---|---|---|---|
| 锚束制作安装 | 主控项目 | 1 | 锚束材质、规格 | 符合设计和规范要求 | 室内试验、现场查看 | 抽样 |
| | | 2 | 注浆浆液性能 | 符合设计和规范要求 | 现场查看、室内试验 | |
| | | 3 | 编束 | 符合设计和工艺操作要求 | 钢尺量测 | 逐根 |
| | | 4 | 锚束进浆管、排气管 | 通畅，阻塞器完好 | 现场观察、检查 | 逐项 |
| | | 5 | 锚束安放 | 锚束应顺直，无弯曲、扭转现象 | 现场观察、检查 | 逐根 |
| | | 6 | 锚固端注浆 | 符合设计要求 | 现场观察、检查 | |
| | 一般项目 | 1 | 锚束外观 | 无锈、无油污、无残缺，防护涂层无损伤 | 现场观察、检查 | |
| | | 2 | 周边填料 | 符合设计要求 | 现场观察、检查 | |
| | | 3 | 锚束运输 | 符合设计要求 | 现场观察、检查 | |
| | | 4 | 施工记录 | 齐全、准确、清晰 | 查看 | |
| 外锚头制作 | 主控项目 | 1 | 垫板承压面与锚孔轴线夹角 | 90°±0.5° | 测量仪器量测 | 逐孔 |
| | 一般项目 | 1 | 混凝土性能 | 符合设计要求 | 现场取样试验 | 逐根 |
| | | 2 | 基面清理 | 符合设计要求 | 现场检查 | |
| | | 3 | 结构与体形 | 符合设计要求 | 现场检查，查看资料 | |
| 锚索张拉锁定 | 主控项目 | 1 | 锚索张拉程序、标准 | 符合设计及规范要求 | 查看施工方案和记录 | 逐根 |
| | | 2 | 锚索张拉 | 符合设计要求，符合张拉程序 | 现场观察 | |
| | | 3 | 索体伸长值 | 符合设计要求 | 现场检查，查看资料 | |
| | | 4 | 锚索锁定 | 符合设计及规范要求 | 现场检查 | |
| | | 5 | 施工记录 | 齐全、准确、清晰 | 查看 | |
| | 一般项目 | 1 | 锚具外索体切割 | 符合设计要求 | 现场检查 | |
| | | 2 | 封孔灌浆 | 密实，无连通气泡，无脱空 | 现场检查，查看资料 | |
| | | 3 | 锚头防护措施 | 符合设计要求 | 现场检查 | |

## 四、钻孔灌注桩工程施工质量控制

微课
2-6-2
桩基础工程施工质量控制

### （一）一般规定

（1）本节适用采用泥浆护壁钻孔施工的灌注桩，其他成孔施工方法的灌注桩可参照执行。

（2）单元工程划分：每一柱（墩）下的灌注桩基础划分为一个单元工程，不同桩径的灌注桩不宜划分为同一单元。

(3) 单孔灌注桩单桩施工工序：钻孔（包括清孔和检查）、钢筋笼制作安装、混凝土浇筑三个工序，其中混凝土浇筑为主要工序。

(4) 单元工程施工质量验收评定应在单桩施工质量验收合格基础上进行，单桩施工质量验收评定应在工序质量验收合格的基础上进行。

## (二) 钻孔灌注桩单桩施工

钻孔灌注桩单桩施工质量标准见表2-90。

**表2-90　　钻孔灌注桩单桩施工质量标准**

| 工序 | 项次 | | 检验项目 | 质量要求 | 检验方法 | 检验数量 |
|---|---|---|---|---|---|---|
| 钻孔 | 主控项目 | 1 | 孔位偏差 | 符合设计和规范要求 | 钢尺量测 | 逐桩 |
| | | 2 | 孔深 | 符合设计要求 | 核定钻杆、钻具长度，或测绳量测 | |
| | | 3 | 孔底沉渣厚度 | 端承桩，≤50mm；<br>摩擦桩，≤150mm；<br>摩擦端承桩、端承摩擦桩，≤100mm | 测锤或沉渣仪测定 | |
| | | 4 | 垂直度偏差 | <1% | 同径测斜工具或钻杆内小口径测斜仪或测井仪测定 | |
| | | 5 | 施工记录 | 齐全、准确、清晰 | 查看 | 抽查 |
| | 一般项目 | 1 | 孔径偏差 | ≤50mm | 测井仪测定或钻头量测 | 逐桩 |
| | | 2 | 孔内泥浆密度 | ≤1.25g/cm³（黏土泥浆）；<br><1.15g/cm³（膨润土泥浆） | 比重秤量测 | |
| | | 3 | 孔内泥浆含砂率 | ≤8%（黏土泥浆）<br><6%（膨润土泥浆） | 含砂量测定仪量测 | |
| | | 4 | 孔内泥浆黏度 | ≤28s（黏土泥浆） | 500mL/700mL漏斗量测 | |
| | | | | <22s（膨润土泥浆） | 马氏漏斗量测 | |
| 钢筋笼制安 | 主控项目 | 1 | 主筋间距偏差 | ≤10mm | 钢尺量测 | 逐桩 |
| | | 2 | 钢筋笼长度偏差 | ≤100mm | 钢尺量测 | |
| | | 3 | 施工记录 | 齐全、准确、清晰 | 查看 | 抽查 |
| | 一般项目 | 1 | 箍筋间距或螺旋筋螺距偏差 | ≤20mm | 钢尺量测 | 逐桩 |
| | | 2 | 钢筋笼直径偏差 | ≤10mm | 钢尺量测 | |
| | | 3 | 钢筋笼安放偏差 | 符合设计和规范要求 | 钢尺量测 | |

续表

| 工序 | 项次 | | 检验项目 | 质量要求 | 检验方法 | 检验数量 |
|---|---|---|---|---|---|---|
| 混凝土浇筑 | 主控项目 | 1 | 导管埋深 | ≥1m，且≤6m | 测绳量测 | 逐柱 |
| | | 2 | 混凝土上升速度 | ≥2m/h，或符合设计要求 | 测绳量测 | |
| | | 3 | 混凝土抗压强度等 | 符合设计要求 | 室内试验 | |
| | | 4 | 施工记录 | 齐全、准确、清晰 | 查看 | 抽查 |
| | 一般项目 | 1 | 混凝土坍落度 | 18～22cm | 坍落度筒和钢尺量测 | 逐桩 |
| | | 2 | 混凝土扩散度 | 34～38cm | 钢尺量测 | |
| | | 3 | 浇筑最终高度 | 符合设计要求 | 水准仪量测，需扣除桩顶浮浆层 | |
| | | 4 | 充盈系数 | >1 | 检查实际灌注量 | |

### （三）质量验收评定标准规定

（1）单桩施工质量验收评定规定：工序施工质量验收全部合格，该桩施工质量评定为合格；工序施工质量验收全部合格，两个及其以上工序质量达到优良，且混凝土浇筑工序达到优良，该桩评定为优良。

（2）单元工程施工质量验收评定规定：在单元工程实体质量检验符合设计要求的前提下，灌注桩100%合格，优良率小于70%，该单元工程评定为合格；在单元工程实体质量检验符合设计要求的前提下，灌注桩100%合格，优良率不小于70%，该单元工程评定为优良。

## 五、其他地基加固工程施工质量控制

### （一）振冲法地基加固工程施工质量控制

（1）单元工程划分：宜按一个独立基础、一个坝段、或不同要求地基区（段）划分为一个单元工程。

（2）其单元工程质量验收评定应在单桩施工质量验收评定合格的基础上进行。

（3）单桩施工质量标准见表2-91。

（4）单桩施工质量验收评定规定：主控项目检验点100%合格，一般项目逐项70%及以上的检验点合格，不合格点不集中分布，且不合格点的质量不超出有关规范或设计要求的限值，则该桩评定为合格；主控项目检验点100%合格，一般项目逐项90%及以上的检验点合格，不合格点不集中分布，且不合格点的质量不超出有关规范或设计要求的限值，则该桩评定为优良。

（5）单元工程施工质量验收评定规定：在单元工程效果检查符合设计要求前提下，振冲桩100%合格，优良率小于70%，该单元工程评定为合格；在单元工程效果检查符合设计要求前提下，振冲桩100%合格，优良率不小于70%，该单元工程评定为优良。

**表 2-91　　振冲法地基加固单桩施工质量标准**

| 项次 | | 检验项目 | 质　量　标　准 | 检　验　方　法 | 检验数量 |
|---|---|---|---|---|---|
| 主控项目 | 1 | 填料质量 | 符合设计要求 | 现场检查 | 按规定的检验批抽检 |
| | 2 | 填料数量 | 符合设计要求 | 现场计量、施工记录 | 逐桩 |
| | 3 | 有效加密电流 | 符合设计要求 | 电流表读数、施工记录 | |
| | 4 | 留振时间 | 符合设计要求 | 现场检查、施工记录 | |
| | 5 | 施工记录 | 齐全、准确、清晰 | 查看 | 抽查 |
| 一般项目 | 1 | 孔深 | 符合设计要求 | 量测振冲器导杆 | 逐桩 |
| | 2 | 造孔水压 | 符合设计要求 | 压力表量测 | |
| | 3 | 桩径偏差 | 符合设计要求 | 钢尺量测 | |
| | 4 | 填料水压 | 符合设计要求 | 压力表量测 | |
| | 5 | 加密段长度 | 符合设计要求 | 现场检查 | |
| | 6 | 桩中心位置偏差 | 符合设计和规范要求 | 钢尺量测 | |

微课
2-6-3
强夯地基工程施工质量控制

### （二）强夯法地基加固工程施工质量控制技术

（1）宜按 1000～2000m² 加固面积划分为一个单元工程。

（2）强夯法地基加固工程施工质量标准见表 2-92。

**表 2-92　　强夯法地基加固工程施工质量标准**

| 项次 | | 检　验　项　目 | 质　量　标　准 | 检　验　方　法 | 检验数量 |
|---|---|---|---|---|---|
| 主控项目 | 1 | 锤底面积、锤重 | 符合设计要求、锤重误差为±100kg | 查产品说明书、称重 | 全数 |
| | 2 | 夯锤落距 | 符合设计要求、误差为±300mm | 钢索设标志 | 抽查 |
| | 3 | 最后两击的平均夯沉量 | 符合设计要求 | 水准仪量测 | 逐点 |
| | 4 | 地基强度 | 符合设计要求 | 原位测试，室内土工试验 | 按设计要求 |
| | 5 | 地基承载力 | 符合设计要求 | 原位测试 | |
| | 6 | 施工记录 | 齐全、准确、清晰 | 查看 | 抽查 |
| 一般项目 | 1 | 夯点的夯击次数 | 符合设计要求 | 计数法 | 逐点 |
| | 2 | 夯击遍数及顺序 | 符合设计要求 | 计数法 | |
| | 3 | 夯点布置及夯点间距偏差 | ≤500mm | 钢尺量测 | |
| | 4 | 夯击范围 | 符合设计要求 | 钢尺量测 | 逐遍 |
| | 5 | 前后两遍间歇时间 | 符合设计要求 | 检查施工记录 | |

注　1. 对关键部位单元工程和重要隐蔽单元工程的施工质量验收评定应有设计、建设等单位的代表签字，具体要求应满足 SL 176《水利水电工程施工质量检验与评定规程》的规定。
2. 本表所填“单元工程量”不作为施工单位工程量结算计量的依据。

(3) 单元工程施工质量验收评定规定：主控项目检验点100%合格，一般项目逐项70%及以上的检验点合格，不合格点不集中分布，且不合格点的质量不超出有关规范或设计要求的限值，则该单元工程评定为合格；主控项目检验点100%合格，一般项目逐项90%及以上的检验点合格，不合格点不集中分布，且不合格点的质量不超出有关规范或设计要求的限值，则该单元工程评定为优良。

# 单元七　渠道工程施工质量监控技术

渠系建筑物主要包括渠道、渡槽、桥涵、倒虹吸管、跌水与陡坡、水闸等。渠道是其中的主要建筑物。

## 一、基础知识

### (一) 渠道施工内容及其特点

渠道施工包括渠道开挖、渠道填筑和渠道衬砌。

渠道施工的特点是工程量大、施工线路长、场地分散，但工种单一、技术要求低。

### (二) 渠道的渗透损失及防渗措施

渠道的水量损失，主要是渗透，其次是蒸发。在灌溉渠道中，有时渗透损失可达渠道流量的50%～60%。这不仅造成水量的消耗，还会引起地下水位的升高，以至促使附近农田盐碱化。

渠道的渗透流量随时间的增长而逐渐减少，一方面是因为渗透使土壤细颗粒移动，细颗粒填充了土壤中的孔隙；另一方面是因为水流中的悬移质和溶解盐进入渠床的土壤中，渠床周边形成透水性小的铺盖。

一般防止渗透的方法有两种：一种是提高渠床土壤的不透水性，另一种是衬砌渠床。

*1. 提高渠床不透水性的方法*

(1) 淤填法。采用人工把黏土抛入渠中，或有意向渠道泄放浑水。此法适于渠床土壤颗粒不均匀，又不存在大孔隙的情况下采用，渠中流速也不能太大，以免冲走淤填物。

(2) 机械压实法。在修建渠道时，通过压实土壤，以提高其不透水性，此法特别适用于填方渠道。

*2. 衬砌法*

渠道衬砌的作用是：减少渗透损失；防止冲刷；降低糙率，以增加渠道的输水能力；增加边坡的稳定性；保护渠床免受冰块或船只的冲撞；防止渠中生长杂草；防止穴居动物破坏边坡；加快输水时间。常采用的衬砌形式如下：

(1) 草皮护面。这是我国在沙质土层采用的一种方法，将草皮（具有厚壤土层）平铺在渠床上，并加拍打，主要起防冲、防渗作用；适用于坡度不大，流速不超过1.2m/s的渠道。

(2) 黏土衬砌。主要起防渗作用，边坡的结构形式类似土坝的斜墙。

(3) 石料衬砌。分为抛石、干砌石和浆砌石三种。

(4) 混凝土及钢筋混凝土衬砌。这种衬砌具有显著的防冲、防渗、降低糙率、稳定边坡、不生杂草的作用，但造价最高。

## 二、渠道工程施工质量检查与评定

### （一）一般规定

（1）单元工程划分：应按衬砌渠道左、右坡；渠底的变形缝划分，通常以单坡长度100m为一个单元工程。

微课 2-7-1

渠道工程施工质量控制

（2）单元工程的质量标准由削坡、永久排水设施、垫层铺设、混凝土浇筑、伸缩缝施工、附属工程等工序及混凝土外观质量标准组成。

（3）单元工程的质量检查可采用现场观察、现场测量、仪器测量等方法。

### （二）削坡质量控制

（1）质量检查项目和质量标准见表2-93。

（2）检测数量：每工序应不少于10个测点。

（3）工序质量评定。

合格：主控项目符合质量标准；一般项目不少于70%的检测点符合质量要求。

优良：主控项目符合质量标准；一般项目不少于90%的检测点符合质量要求。

**表2-93　削坡质量检查项目和质量标准**

| 项次 | | 项目 | 质量标准 |
|---|---|---|---|
| 主控项目 | 1 | 渠底渠坡清理 | 各种杂草、树根、杂物、杂质土、弹簧土、浮土等按设计要求清理干净 |
| | 2 | 渠坍坡处理 | 对雨淋沟和坍坡，按设计要求厚度补坡后进行压实削皮 |
| 一般项目 | 1 | 补坡压实度 | 渠底压实度0.90；渠坡压实度0.92 |
| | 2 | 渠口边坡 | 允许偏差：直线段±20mm；曲线段±50mm |
| | 3 | 坡面局部平整度 | 允许偏差：2cm/2m |

### （三）永久排水设施质量检查项目和质量标准按设计图纸确定

### （四）砂砾料垫层铺设

（1）砂砾料垫层质量检查项目和质量标准见表2-94。

**表2-94　砂砾料垫层质量检查项目和质量标准**

| 项次 | | 项目 | 质量标准 |
|---|---|---|---|
| 主控项目 | 1 | 基面 | 垫层的基面必须符合削坡工序质量要求 |
| | 2 | 砂砾料 | 质地坚硬清洁，级配连续良好，不含泥块杂物 |
| | 3 | 砂砾料垫层铺设 | 铺料前适量洒水，厚度要均匀，用机械碾压达到密实、平整，压实后及时进行表面防水处理；不允许人为踩踏 |
| 一般项目 | 1 | 砂砾料垫层厚度 | 偏小值不大于设计厚度的15%，平均厚度要达到设计要求 |
| | 2 | 砂砾料垫层密实度 | 不小于设计值 |
| | 3 | 砂砾料垫层平整度 | 允许偏差不大于1cm/2m |

（2）检测数量：每工序应不少于10个测点。

（3）工序质量评定。

合格：主控项目符合质量标准；一般项目不少于70%的检测点符合质量要求。

优良：主控项目符合质量标准；一般项目不少于90%的检测点符合质量要求。

## （五）衬砌混凝土板施工质量控制

（1）质量检查项目和质量标准见表2－95。

**表2－95　衬砌混凝土浇筑质量检查项目和质量标准**

| 项次 | | 项目 | 质量标准 | |
|---|---|---|---|---|
| | | | 优良 | 合格 |
| 主控项目 | 1 | 入仓混凝土 | 无不合格料入仓 | 少量不合格料入仓，经处理后满足设计及规范要求 |
| | 2 | 铺料平仓 | 铺料均匀，平仓齐平，无骨料集中现象 | 局部稍差 |
| | 3 | 混凝土振捣 | 留振时间合理，无漏振，振捣密实，表面出浆 | 无漏振，无过振 |
| | 4 | 养护 | 终凝前喷雾养护，保持湿润，连续养护不应少于28d | 表面保持湿润，短时间内局部有干燥现象，连续养护时间基本满足设计要求 |
| 一般项目 | 1 | 模板 | 符合模板设计要求 | 基本符合设计要求 |
| | 2 | 混凝土浇筑温度 | 满足设计要求 | 基本满足设计要求 |
| | 3 | 泌水 | 无泌水 | 有少量泌水 |
| | 4 | 离析 | 无 | 有轻微离析 |

（2）检测数量：在混凝土浇筑过程中随时检查；对混凝土外观进行全面检查，见表2－96。

**表2－96　混凝土板外观质量检查项目和质量标准**

| 项次 | | 项目 | 质量标准 | |
|---|---|---|---|---|
| | | | 优良 | 合格 |
| 主控项目 | 1 | 几何尺寸 | 上口宽：＜设计值＋4cm | 上口宽：设计值＋4cm |
| | | | 底宽：＜设计值＋3cm | 底宽：设计值＋3cm |
| | 2 | 混凝土坡面平整度 | ≤5mm/2m | ≤8mm/2m |
| | 3 | 贯穿性裂缝 | 无 | 经处理后符合设计要求 |
| | 4 | 露石 | 无 | 局部少量，累计面积不超过0.5% |
| 一般项目 | 1 | 蜂窝空洞 | 无 | 轻微、少量、不连续，单个面积不超过0.1$m^2$ |
| | 2 | 碰损掉边 | 无 | 重要部位不允许，其他部位轻微少量，经处理后符合设计要求 |
| | 3 | 表面裂缝 | 无 | 局部有少量不规则干缩裂纹 |

(3) 质量评定。

合格：主控项目符合合格质量标准；一般项目不少于70%的检测点符合质量要求。

优良：主控项目符合优良质量标准；一般项目不少于90%的检测点符合质量要求。

### (六) 伸缩缝施工质量控制

(1) 质量检查项目和质量标准见表2-97。

**表2-97　伸缩缝质量检查项目和质量标准**

| 项次 | | 项目 | 质量标准 |
|---|---|---|---|
| 主控项目 | 1 | 填充材料 | 应符合设计要求和填充材料质量标准 |
| | 2 | 灌缝材料 | 灌缝材料性能符合设计要求；密封胶应达到规定的质量要求 |
| | 3 | 伸缩缝清理 | 填充前对伸缩缝内的灰末及松动混凝土余渣等杂物清理干净 |
| | 4 | 伸缩缝填充 | 填充材料必须准确到位；灌缝材料应饱满，顶部与混凝土表面齐平，黏结牢固，密封胶压实抹光，边缘顺直 |
| 一般项目 | 1 | 伸缩缝宽度 | 设计缝宽±1mm |
| | 2 | 伸缩缝顺直度 | 15mm/20m |
| | 3 | 切缝深度 | 设计值±5mm |
| | 4 | 灌缝厚度 | 不小于设计厚度值 |

(2) 检测数量：每工序应不少于10个测点。

(3) 工序质量评定。

合格：主控项目符合质量标准；一般项目不少于70%的检测点符合质量要求。

优良：主控项目符合质量标准；一般项目不少于90%的检测点符合质量要求。

### (七) 附属工程质量控制

附属工程的质量检查项目和质量标准按设计图纸确定。

### (八) 单元工程质量等级评定标准

合格：削坡、永久排水设施、垫层铺设、混凝土浇筑、伸缩缝施工、附属工程等工序及混凝土外观全部达到合格，单元工程质量等级合格。

优良：永久排水设施、垫层铺设、伸缩缝施工、附属工程等工序及混凝土外观5项达到合格并且其中任意一项达到优良，削坡、混凝土浇筑主要工序全部达到优良，单元工程质量等级为优良。

微课
2-8-1

堤防工程施工质量控制与评定

# 单元八　堤防工程施工质量监控技术

## 一、堤基清理质量控制与评定

### (一) 施工准备

1. 一般规定

(1) 施工单位开工前，应对合同或设计文件进行深入研究，并应结合施工具体条件编制施工设计，堤防工程施工可分段或分项编制，跨年度工程还应分年编制。

（2）开工前，应做好各项技术准备，并做好“四通一平”、临建工程、各种设备和器材等的准备工作。

（3）取土区和弃土堆放场地应少占耕地，不妨碍行洪和引排水，并做好现场勘定工作。

（4）应根据水文气象资料合理安排施工计划。

2. 测量、放样

（1）堤防工程基线相对于邻近基本控制点，平面位置允许误差±（30～50）mm，高程允许误差±30mm。

（2）堤防断面放样、立模、填筑轮廓，宜根据不同堤型相隔一定距离设立样架。其测点相对设计的限值误差，平面为±50mm，高程为±30mm，堤轴线点为±30mm，高程负值不得连续出现，并不得超过总测点的30%。

（3）堤防基线的永久标石、标架埋设必须牢固，施工中须严加保护，并及时检查维护，定时核查、校正。

（4）堤身放样时应根据设计要求预留堤基、堤身的沉降量。

3. 料场核查

开工前，施工单位应对料场进行现场核查，内容如下：

（1）料场位置、开挖范围和开采条件，并对可开采土料厚度及储量作出估算。

（2）了解料场的水文地质条件和采料时受水位变动影响的情况。

（3）普查料场土质和土的天然含水量。

（4）根据设计要求对料场土质做简易鉴别，对筑堤土料的适用性做初步评估。

（5）核查土料特性，采集代表性土样，按GB/T 50123—2019《土工试验方法标准》的要求做颗粒组成、黏性土的液塑限和击实、砂性土的相对密度等试验。

（6）料场土料的可开采储量应大于填筑需要量的1.5倍。

（7）应根据设计文件要求划定取土区，并设立标志，严禁在堤身两侧设计规定的保护范围内取土。

### （二）堤基施工的一般要求

堤基施工系隐蔽工程施工，因此施工技术应从严要求，制订有关施工方案与技术措施，保证堤基施工的质量，避免以后工程运行中产生不可挽回的危害与损失。

对比较复杂或施工难度较大的堤基，施工前应进行现场试验，这是解决堤基施工中存在的问题、取得必要施工技术参数的关键性手段，并有利于堤基处理组织实施，保证工程质量。

冰夹层和冻胀土层的融化处理，通常采用自然升温法或夜间地膜保温法，以及土墙挡风法等。个别严寒地区亦可考虑在温棚内加温融化，如黑龙江省冻土层很厚，要求融化层达50cm时方可进行堤基处理与填筑堤身。

基坑渗水和积水是堤基施工经常遇到的问题，处理不当就会出现事故或造成严重质量隐患，对较深基坑，要采取措施防止坍岸、滑坡等事故的发生，消除隐患。

### （三）堤基清理

堤基清理是保证堤基与堤身结合面有抗渗、抗滑要求的关键施工措施，必须认真对待。清理边线的余量，在人工施工时，宜采用较小尺寸；机械施工时，宜采用较大尺寸。

基面清理时，必须根据设计要求将树木、草皮、树根、乱石、坟墓以及动物巢穴、白蚁穴、窑洞、井窖、地道、房基等全部清理与处理，堤基表层的不合格土如淤泥、腐殖土、泥炭以及浮土、松土、杂质土、风化剥离石块、坡积物滑坡体等与勘探施工时遗留的坑、槽、孔、穴等，往往会被忽视或处理不彻底，以致酿成后患，故均必须认真处理。

堤防工程施工中产生的废渣、弃料、杂质、污水等施工废物的乱堆、乱放、乱排，不但影响环境卫生、施工安全，也会影响施工进度和施工质量。

基面保护除盖一般塑料膜外，也可预留 10～30cm 保护土层，待继续施工时再开挖、清理、检验。

沿海淤泥质滩涂或地势低洼、地下水埋深较浅的软土堤基，软土层厚度较大，难于替换，或者附近无大量其他土料可取，堤基土质状况不易改变，这种土质实施碾压则易发生液化，产生弹簧土。因此，堤基清理要求压实时应无显著凸凹，表面无松土、无弹簧土。

1. 堤基清理要求

(1) 堤基清理的范围应包括堤身、戗台、铺盖、压载的基面，其边界应在设计基面边线外，老堤加高培厚，其清理范围尚应包括堤顶及堤坡。

(2) 堤基表层的淤泥、腐殖土、泥炭等不合格土及草皮、树根、建筑垃圾等杂物必须清除。

(3) 堤基内的井窖、墓穴、树坑、坑塘及动物巢穴，应按堤身填筑要求进行回填处理。

(4) 堤基清理后，应在第一次铺填前进行平整。除了深厚的软弱堤基需另行处理外，还应进行压实，压实后的质量应符合设计要求。

(5) 新老堤结合部的清理、刨毛，应符合 SL 260—2014《堤防工程施工规范》的要求。

2. 堤基清理单元工程质量控制

(1) 沿堤轴线方向将施工段长 100～500m 划分为一个单元工程。

(2) 其单元工程工序宜分为基面清理和基面平整压实两个工序，其中基面平整压实为主要工序。

(3) 堤基内坑、槽、沟、穴等的回填土料土质符合设计要求。

(4) 基面清理施工质量标准见表 2-98；基面平整压实施工质量标准见表 2-99。

## 二、土料碾压筑堤施工质量控制

### (一) 一般规定

(1) 单元工程划分：对于新筑堤是按层、堤段划分单元工程；对于老堤加高培厚，按施工填筑量每 500～2000$m^2$ 为一个单元工程。

(2) 其单元工程工序宜分为土料摊铺、土料碾压两个工序，其中土料碾压为主要工序。

(3) 土料防渗体填筑要求：

1) 黏土料的土质及其含水率应符合设计和碾压试验确定的要求。

表 2-98　　基面清理施工质量标准

| 项次 | | 检验项目 | 质量标准 | 检验方法 | 检验数量 |
|---|---|---|---|---|---|
| 主控项目 | 1 | 表层清理 | 堤基表层的淤泥、腐殖土、泥炭土、草皮、树根、建筑垃圾等应清理干净 | 观察 | 全面检查 |
| | 2 | 堤基内坑、槽、沟、穴等处理 | 按设计要求清理后回填、压实 | 土工试验 | 每处、每层超过 $400m^2$ 时每 $400m^2$ 取样 1 个 |
| | 3 | 结合部处理 | 清除结合部表面杂物，并将结合部挖成台阶状 | 观察 | 全面检查 |
| 一般项目 | 1 | 清理范围 | 基面清理包括堤身、戗台、铺盖、盖重、堤岸防护工程的基面，其边界应在设计边线外 0.3～0.5m；老堤加高培厚的清理尚应包括堤坡及堤顶等 | 量测 | 按施工段堤轴线长 20～50m 量测 1 次 |

表 2-99　　基面平整压实施工质量标准

| 项次 | | 检验项目 | 质量标准 | 检验方法 | 检验数量 |
|---|---|---|---|---|---|
| 主控项目 | 1 | 堤基表面压实 | 堤基清理后应按堤身填筑要求压实，并无松土、无弹簧土等 | 土工试验 | 每 400～$800m^2$ 取样 1 个 |
| 一般项目 | 1 | 基面平整 | 基面应无明显凹凸 | 观察 | 全面检查 |

2）填筑作业应按水平层次铺填，不得顺坡填筑。分段作业面的最小长度，机械作业不应小于 100m，人工作业不应小于 50m。应分层统一铺土，统一碾压，严禁出现界沟。当相邻作业面之间不可避免出现高差时，应按照 SL 260—2014《堤防工程施工规范》的规定施工。

3）必须分层填筑，铺料厚度和土块直径的限制尺寸应符合表 2-101 的规定。

4）碾压机械行走方向应平行于堤轴线，相邻作业面的碾迹必须搭接。搭接碾压宽度，平行堤轴线方向不应小于 0.5m，垂直堤轴线方向不应小于 1.5m，机械碾压不到的部位应采用人工或机械夯实，夯击应连环套打，双向套压，夯迹搭压宽度不应小于 1/3 夯径。

5）土料的压实指标应根据试验成果和 GB 50286—2013《堤防工程设计规范》的设计压实度要求确定设计干密度值进行控制。

### （二）土料摊铺施工质量标准

土料摊铺施工质量标准见表 2-100，铺料厚度和土块限制直径见表 2-101，土料碾压施工质量标准见表 2-102，土料填筑压实度或相对密度合格标准见表 2-103。

## 三、土料吹填筑堤施工质量控制

### （一）一般规定

（1）单元工程划分：宜按 1 个吹填围堰区段（仓）或按堤轴线施工段长 100～500m 划分为一个单元工程。

**表 2-100　　土料摊铺施工质量标准**

| 项次 | | 检验项目 | 质量标准 | 检验方法 | 检验数量 |
|---|---|---|---|---|---|
| 主控项目 | 1 | 土块直径 | 符合表 2-101 的要求 | 观察、量测 | 全数检查 |
| | 2 | 铺土厚度 | 符合碾压试验或表 2-101 的要求，允许偏差为－5.0～0cm | 量测 | 按作业面积每 100～200m² 检测 1 个点 |
| 一般项目 | 1 | 作业面分段长度 | 人工作业不小于 50m，机械作业不小于 100m | 量测 | 全数检查 |
| | 2 | 铺填边线超宽值 | 人工铺料大于 10cm，机械铺料大于 30cm | 量测 | 按堤轴线方向每 20～50m 检测 1 个点 |
| | | | 防渗体：0～10cm | | 按堤轴线方向每 20～30m 或按填筑面积每 100～400m² 检测 1 个点 |
| | | | 包边盖顶：0～10cm | | |

**表 2-101　　铺料厚度和土块限制直径**

| 压实功能类型 | 压实机具种类 | 铺料厚度/cm | 土块限制直径/cm |
|---|---|---|---|
| 轻型 | 人工夯、机械夯 | 15～20 | ≤5 |
| | 5～10t 平碾 | 20～25 | ≤8 |
| 中型 | 12～15t 平碾、斗容 2.5m³ 铲运机、5～8t 振动碾 | 25～30 | ≤10 |
| 重型 | 斗容大于 7m³ 铲运机、10～16t 振动碾、加载气胎碾 | 30～50 | ≤15 |

**表 2-102　　土料碾压施工质量标准**

| 项次 | | 检验项目 | 质量标准 | 检验方法 | 检验数量 |
|---|---|---|---|---|---|
| 主控项目 | 1 | 压实度或相对密度 | 符合设计要求和表 2-103 的规定 | 土工试验 | 每填筑 100～200m³ 取样 1 个，堤防加固按堤轴线方向每 20～50m 取样 1 个 |
| 一般项目 | 1 | 搭接碾压宽度 | 平行堤轴线方向不小于 0.5m，垂直堤轴线方向不小于 1.5m | 观察、量测 | 全数检查 |
| | 2 | 碾压作业程序 | 应符合 SL 260《堤防工程施工规范》的规定 | 检查 | 每台班 2～3 次 |

**表 2-103　　土料填筑压实度或相对密度合格标准**

| 序号 | 上堤土料 | 堤防级别 | 压实度/% | 相对密度 | 压实度或相对密度合格率/% | | |
|---|---|---|---|---|---|---|---|
| | | | | | 新筑堤 | 老堤加高培厚 | 防渗体 |
| 1 | 黏性土 | 1 级 | ≥94 | — | ≥85 | ≥85 | ≥90 |
| | | 2 级和高度超过 6m 的 3 级堤防 | ≥92 | — | ≥85 | ≥85 | ≥90 |
| | | 3 级以下及低于 6m 的 3 级堤防 | ≥90 | — | ≥80 | ≥80 | ≥85 |

续表

| 序号 | 上堤土料 | 堤防级别 | 压实度/% | 相对密度 | 压实度或相对密度合格率/% | | |
|---|---|---|---|---|---|---|---|
| | | | | | 新筑堤 | 老堤加高培厚 | 防渗体 |
| 2 | 少黏性土 | 1级 | ≥94 | — | ≥90 | ≥85 | — |
| | | 2级和高度超过6m的3级堤防 | ≥92 | — | ≥90 | ≥85 | — |
| | | 3级以下及低于6m的3级堤防 | ≥90 | — | ≥85 | ≥80 | — |
| 3 | 无黏性土 | 1级 | — | ≥0.65 | ≥85 | ≥85 | — |
| | | 2级和高度超过6m的3级堤防 | — | ≥0.65 | ≥85 | ≥85 | — |
| | | 3级以下及低于6m的3级堤防 | — | ≥0.60 | ≥80 | ≥80 | — |

(2) 其工序分为围堰修筑和土料吹填两个工序，其中土料吹填为主要工序。

(3) 单元工程施工前应采集代表性土样复核围堰土质、确定压实控制指标以及吹填土料的土质。

### (二) 围堰修筑及土料吹填

围堰修筑施工质量标准见表2-104；土料吹填施工质量标准见表2-105。

**表2-104　围堰修筑施工质量标准**

| 项次 | | 检验项目 | 质量标准 | 检验方法 | 检验数量 |
|---|---|---|---|---|---|
| 主控项目 | 1 | 铺土厚度 | 允许偏差为-5.0～0cm | 量测 | 按作业面积每100～200m$^2$检测1个点 |
| | 2 | 围堰压实 | 符合设计要求和老堤加高培厚合格率要求 | 土工试验 | 按堰长每20～50m量测1个点 |
| 一般项目 | 1 | 铺填边线超宽值 | 人工铺料大于10cm，机械铺料大于30cm | 量测 | 按堰长每50～100m量测1个断面 |
| | 2 | 围堰取土坑距堰、堤脚距离 | 不小于3m | 量测 | 按堰长每50～100m量测1个点 |

**表2-105　土料吹填施工质量标准**

| 项次 | | 检验项目 | 质量标准 | 检验方法 | 检验数量 |
|---|---|---|---|---|---|
| 主控项目 | 1 | 吹填干密度 | 符合设计要求 | 土工试验 | 每200～400m$^2$取样1个 |
| | 2 | 吹填高度 | 允许偏差为0～0.3m | 测量 | 按堤轴线方向每50～100m测1个断面，每断面10～20m测1个点 |
| 一般项目 | 1 | 输泥管出口位置 | 合理安放、适时调整，吹填区沿程沉积的泥沙颗粒无显著差异 | 观察 | 全面检查 |

## 四、堤身与建筑物结合部填筑施工质量控制

### （一）一般规定

（1）单元工程划分：宜按填筑工程量相近原则，可将5个以下填筑层划分为一个单元工程。

（2）其工序可分为建筑物表面涂浆和结合部填筑两个工序，其中结合部填筑为主要工序。

（3）单元工程施工前应采集代表性土样复核填筑土料的土质、确定压实指标。

### （二）建筑物表面涂浆及结合部填筑施工

建筑物表面涂浆施工质量标准见表2-106；结合部填筑施工质量标准见表2-107。

表2-106　建筑物表面涂浆施工质量标准

| 项次 | | 检验项目 | 质量标准 | 检验方法 | 检验数量 |
|---|---|---|---|---|---|
| 主控项目 | 1 | 制浆土料 | 符合设计要求，塑性指数 $I_P>17$ | 土工试验 | 每料源取样1个 |
| 一般项目 | 1 | 建筑物表面清理 | 清除建筑物表面乳皮、粉尘及附着杂物 | 观察 | 全数检查 |
| | 2 | 涂层泥浆浓度 | 水土重量比为：1∶2.5～1∶3.0 | 试验 | 每班测1次 |
| | 3 | 涂浆操作 | 建筑物表面洒水，涂浆高度与铺土厚度一致，且保持涂浆层湿润 | 观察 | 全数检查 |
| | 4 | 涂层厚度 | 3～5mm | 观察 | |

表2-107　结合部填筑施工质量标准

| 项次 | | 检验项目 | 质量标准 | 检验方法 | 检验数量 |
|---|---|---|---|---|---|
| 主控项目 | 1 | 土块直径 | <5cm | 观察 | 全数检查 |
| | 2 | 铺土厚度 | 15～20cm | 量测 | 每层测1个点 |
| | 3 | 土料填筑压实度 | 符合设计和新筑堤的要求 | 试验 | 每层至少取样1个 |
| 一般项目 | 1 | 铺填边线超宽值 | 人工铺料大于10cm，机械铺料大于30cm | 量测 | 每层测1个点 |

## 五、防冲体护脚工程施工质量控制

### （一）一般规定

（1）单元工程划分：宜按平顺护岸的施工段长60～80m或以每个丁坝、垛的护脚工程划分为一个单元工程。

（2）其工序可分为防冲体制备和防冲体抛投两个工序，其中防冲体抛投为主要工序。

### （二）不同防冲体制备及防冲体抛投施工

不同防冲体制备施工质量标准见表2-108～表2-112，防冲体抛投施工质量标准见表2-113。

表 2-108　　散抛石质量标准

| 项　次 | 检验项目 | 质量标准 | 检验方法 | 检验数量 |
|---|---|---|---|---|
| 一般项目 | 石料的块径、块重 | 符合设计要求 | 检查 | 全数检查 |

表 2-109　　石笼防冲体制备质量标准

| 项次 | 检验项目 | 质量标准 | 检验方法 | 检验数量 | 检查（测）记录或备查资料名称 |
|---|---|---|---|---|---|
| 主控项目 | 钢筋（丝）笼网目尺寸 | 不大于填充块石的最小块径 | 观察 | 全数检查 | |
| 一般项目 | 防冲体体积 | 符合设计要求；允许偏差为 0～10% | 检测 | | |

表 2-110　　预制防冲体制备施工质量标准

| 项　次 | 检验项目 | 质量标准 | 检验方法 | 检验数量 |
|---|---|---|---|---|
| 主控项目 | 预制防冲体尺寸 | 不小于设计值 | 量测 | 每 50 块至少检测 1 块 |
| 一般项目 | 预制防冲体外观 | 无断裂、无严重破损 | 检查 | 全数检查 |

表 2-111　　土工袋（包）防冲体制备施工质量标准

| 项　次 | 检验项目 | 质量标准 | 检验方法 | 检验数量 | 检查（测）记录或备查资料名称 |
|---|---|---|---|---|---|
| 主控项目 | 土工袋（包）封口 | 封口应牢固 | 检查 | 全数检查 | |
| 一般项目 | 土工袋（包）充填度 | 70%～80% | 观察 | | |

表 2-112　　柴枕防冲体制备施工质量标准

| 项　次 | | 检验项目 | 质量标准 | 检验方法 | 检验数量 | 检查（测）记录或备查资料名称 |
|---|---|---|---|---|---|---|
| 主控项目 | 1 | 柴枕的长度和直径 | 不小于设计值 | 检验 | 全数检查 | |
| | 2 | 石料用量 | 符合设计要求 | 检验 | | |
| 一般项目 | 1 | 捆枕工艺 | 符合 SL 260《堤防工程施工规范》的要求 | 观察 | | |

表 2-113　　防冲体抛投施工质量标准

| 项　次 | | 检验项目 | 质量标准 | 检验方法 | 检验数量 |
|---|---|---|---|---|---|
| 主控项目 | 1 | 抛投数量 | 符合设计要求，允许偏差为 0～10% | 量测 | 全数检查 |
| | 2 | 抛投程序 | 符合 SL 260《堤防工程施工规范》或抛投试验的要求 | 检查 | |
| 一般项目 | 1 | 抛投断面 | 符合设计要求 | 量测 | 抛投前、后每 20～50m 测 1 个横断面，每横断面 5～10m 测 1 个点 |

## 六、沉排护脚工程施工质量控制

### （一）一般规定

（1）单元工程划分：宜按平顺护岸的施工段长60～80m或以每个丁坝、垛的护脚工程为一个单元工程。

（2）其工序可分为沉排锚定和沉排铺设两个工序，其中沉排铺设为主要工序。

### （二）施工质量控制标准

（1）沉排锚定施工质量标准见表2-114。

（2）旱地或冰上铺设铰链混凝土块沉排铺设施工质量标准见表2-115。

（3）水下铰链混凝土块沉排铺设施工质量标准见表2-116。

（4）旱地或冰上土工织物软体沉排铺设施工质量标准见表2-117。

（5）水下土工织物软体沉排铺设施工质量标准见表2-118。

**表2-114　　沉排锚定施工质量标准**

| 项次 | | 检验项目 | 质量标准 | 检验方法 | 检验数量 |
|---|---|---|---|---|---|
| 主控项目 | 1 | 系排梁、锚桩等锚定系统的制作 | 符合设计要求 | 参照SL 632《水利水电工程单元工程施工质量验收评定标准——混凝土工程》 | |
| 一般项目 | 1 | 锚定系统平面位置及高程 | 允许偏差为±10cm | 量测 | 全数检查 |
| | 2 | 系排梁或锚桩尺寸 | 允许偏差为±3cm | 量测 | 每5m长系排梁或每5根锚桩检测1处（点） |

**表2-115　　旱地或冰上铺设铰链混凝土块沉排铺设施工质量标准**

| 项次 | | 检验项目 | 质量标准 | 检验方法 | 检验数量 |
|---|---|---|---|---|---|
| 主控项目 | 1 | 铰链混凝土块沉排制作与安装 | 符合设计要求 | 观察 | 全数检查 |
| | 2 | 沉排搭接宽度 | 不小于设计值 | 量测 | 每条搭接缝或每30m搭接缝长检查1个点 |
| 一般项目 | 1 | 旱地沉排保护层厚度 | 不小于设计值 | 量测 | 每40～80m$^2$检测1个点 |
| | 2 | 旱地沉排铺放高程 | 允许偏差为±0.2m | 量测 | |

**表2-116　　水下铰链混凝土块沉排铺设施工质量标准**

| 项次 | | 检验项目 | 质量标准 | 检验方法 | 检验数量 |
|---|---|---|---|---|---|
| 主控项目 | 1 | 铰链混凝土块沉排制作与安装 | 符合设计要求 | 观察 | 全数检查 |
| | 2 | 沉排搭接宽度 | 不小于设计值 | 量测 | 每条搭接缝或每30m搭接缝长检查1个点 |
| 一般项目 | 1 | 沉排船定位 | 符合设计和SL 260《堤防工程施工规范》的要求 | 观察 | 全数检查 |
| | 2 | 铺排程序 | 符合SL 260《堤防工程施工规范》的要求 | 检查 | |

表 2-117　　旱地或冰上土工织物软体沉排铺设施工质量标准

| 项 | 次 | 检验项目 | 质量标准 | 检验方法 | 检验数量 |
|---|---|---|---|---|---|
| 主控项目 | 1 | 沉排搭接宽度 | 不小于设计值 | 量测 | 每条搭接缝或每 30m 搭接缝长检查 1 个点 |
| | 2 | 软体排厚度 | 允许偏差为±5%的设计值 | 量测 | 每 10～20$m^2$ 检测 1 个点 |
| 一般项目 | 1 | 旱地沉排铺放高程 | 允许偏差为±0.2m | 量测 | 每 40～80$m^2$ 检测 1 个点 |
| | 2 | 旱地沉排保护层厚度 | 不小于设计值 | 量测 | |

表 2-118　　水下土工织物软体沉排铺设施工质量标准

| 项 | 次 | 检验项目 | 质量标准 | 检验方法 | 检验数量 |
|---|---|---|---|---|---|
| 主控项目 | 1 | 沉排搭接宽度 | 不小于设计值 | 量测 | 每条搭接缝或每 30m 搭接缝长检测 1 个点 |
| | 2 | 软体排厚度 | 允许偏差为±5%的设计值 | 量测 | 每 20～40$m^2$ 检测 1 个点 |
| 一般项目 | 1 | 沉排船定位 | 符合设计和 SL 260《堤防工程施工规范》的要求 | 观察 | 全数检查 |
| | 2 | 铺排程序 | 符合 SL 260《堤防工程施工规范》的要求 | 观察 | |

## 七、护坡工程施工质量控制

### （一）单元工程划分

平顺护岸的护坡工程宜按施工段长 60～100m 划分为一个单元工程；现浇混凝土护坡宜按 30～50m 划分为一个单元工程；丁坝、垛的护坡工程宜按每个坝、垛划分为一个单元工程。

### （二）单元工程施工质量标准

（1）砂（石）垫层单元工程施工质量标准见表 2-119。
（2）土工织物铺设单元工程施工质量标准见表 2-120。
（3）毛石粗排护坡单元工程施工质量标准见表 2-121。
（4）石笼护坡单元工程施工质量标准见表 2-122。
（5）干砌石护坡单元工程施工质量标准见表 2-123。
（6）浆砌石护坡单元工程施工质量标准见表 2-124。
（7）混凝土预制块护坡单元工程施工质量标准见表 2-125。
（8）现浇混凝土护坡单元工程施工质量标准见表 2-126。
（9）模袋混凝土护坡单元工程施工质量标准见表 2-127。
（10）灌砌石护坡单元工程施工质量标准见表 2-128。
（11）植草护坡单元工程施工质量标准见表 2-129。
（12）防浪护堤林单元工程施工质量标准见表 2-130。

## 八、河道疏浚工程施工质量控制

### （一）单元工程划分

按设计、施工控制质量要求，每一疏浚河段划分为一个单元工程；当设计无特殊要求时，宜按 200～500m 划分为一个单元工程。

### （二）河道疏浚

河道疏浚单元工程施工质量标准见表 2－131，不同类型挖泥船开挖横断面每边最大允许超宽值和最大允许超深值见表 2－132。

**表 2－119　砂（石）垫层单元工程施工质量标准**

| 项次 | | 检验项目 | 质量标准 | 检验方法 | 检验数量 |
|---|---|---|---|---|---|
| 主控项目 | 1 | 砂、石级配 | 符合设计要求 | 土工试验 | 每单元工程取样 1 个 |
| | 2 | 砂、石垫层厚度 | 允许偏差为±15％的设计厚度 | 量测 | 每 $20m^2$ 检测 1 个点 |
| 一般项目 | 1 | 垫层基面表面平整度 | 符合设计要求 | 量测 | 每 $20m^2$ 检测 1 处 |
| | 2 | 垫层基面坡度 | 符合设计要求 | 坡度尺量测 | |

注　1. 对关键部位单元工程和重要隐蔽单元工程的施工质量验收评定应有设计、建设等单位的代表签字，具体要求应满足 SL 176《水利水电工程施工质量检验与评定规程》的规定。
2. 本表所填“单元工程量”不作为施工单位工程量结算计量的依据。

**表 2－120　土工织物铺设单元工程施工质量标准**

| 项次 | | 检验项目 | 质量标准 | 检验方法 | 检验数量 |
|---|---|---|---|---|---|
| 主控项目 | 1 | 土工织物锚固 | 符合设计要求 | 检查 | 检查 |
| 一般项目 | 1 | 垫层基面表面平整度 | | 量测 | 量测 |
| | 2 | 垫层基面坡度 | | 坡度尺量测 | 每 $20m^2$ 检测 1 个点 |
| | 3 | 土工织物垫层连接方式和搭接长度 | | 观察、量测 | 全数检查 |

注　1. 对关键部位单元工程和重要隐蔽单元工程的施工质量验收评定应有设计、建设等单位的代表签字，具体要求应满足 SL 176《水利水电工程施工质量检验与评定规程》的规定。
2. 本表所填“单元工程量”不作为施工单位工程量结算计量的依据。

**表 2－121　毛石粗排护坡单元工程施工质量标准**

| 项次 | | 检验项目 | 质量标准 | 检验方法 | 检验数量 |
|---|---|---|---|---|---|
| 主控项目 | 1 | 护坡厚度 | 厚度小于 50cm，允许偏差为±5cm；厚度大于 50cm，允许偏差为±10％ | 量测 | 每 50～$100m^2$ 检测 1 处 |
| 一般项目 | 1 | 坡面平整度 | 坡度平顺，允许偏差为±10cm | 量测 | 每 50～$100m^2$ 检测 1 处 |
| | 2 | 石料块重 | 符合设计要求 | 量测 | 沿护坡长度方向每 20m 检查 $1m^2$ |
| | 3 | 粗排质量 | 石块稳固、无松动 | 观察 | 全数检查 |

注　1. 对关键部位单元工程和重要隐蔽单元工程的施工质量验收评定应有设计、建设等单位的代表签字，具体要求应满足 SL 176《水利水电工程施工质量检验与评定规程》的规定。
2. 本表所填“单元工程量”不作为施工单位工程量结算计量的依据。

**表 2-122　　石笼护坡单元工程施工质量标准**

| 项 | 次 | 检验项目 | 质量标准 | 检验方法 | 检验数量 |
|---|---|---|---|---|---|
| 主控项目 | 1 | 护坡厚度 | 允许偏差为±5cm | 量测 | 每 50～100$m^2$ 检测 1 处 |
| | 2 | 绑扎点间距 | 允许偏差为±5cm | 量测 | 每 30～60$m^2$ 检测 1 处 |
| 一般项目 | 1 | 坡面平整度 | 允许偏差为±8cm | 量测 | 每 50～100$m^2$ 检测 1 处 |
| | 2 | 有间隔网的网片间距 | 允许偏差为±10cm | 量测 | 每幅网材检查 2 处 |

注 1. 对关键部位单元工程和重要隐蔽单元工程的施工质量验收评定应有设计、建设等单位的代表签字，具体要求应满足 SL 176《水利水电工程施工质量检验与评定规程》的规定。
2. 本表所填“单元工程量”不作为施工单位工程量结算计量的依据。

**表 2-123　　干砌石护坡单元工程施工质量标准**

| 项 | 次 | 检验项目 | 质量标准 | 检验方法 | 检验数量 |
|---|---|---|---|---|---|
| 主控项目 | 1 | 护坡厚度 | 厚度小于 50cm，允许偏差为±5cm；厚度大于 50cm，允许偏差为±10% | 量测 | 每 50～100$m^2$ 测 1 次 |
| | 2 | 坡面平整度 | 允许偏差为±8cm | 量测 | 每 50～100$m^2$ 检测 1 处 |
| | 3 | 石料块重 | 除腹石和嵌缝石外，面石用料符合设计要求 | 量测 | 沿护坡长度方向每 20m 检查 1$m^2$ |
| 一般项目 | 1 | 砌石坡度 | 不陡于设计坡度 | 量测 | 沿护坡长度方向每 20m 检查 1 处 |
| | 2 | 砌筑质量 | 石块稳固、无松动，无宽度在 1.5cm 以上、长度在 50cm 以上的连续缝 | 检查 | 沿护坡长度方向每 20m 检查 1 处 |

注 1. 对关键部位单元工程和重要隐蔽单元工程的施工质量验收评定应有设计、建设等单位的代表签字，具体要求应满足 SL 176《水利水电工程施工质量检验与评定规程》的规定。
2. 本表所填“单元工程量”不作为施工单位工程量结算计量的依据。
3. 1 级、2 级、3 级堤防石料块重的合格率分别不应小于 90%、85%、80%。

**表 2-124　　浆砌石护坡单元工程施工质量标准**

| 项 | 次 | 检验项目 | 质量标准 | 检验方法 | 检验数量 |
|---|---|---|---|---|---|
| 主控项目 | 1 | 护坡厚度 | 允许偏差为±5cm | 量测 | 每 50～100$m^2$ 检测 1 处 |
| | 2 | 坡面平整度 | 允许偏差为±5cm | 量测 | 每 50～100$m^2$ 检测 1 处 |
| | 3 | 排水孔反滤 | 符合设计要求 | 检查 | 每 10 孔检查 1 孔 |
| | 4 | 坐浆饱满度 | 大于 80% | 检查 | 每层每 10m 至少检查 1 处 |
| 一般项目 | 1 | 排水孔设置 | 连续贯通，孔径、孔距允许偏差为±5%的设计值 | 量测 | 每 10 孔检查 1 孔 |
| | 2 | 变形缝结构与填充质量 | 符合设计要求 | 检查 | 全面检查 |
| | 3 | 勾缝 | 应按平缝勾填，无开裂、脱皮现象 | 检查 | 全面检查 |

注 1. 对关键部位单元工程和重要隐蔽单元工程的施工质量验收评定应有设计、建设等单位的代表签字，具体要求应满足 SL 176《水利水电工程施工质量检验与评定规程》的规定。
2. 本表所填“单元工程量”不作为施工单位工程量结算计量的依据。

表 2-125　　混凝土预制块护坡单元工程施工质量标准

| 项 | 次 | 检验项目 | 质量标准 | 检验方法 | 检验数量 |
|---|---|---|---|---|---|
| 主控项目 | 1 | 混凝土预制块外观及尺寸 | 符合设计要求，允许偏差为±5mm，表面平整，无掉角、断裂 | 观察、量测 | 每 50～100 块检测 1 块 |
| | 2 | 坡面平整度 | 允许偏差为±1cm | 量测 | 每 50～100$m^2$ 检测 1 处 |
| 一般项目 | 1 | 混凝土块铺筑 | 应平整、稳固、缝线规则 | 检查 | 全数检查 |

注 1. 对关键部位单元工程和重要隐蔽单元工程的施工质量验收评定应有设计、建设等单位的代表签字，具体要求应满足 SL 176《水利水电工程施工质量检验与评定规程》的规定。
2. 本表所填“单元工程量”不作为施工单位工程量结算计量的依据。

表 2-126　　现浇混凝土护坡单元工程施工质量标准

| 项 | 次 | 检验项目 | 质量标准 | 检验方法 | 检验数量 |
|---|---|---|---|---|---|
| 主控项目 | 1 | 护坡厚度 | 允许偏差为±1cm | 量测 | 每 50～100$m^2$ 检测 1 处 |
| | 2 | 排水孔反滤层 | 符合设计要求 | 检查 | 每 10 孔检查 1 孔 |
| 一般项目 | 1 | 坡面平整度 | 允许偏差为±1cm | 量测 | 每 50～100$m^2$ 检测 1 处 |
| | 2 | 排水孔设置 | 连续贯通，孔径、孔距允许偏差为±5%的设计值 | 量测 | 每 10 孔检查 1 孔 |
| | 3 | 变形缝结构与填充质量 | 符合设计要求 | 检查 | 全面检查 |

注 1. 对关键部位单元工程和重要隐蔽单元工程的施工质量验收评定应有设计、建设等单位的代表签字，具体要求应满足 SL 176《水利水电工程施工质量检验与评定规程》的规定。
2. 本表所填“单元工程量”不作为施工单位工程量结算计量的依据。

表 2-127　　模袋混凝土护坡单元工程施工质量标准

| 项 | 次 | 检验项目 | 质量标准 | 检验方法 | 检验数量 |
|---|---|---|---|---|---|
| 主控项目 | 1 | 模袋搭接和固定方式 | 符合设计要求 | 检验 | 全数检验 |
| | 2 | 护坡厚度 | 允许偏差为±5%的设计值 | 检验 | 每 10～50$m^2$ 检查 1 点 |
| | 3 | 排水孔反滤层 | 符合设计要求 | 检查 | 每 10 孔检查 1 孔 |
| 一般项目 | 1 | 排水孔设置 | 连续贯通，孔径、孔距允许偏差为±5%的设计值 | 量测 | 每 10 孔检查 1 孔 |

注 1. 对关键部位单元工程和重要隐蔽单元工程的施工质量验收评定应有设计、建设等单位的代表签字，具体要求应满足 SL 176《水利水电工程施工质量检验与评定规程》的规定。
2. 本表所填“单元工程量”不作为施工单位工程量结算计量的依据。

表 2-128　　灌砌石护坡单元工程施工质量标准

| 项 | 次 | 检验项目 | 质量标准 | 检验方法 | 检验数量 |
|---|---|---|---|---|---|
| 主控项目 | 1 | 细石混凝土填灌 | 均匀密实，饱满 | 检查 | 每 $10m^2$ 检查1次 |
| | 2 | 排水孔反滤 | 符合设计要求 | 检查 | 每10孔检查1孔 |
| | 3 | 护坡厚度 | 允许偏差为±5cm | 量测 | 每 $50\sim100m^2$ 检测1次 |
| 一般项目 | 1 | 坡面平整度 | 允许偏差为±8cm | 量测 | 每 $50\sim100m^2$ 检测1处 |
| | 2 | 排水孔设置 | 连续贯通，孔径、孔距允许偏差为±5%的设计值 | 量测 | 每10孔检查1孔 |
| | 3 | 变形缝结构与填充质量 | 符合设计要求 | 检查 | 全面检查 |

注　1. 对关键部位单元工程和重要隐蔽单元工程的施工质量验收评定应有设计、建设等单位的代表签字，具体要求应满足 SL 176《水利水电工程施工质量检验与评定规程》的规定。
2. 本表所填“单元工程量”不作为施工单位工程量结算计量的依据。

表 2-129　　植草护坡单元工程施工质量标准

| 项 | 次 | 检验项目 | 质量标准 | 检验方法 | 检验数量 |
|---|---|---|---|---|---|
| 主控项目 | 1 | 坡面清理 | 符合设计要求 | 观察 | 全面检查 |
| 一般项目 | 1 | 铺植密度 | 符合设计要求 | 观察 | 全面检查 |
| | 2 | 铺植范围 | 长度允许偏差为±30cm，宽度允许偏差为±20cm | 量测 | 每20m检查1处 |
| | 3 | 排水沟 | 符合设计要求 | 检查 | 全面检查 |

注　1. 对关键部位单元工程和重要隐蔽单元工程的施工质量验收评定应有设计、建设等单位的代表签字，具体要求应满足 SL 176《水利水电工程施工质量检验与评定规程》的规定。
2. 本表所填“单元工程量”不作为施工单位工程量结算计量的依据。

表 2-130　　防浪护堤林单元工程施工质量标准

| 项 | 次 | 检验项目 | 质量标准 | 检验方法 | 检验数量 |
|---|---|---|---|---|---|
| 主控项目 | 1 | 苗木规格与品质 | 符合设计要求 | 检查 | 全面检查 |
| | 2 | 株距、行距 | 允许偏差为±10%的设计值 | 量测 | 每 $300\sim500m^2$ 检测1处 |
| 一般项目 | 1 | 树坑尺寸 | 符合设计要求 | 检查 | 全面检查 |
| | 2 | 种植范围 | 允许偏差：不大于株距 | 量测 | 每20～50m检查1处 |
| | 3 | 树坑回填 | 符合设计要求 | 观察 | 全数检查 |

注　1. 对关键部位单元工程和重要隐蔽单元工程的施工质量验收评定应有设计、建设等单位的代表签字，具体要求应满足 SL 176《水利水电工程施工质量检验与评定规程》的规定。
2. 本表所填“单元工程量”不作为施工单位工程量结算计量的依据。

**表 2－131　　河道疏浚单元工程施工质量标准**

| 项次 | | 检验项目 | 质量标准 | 检验方法 | 检验数量 |
|---|---|---|---|---|---|
| 主控项目 | 1 | 河道过水断面面积 | 不小于设计断面面积 | 测量 | 检测疏浚河道的横断面，横断面间距为 50m，检测点间距 2～7m，必要时可检测河道纵横断面进行复核 |
| | 2 | 宽阔水域平均底高程 | 达到设计规定高程 | 测量 | |
| 一般项目 | 1 | 局部欠挖 | 深度小于 0.3m，面积小于 5.0m² | 测量 | |
| | 2 | 开挖横断面每边最大允许超宽值、最大允许超深值① | 符合设计和表 2－132 的要求，超深、超宽不应危及堤防、护坡及岸边建筑物的安全 | 测量 | |
| | 3 | 开挖轴线位置 | 符合设计要求 | 测量 | 全数检查 |
| | 4 | 弃土处置 | 符合设计要求 | 检查 | 全面检查 |

注　1. 对关键部位单元工程和重要隐蔽单元工程的施工质量验收评定应有设计、建设等单位的代表签字，具体要求应满足 SL 176《水利水电工程施工质量检验与评定规程》的规定。

2. 本表所填"单元工程量"不作为施工单位工程量结算计量的依据。

① 边坡如按梯形断面开挖时，可允许下超上欠，其断面超、欠面积比应大于 1，并控制在 1.5 以内。

**表 2－132　　不同类型挖泥船开挖横断面每边最大允许超宽值和最大允许超深值**

| 挖泥船类型 | 机具规格 | | 最大允许超宽值/m | 最大允许超深值/m |
|---|---|---|---|---|
| 绞吸式 | 铰刀直径 | ＞2.0m | 1.5 | 0.6 |
| | | 1.5～2.0m | 1.5 | 0.5 |
| | | ＜1.5m | 1.0 | 0.4 |
| 链斗式 | 斗容量 | ＞0.5m³ | 1.5 | 0.4 |
| | | ≤0.5m³ | 1.0 | 0.3 |
| 铲扬式 | 斗容量 | ＞2.0m³ | 1.5 | 0.5 |
| | | ≤2.0m³ | 1.0 | 0.4 |
| 抓斗式 | 斗容量 | ＞2.0m³ | 1.5 | 0.8 |
| | | 2.0～4.0 m³ | 1.0 | 0.6 |
| | | ＜2.0 m³ | 0.5 | 0.4 |

# 单元九　水工建筑物金属结构制造、安装监控技术

## 一、闸门和埋件制造的质量控制要点

### （一）平面闸门制造的质量控制要点

（1）门叶上单个构件制造的允许偏差应符合表 2－133 的规定。

表 2-133 单个构件制造的允许偏差

| 序号 | 项目及代号 | 允许偏差 |
|---|---|---|
| 1 | 构件宽度 $b$ | ±2.0mm |
| 2 | 构件高度 $h$ | |
| 3 | 腹板间距 $c$ | |
| 4 | 翼缘板对腹板的倾斜度 $a$ | $a \leqslant h/150$ 且不超过 2.0mm |
| | | $a < 0.003b$ 且不超过 2.0mm |
| 5 | 腹板对翼缘板的中心位置的偏移 $e$ | 2.0mm |
| 6 | 腹板的局部平面度 | 每米范围内不超过 2.0mm |
| 7 | 扭曲 | 长度不大于 3m 的构件，不应大于 1.0mm，每增加 1m，递增 0.5mm，且最大不超过 2.0mm |
| 8 | 正面（受力面）弯曲度 | 构件长度的 1/1500 且不超过 4.0mm |
| 9 | 侧面弯曲度 | 构件长度的 1/1000 且不超过 6.0mm |

注 本表也适用于其他型式的闸门。

（2）平面闸门门叶制造、组装的允许偏差应符合表 2-134 的规定。

（3）闸门的滚轮或胶木滑道组装时，应以止水座面为基准面进行调整，所有滚轮或滑道应在同一平面内，其工作面的最高点和最低点的差值：当滚轮或滑道的跨度不大于 10m 时，不应超过 2mm；跨度大于 10m 时，不应超过 3mm。每段滑道至少应在两端各测一点。同时滚轮对任何平面的倾斜度不应超过滚轮的 2/1000。

（4）单块滑道两端的高低差：当滑道长度不大于 500mm 时，不应超过 0.5mm；当滑道长度大于 500mm 时，不应超过 1mm。相邻滑道衔接端的高低差不应大于 1mm。

（5）滚轮或胶木滑道跨度的允许偏差应符合表 2-135 的规定。同侧滚轮或滑道的中心偏差不应超过±1.5mm。

（6）在同一横断面上，胶木滑道或滚轮的工作面与止水座面的距离偏差不应大于 1.5mm。

（7）闸门吊耳孔的纵、横向中心偏差均不应超过±2.0mm。吊耳、吊杆的轴孔应各自保持同心，其倾斜度不应大于 1/1000。

（8）闸门不论整体或分节制造，出厂前应进行整体组装检查（包括滚轮、胶木滑道等部件的组装），检查结果除应符合本节中的有关规定外，其组合处的错位不应大于 2mm。检查合格后，应在组合处打上明显标记、编号，并焊上定位板。

## （二）弧形闸门制造的质量控制要点

（1）弧形闸门门叶制造、组装的允许偏差应符合表 2-136 的规定。

（2）闸门吊耳的纵、横向中心偏差均不应超过±2mm，吊耳、吊杆的轴孔应各自保持同心，其倾斜度不大于 1/1000。

（3）支腿开口处弦长的允许偏差见表 2-137。

## （三）埋件制造的质量控制要点

（1）底槛、主轨、副轨、反轨、止水座板、门楣、侧轨、侧轮导板、铰座钢梁制造的允许偏差应符合表 2-138 的规定。

**表 2-134　　平面闸门门叶制造、组装的允许偏差　　单位：mm**

| 序号 | 项目及代号 | 门叶尺寸 | | 允许偏差 |
|---|---|---|---|---|
| 1 | 门叶厚度 $b$ | 门厚 | ≤500 | ±3.0 |
| | | | 501～1000 | ±4.0 |
| | | | >1000 | ±5.0 |
| 2 | 门叶外形高度 $H$、门叶外形宽度 $B$ | 门高或门宽 | ≤5000 | ±5.0 |
| | | | 5001～10000 | ±8.0 |
| | | | 10001～15000 | ±10.0 |
| | | | >15000 | ±12.0 |
| 3 | 对角线相对差 $\|D_1-D_2\|$ | 取门高或门宽中尺寸较大者 | ≤5000 | 3.0 |
| | | | 5001～10000 | 4.0 |
| | | | 10001～15000 | 5.0 |
| | | | >15000 | 6.0 |
| 4 | 扭曲 | 门宽 | ≤10000 | 3.0 |
| | | | >10000 | 4.0 |
| 5 | 门叶横向的弯曲度 $f_1$ | | | $B/1500$ 且不超过 6.0 |
| 6 | 门叶竖向的弯曲度 $f_2$ | | | $H/1500$ 且不超过 4.0 |
| 7 | 两边梁中心距 | 门宽 | <10000 | ±3.0 |
| | | | 10000～15000 | ±4.0 |
| | | | >15000 | ±5.0 |
| 8 | 两边梁不平行度 $\|L_1-L_2\|$ | 门宽 | <10000 | ±3.0 |
| | | | 10000～15000 | ±4.0 |
| | | | >15000 | ±5.0 |
| 9 | 纵向隔板错位 | | | 2.0 |
| 10 | 面板与梁组合面的局部间隙 | | | 1.0 |
| 11 | 面板局部平面度 | 面板厚度 $\delta$ | ≤10 | 每米范围内不超过 5.0 |
| | | | $10<\delta<16$ | 每米范围内不超过 4.0 |
| | | | ≥16 | 每米范围内不超过 3.0 |
| 12 | 门叶底缘直线度 | | | 2.0 |
| 13 | 门叶底缘倾斜度 | | | 3.0 |
| 14 | 两边梁底缘（或承压板）平面度 | | | 2.0 |
| 15 | 止水座板面平面度 | | | 2.0 |
| 16 | 止水座板至支承面的距离 | | | ±1.0 |
| 17 | 侧止水螺孔中心至门叶中心距离 | | | ±1.5 |
| 18 | 顶止水螺孔中心至门叶底缘距离 | | | ±3.0 |
| 19 | 自动挂钩定位孔（或销）中心距 | | | ±2.0 |

**表 2-135　　滚轮或胶木滑道跨度的允许偏差**

| 序号 | 跨　度 L/m | 允许偏差/mm | |
|---|---|---|---|
| | | 滚轮 | 胶木滑道 |
| 1 | <5 | ±2.0 | ±2.0 |
| 2 | 5～10 | ±3.0 | ±2.0 |
| 3 | >10 | ±4.0 | ±3.0 |

**表 2-136　　弧形闸门门叶制造、组装的允许偏差**　　单位：mm

| 序号 | 项目及代号 | 门叶尺寸 | | 允许偏差 | | 备注 |
|---|---|---|---|---|---|---|
| | | | | 潜孔式 | 漏顶式 | |
| 1 | 门叶厚度 b | 门厚 | ≤500 | ±3.0 | | |
| | | | 501～1000 | ±4.0 | | |
| | | | >1000 | ±5.0 | | |
| 2 | 门叶外形高度 H、门叶外形宽度 B | 门高或门宽 | ≤5000 | ±5.0 | | |
| | | | 5001～10000 | ±8.0 | | |
| | | | 10001～15000 | ±10.0 | | |
| | | | >15000 | ±12 | | |
| 3 | 对角线相对差 ($D_1-D_2$) | 取门宽或门高中尺寸较大者 | ≤5000 | 3.0 | | 在主梁与支臂组合处测量 |
| | | | 5001～10000 | 4.0 | | |
| | | | >10000 | 5.0 | | |
| 4 | 扭曲 | 门高 | ≤5000 | 2.0 | | 在主梁与支臂组合处测量 |
| | | | 5001～10000 | 3.0 | | |
| | | | >10000 | 4.0 | | |
| | | 门宽 | ≤5000 | 3.0 | | 在门叶四角测量 |
| | | | 5001～10000 | 4.0 | | |
| | | | >10000 | 5.0 | | |
| 5 | 门叶横直度 | 门宽 | ≤5000 | 3.0 | 6.0 | 通过各主、次横梁或横向隔板的中心线测量 |
| | | | 5001～10000 | 4.0 | 7.0 | |
| | | | >10000 | 5.0 | 8.0 | |
| 6 | 门叶纵向弧度与样板的间隙 | | | 3.0 | 6.0 | 通过各主、次纵梁或纵向隔板的中心用弦长3m的样板测量 |
| 7 | 两主梁中心距 | | | ±3.0 | | |
| 8 | 两主梁平行度 $\mid l'-l' \mid$ | | | 3.0 | | |
| 9 | 纵向隔板错位 | | | 2.0 | | |
| 10 | 面板与梁组合面的局部间隙 | | | 1.0 | 1.0 | |

续表

| 序号 | 项目及代号 | 门叶尺寸 | | 允许偏差 | | 备注 |
|---|---|---|---|---|---|---|
| | | | | 潜孔式 | 漏顶式 | |
| 11 | 面板局部平面度 | 面板厚度 $\delta$ | $6\leqslant\delta\leqslant10$ | 4.0 | 6.0 | 每米范围内不超过 |
| | | | $10<\delta<16$ | 4.0 | 5.0 | |
| | | | $\delta\geqslant16$ | 3.0 | 4.0 | |
| 12 | 门叶底缘直线度 | | | 2.0 | | |
| 13 | 门叶底缘倾斜度 | | | 3.0 | | |
| 14 | 侧顶止水座面直线度 | | | 2.0 | | |
| 15 | 顶止水座面直线度 | | | 2.0 | | |
| 16 | 侧止水螺孔中心至门叶中心距离 | | | ±1.5 | | |
| 17 | 顶至水螺孔中心至门叶底缘距离 | | | ±3.0 | | |

**表 2-137　　支腿开口处弦长的允许偏差**

| 序号 | 支腿开口处弦长 $L$/m | 允许偏差/mm |
|---|---|---|
| 1 | <4 | ±2.0 |
| 2 | 4～6 | ±3.0 |
| 3 | >6 | ±4.0 |

**表 2-138　　埋件制造的允许偏差**

| 序号 | 项目 | 允许偏差 | |
|---|---|---|---|
| | | 构件表面未经加工 | 构件表面经过加工 |
| 1 | 工作面直线度 | 构件长度的 1/1500 且不超过 3.0mm | 构件长度的 1/2000 且不超过 1.0mm |
| 2 | 侧面直线度 | 构件长度的 1/1000 且不超过 4.0mm | 构件长度的 1/1000 且不超过 2.0mm |
| 3 | 工作面局部平面度 | 每米范围内不大于 1.0mm 且不超过 2 处 | 每米范围内不大于 0.5mm 且不超过 2 处 |
| 4 | 扭曲 | 长度不大于 3m 的构件，不应大于 1.0mm，每增加 1mm，递增 0.5mm，且最大不超过 2.0mm | 0.5mm |

**注**　扭曲系指构件两对角线中间交叉点处不吻合值。

（2）兼作止水的胸墙制造的允许偏差应符合表 2-138 的规定；不兼作止水的胸墙制造的允许偏差应符合表 2-139 的规定。所有胸墙的宽度允许偏差均为－4.0～0mm，对角线相对差均不应大于 4mm。

**表 2-139　　不兼作止水的胸墙制造的允许偏差**

| 序号 | 项目 | 允许偏差 |
|---|---|---|
| 1 | 工作面直线度 | 构件宽度的 1/1500 且不超过 4mm |
| 2 | 侧面直线度 | 构件高芳的 1/1000 且不超过 5mm |
| 3 | 工作面局部平面度 | 每米范围内不超过 4mm |
| 4 | 扭曲 | 高度不大于 3m 的胸墙，不应大于 2mm，每增加 1mm 递增 0.5mm，且最大不超过 3mm |

(3) 底槛和门楣的长度允许偏差为－4.0～0mm，如底槛不是嵌于其他构件之间，则允许偏差为±4.0mm。

(4) 焊接主轨的不锈方钢，止水座板与底板组装时应压合，局部间隙不应大于0.2mm，且每段长度不超过执面的相互关系100mm，累计长度不超过全长的15%。

(5) 当止水座板在主轨上时，任一横断面的止水座板与主轨轨面的距离的偏差不应超过±0.5mm。止水座板中心至轨面中心的距离的偏差不应超过±2mm。

(6) 当止水座板在反轨时，任一横断面的止水座板与反轨工作面的距离的偏差不应超过±2mm。

(7) 护角如兼作侧轨，其与主轨轨面（或反轨工作面）中心的距离的偏差不应超过±3mm。

(8) 弧门侧止水座板和侧轮导板的中心线曲率半径偏差不应超过±3mm。

(9) 锥形支铰基础环与支承环的组合面平整，其平面度公差，经过加工的不得大于0.5mm。未经加工的不得大于2mm。

(10) 分节制造的埋件，应在制造厂进行预组装，组装时，相邻构件组合处的错位：经过加工的不应大于0.5mm，未经加工的不应大于2mm，且应平缓过渡。

## 二、平面闸门埋件安装工程施工质量控制技术

### (一) 一般规定

(1) 单元工程划分：宜以每一孔（段）门槽的埋件安装划分为一个单元工程。

(2) 埋件安装及检查等技术要求应符合GB/T 14173—2008《水利水电工程钢闸门制造、安装及验收规范》和设计文件的规定。

(3) 埋件就位调整后，应用加固钢筋或调整螺栓，将其与预埋螺栓或插筋焊牢，以防浇筑二期混凝土时发生位移。二期混凝土拆模后，应进行复测，同时清除遗留的钢筋头等杂物，并将埋件表面清理干净。

(4) 平面闸门埋件单元工程安装质量验收评定时，应提交埋件的安装图样、安装记录、埋件焊接与表面防腐蚀记录、重大缺陷处理记录等资料。

### (二) 平面闸门埋件安装质量评定检验项目及质量标准

(1) 检验项目：底槛、主轨、侧轨、反轨、止水板、门楣、护脚、胸腔和埋件表面防腐蚀等检验项目。

(2) 平面闸门埋件安装质量标准见表2-140。

## 三、平面闸门门体安装工程施工质量控制

### (一) 一般规定

(1) 以每扇门体的安装划分为一个单元工程。

(2) 门体安装、表面防腐及检查等技术要求应符合GB/T 14173—2008《水利水电工程钢闸门制造、安装及验收规范》和设计文件的规定。

(3) 平面闸门门体安装质量验收评定时，应提交门体设计与安装图样、安装记录、门体焊接与门体表面防腐蚀记录、闸门试验及试运行记录、重大缺陷处理记录等资料。

(4) 平面闸门门体应按设计文件要求和相关标准规定做好无水试验、平衡试验、静水

**表 2－140　　平面闸门埋件安装质量标准**

单位：mm

| 序号 | | | | 1 | 2 | 3 | | 4 | 5 | 6 | 7 | 8 | | | |
|---|---|---|---|---|---|---|---|---|---|---|---|---|---|---|---|
| 安装部位 | | | | 底槛 | 门楣 | 主轨 | | 侧轨 | 反轨 | 止水板 | 护角兼作侧轨 | 胸墙 | | | |
| | | | | | | | | | | | | 兼作止水 | | 不兼作止水 | |
| | | | | | | 加工 | 不加工 | | | | | 上部 | 下部 | 上部 | 下部 |
| 主控项目 | 对门槽中心线 $a$ | 工作范围内 | | ±5.0 | +2.0<br>−1.0 | +2.0<br>−1.0 | +3.0<br>−1.0 | ±5.0 | +3.0<br>−1.0 | +2.0<br>−1.0 | ±5.0 | +5.0<br>0.0 | +2.0<br>−1.0 | +8.0<br>−1.0 | +2.0<br>−1.0 |
| | 对孔口中心线 $b$ | 工作范围内 | | ±5.0 | — | ±3.0 | ±3.0 | ±5.0 | ±3.0 | ±3.0 | ±5.0 | — | — | — | — |
| | 门楣中心对底槛面的距离 $h$ | | | | ±3.0 | — | | — | — | — | — | — | — | | — |
| | 工作表面一端对另一端的高差 | $L<10000$ | | 2.0 | — | — | — | — | — | — | — | — | — | — | — |
| | | $L\geqslant10000$ | | 3.0 | — | — | — | — | — | — | — | — | — | — | — |
| | 工作表面平面度 | 工作范围内 | | 2.0 | 2.0 | — | 2.0 | — | — | 2.0 | — | 2.0 | 2.0 | 4.0 | 4.0 |
| | 工作表面组合处的错位 | 工作范围内 | | 1.0 | 0.5 | 0.5 | 1.0 | 1.0 | 1.0 | 0.5 | 1.0 | 1.0 | 1.0 | 1.0 | 1.0 |
| | 表面扭曲值 $f$ | 工作范围内表面宽度 $B$ | $B<100$ | 1.0 | 1.0 | 0.5 | 1.0 | 2.0 | | 2.0 | 1.0 | 2.0 | | | |
| | | | $100\leqslant B\leqslant200$ | 1.5 | 1.5 | 1.0 | 2.0 | 2.5 | | 2.5 | 1.5 | 2.5 | | | |
| | | | $B>200$ | 2.0 | — | 1.0 | 2.0 | 3.0 | | 3.0 | — | 3.0 | | | |
| 一般项目 | 对门槽中心线 $a$ | 工作范围内 | | — | — | +3.0<br>−1.0 | +5.0<br>−2.0 | ±5.0 | +5.0<br>−2.0 | — | ±5.0 | — | — | — | — |
| | 对孔口中心线 $b$ | 工作范围内 | | — | — | ±4.0 | ±4.0 | ±5.0 | ±5.0 | — | ±5.0 | — | — | | — |
| | 工作表面组合处的错位 | 工作范围内 | | — | — | 1.0 | 2.0 | 2.0 | 2.0 | — | 2.0 | — | — | — | — |
| | 高程 | | | ±5.0 | — | — | — | — | — | — | — | | — | — | — |
| | 表面扭曲值 $f$ | 工作范围外允许增加值 | | — | — | 2.0 | 2.0 | 2.0 | 2.0 | 2.0 | — | 2.0 | | | |

**注**　1. $L$ 代表闸门宽度。2. 胸墙下部系指和门槽结合处。3. 门楣工作范围高度：静水启闭闸门为孔口高度，动水启闭闸门为承压主轨高度。

试验及试运行，并做好记录备查。

### （二）检验项目和质量标准

（1）检验项目：正向支承装置安装、反向支承装置安装、门体焊缝焊接、门体表面防腐蚀、止水橡皮安装、闸门试验和试运行等。

（2）平面闸门门体安装质量标准见表 2－141。

**表 2－141　　平面闸门门体安装质量标准**

| 部位 | 项次 | | 检验项目 | 质量标准 | | 检验方法 | 检验数量 |
|---|---|---|---|---|---|---|---|
| | | | | 合格 | 优良 | | |
| 反向滑块 | 主控项目 | 1 | 反向支承装置至正向支承装置的距离（反向支承装置自由状态） | ±2.0mm | +2.0mm<br>−1.0mm | 钢丝线、钢板尺、水准仪、经纬仪 | 通过反向支承装置踏面、正向支承装置踏面拉钢丝线测量 |
| 焊缝对口错边 | 主控项目 | 1 | 焊缝对口错边（任意板厚 $\delta$） | $\leqslant 0.1\delta$ 且不大于 2.0mm | $\leqslant 0.05\delta$ 且不大于 2.0mm | 钢板尺或焊接检验 | 沿焊缝全长测量 |
| 表面清除和凹坑焊补 | 一般项目 | 1 | 门体表面清除 | 焊疤清除干净 | 焊疤清除干净并磨光 | 钢板尺 | 全部表面 |
| | | 2 | 门体局部凹坑补焊 | 凡凹坑深度大于板厚的 10% 或大于 2.0mm，应补焊 | 凡凹坑深度大于板厚的 10% 或大于 2.0mm，应补焊并磨光 | | |
| 止水橡皮 | 主控项目 | 1 | 止水橡皮顶面平度 | 2.0mm | 2.0mm | 钢丝线、钢板尺、水准仪、经纬仪 | 通过止水橡皮顶面拉线测量，每 0.5m 测 1 个点 |
| | | 2 | 止水橡皮与滚轮或滑道面距离 | ±1.5mm | ±1.0mm | 钢丝线、钢板尺、水准仪、经纬仪 | 通过滚轮顶面或通过滑道面（每段滑道至少在两端各测 1 个点）拉线测量 |
| | 一般项目 | 1 | 两侧止水中心距离和顶止水中心至底止水底缘距离 | ±3.0mm | ±3.0mm | 钢丝线、钢板尺、水准仪、经纬仪、全站仪 | 每米测 1 个点 |
| | | 2 | 止水橡皮实际压缩量和设计压缩量之差 | +2.0mm<br>−1.0mm | +2.0mm<br>−1.0mm | 钢尺 | 每米测 1 个点 |

**注**　止水橡皮应用专用空心钻头掏孔，严禁烫孔、冲孔。

## 四、弧形闸门埋件安装工程

### （一）一般规定

（1）弧形闸门埋件宜以每空闸门埋件的安装划分为一个单元工程。

（2）弧形闸门埋件的安装、表面防腐及检查等技术要求应符合 GB/T 14173—2008《水利水电工程钢闸门制造、安装及验收规范》和设计文件的规定。

（3）弧形闸门埋件安装质量验收评定时，应提交埋件设计与安装图样、安装记录、埋件焊接与表面防腐蚀记录、重大缺陷处理记录等资料。

### （二）检验项目及质量标准

（1）检验项目：底槛、门楣、侧止水板、侧轮导板安装、铰座钢梁安装和表面防腐等。

（2）弧形闸门埋件安装质量标准见表 2-142、表 2-143。

## 五、弧形闸门门体安装工程施工质量控制

### （一）一般规定

（1）宜以每扇门体的安装划分为一个单元工程。

（2）门体安装、表面防腐及检查等技术要求应符合 GB/T 14173—2008《水利水电工程钢闸门制造、安装及验收规范》和设计文件的规定。

（3）弧形闸门门体安装质量验收评定时，应提交闸门设计与安装图样、安装记录、门体焊接与门体表面防腐蚀记录、闸门试验及试运行记录、重大缺陷处理记录等资料。

（4）弧形闸门试验及试运行应符合 GB/T 14173—2008《水利水电工程钢闸门制造、安装及验收规范》和设计文件的规定，并做好记录备查。

### （二）检验项目及质量标准

（1）检验项目：铰座安装、铰轴安装、支臂安装、焊缝焊接、门体表面清除和凹坑焊补、门体表面防腐蚀和止水橡皮安装等。

（2）弧形闸门门体安装质量标准见表 2-144。

**表 2-142　弧形闸门埋件安装质量标准**　　单位：mm

| 项次 | | 检验项目 | | | 质量标准 |
|---|---|---|---|---|---|
| 一、底槛 | | | | | |
| 主控项目 | 1 | 对孔口中心线 $b$（工作范围内） | | | ±5.0 |
| | 2 | 工作表面一端对另一端的高差 | | $L<10000$ | 2.0 |
| | | | | $L\geqslant10000$ | 3.0 |
| | 3 | 工作表面平面度 | | | 2.0 |
| | 4 | 工作表面组合处的错位 | | | 1.0 |
| | 5 | 表面扭曲值 $f$ | 工作范围内表面宽度 $B$ | $B<100$ | 1.0 |
| | | | | $100\leqslant B\leqslant200$ | 1.5 |
| | | | | $B>200$ | 2.0 |

续表

| 项次 | | 检验项目 | | | 质量标准 |
|---|---|---|---|---|---|
| 一般项目 | 1 | 里程 | | | ±5.0 |
| | 2 | 高程 | | | ±5.0 |
| 二、门楣 | | | | | |
| 主控项目 | 1 | 门楣中心对底槛面的距离 $h$ | | | ±3.0 |
| | 2 | 工作表面平面度 | | | 2.0 |
| | 3 | 工作表面组合处的错位 | | | 0.5 |
| | 4 | 表面扭曲值 $f$ | 工作范围内表面宽度 $B$ | $B<100$ | 1.0 |
| | | | | $100\leqslant B\leqslant 200$ | 1.5 |
| | | | | $B>200$ | — |
| 一般项目 | 1 | 里程 | | | +2.0<br>−1.0 |
| 三、侧止水板 | | | | | |
| 主控项目 | 1 | 对孔口中心线 $b$（工作范围内） | | 潜孔式 | ±2.0 |
| | | | | 露顶式 | +3.0<br>−2.0 |
| | 2 | 工作表面平面度 | | | 2.0 |
| | 3 | 工作表面组合处的错位 | | | 1.0 |
| | 4 | 侧止水板和侧轮导板中心线的曲率半径 | | | ±5.0 |
| | 5 | 表面扭曲值 $f$ | 工作范围内表面宽度 $B$ | $B<100$ | 1.0 |
| | | | | $100\leqslant B\leqslant 200$ | 1.5 |
| | | | | $B>200$ | 2.0 |
| 一般项目 | 1 | 对孔口中心线 $b$（工作范围外） | | 潜孔式 | +4.0<br>−2.0 |
| | | | | 露顶式 | +6.0<br>−2.0 |
| | 2 | 表面扭曲值 $f$（工作范围外允许增加值） | | | 2.0 |
| 四、侧轮导板 | | | | | |
| 主控项目 | 1 | 对孔口中心线 $b$（工作范围内） | | | +3.0<br>−2.0 |
| | 2 | 工作表面平面度 | | | 2.0 |
| | 3 | 工作表面组合处的错位 | | | 1.0 |
| | 4 | 侧止水板和侧轮导板中心线的曲率半径 | | | ±5.0 |
| | 5 | 表面扭曲值 $f$ | 工作范围内表面宽度 $B$ | $B<100$ | 2.0 |
| | | | | $100\leqslant B\leqslant 200$ | 2.5 |
| | | | | $B>200$ | 3.0 |
| 一般项目 | 1 | 对孔口中心线 $b$（工作范围外） | | | +6.0<br>−2.0 |
| | 2 | 表面扭曲值 $f$（工作范围外允许增加值） | | | 2.0 |

**注**　1. $L$ 代表闸门宽度。

2. 安装时门楣一般为最后固定，故门楣位置可按门叶实际位置进行调整。

3. 工作范围指孔口高度。

**表 2-143　　弧形闸门铰座钢梁及其相关埋件安装质量标准**　　单位：mm

<table>
<tr><th colspan="2">项　次</th><th colspan="2">检 验 项 目</th><th>质量标准</th></tr>
<tr><td colspan="5">一、铰座钢梁</td></tr>
<tr><td rowspan="4">主控项目</td><td>1</td><td colspan="2">里程</td><td>±1.5</td></tr>
<tr><td>2</td><td colspan="2">高程</td><td>±1.5</td></tr>
<tr><td>3</td><td colspan="2">中心对孔口中心距离</td><td>±1.5</td></tr>
<tr><td>4</td><td colspan="2">倾斜度</td><td>L/1000</td></tr>
<tr><td>一般项目</td><td>1</td><td colspan="2">铰座基础螺栓中心</td><td>1.0</td></tr>
<tr><td colspan="5">二、铰座钢梁的相关埋件</td></tr>
<tr><td rowspan="4">主控项目</td><td rowspan="2">1</td><td rowspan="2">两侧止水板间距离</td><td>潜孔式</td><td>+4.0<br>−3.0</td></tr>
<tr><td>露顶式</td><td>+5.0<br>−3.0</td></tr>
<tr><td rowspan="2">2</td><td rowspan="2">两侧轮导板距离</td><td>潜孔式</td><td>+5.0<br>−3.0</td></tr>
<tr><td>露顶式</td><td>+5.0<br>−3.0</td></tr>
<tr><td rowspan="6">一般项目</td><td rowspan="2">1</td><td rowspan="2">底槛中心与铰座中心水平距离</td><td>潜孔式</td><td>±4.0</td></tr>
<tr><td>露顶式</td><td>±5.0</td></tr>
<tr><td rowspan="2">2</td><td rowspan="2">铰座中心和底槛垂直距离</td><td>潜孔式</td><td>±4.0</td></tr>
<tr><td>露顶式</td><td>±5.0</td></tr>
<tr><td rowspan="2">3</td><td rowspan="2">侧止水板中心线曲率半径</td><td>潜孔式</td><td>±4.0</td></tr>
<tr><td>露顶式</td><td>±6.0</td></tr>
</table>

**注**　$L$ 代表铰座钢梁倾斜的水平投影尺寸。

**表 2-144　　弧形闸门门体安装质量标准**　　单位：mm

<table>
<tr><th colspan="2" rowspan="2">项　次</th><th rowspan="2">检 验 项 目</th><th colspan="2">质 量 标 准</th></tr>
<tr><th>合　格</th><th>优良</th></tr>
<tr><td colspan="5">一、铰座</td></tr>
<tr><td rowspan="2">主控项目</td><td>1</td><td>铰座轴孔倾斜度</td><td>L/1000</td><td>L/1000</td></tr>
<tr><td>2</td><td>两铰座轴线同轴度</td><td>1.0</td><td>1.0</td></tr>
<tr><td rowspan="3">一般项目</td><td>1</td><td>铰座中心线对孔口中心线的距离</td><td>±1.5</td><td>±1.0</td></tr>
<tr><td>2</td><td>铰座里程</td><td>±2.0</td><td>±1.5</td></tr>
<tr><td>3</td><td>铰座高程</td><td>±2.0</td><td>±1.5</td></tr>
<tr><td colspan="5">二、焊缝对口错边</td></tr>
<tr><td>主控项目</td><td>1</td><td>焊缝对口错边（任意板厚 δ）</td><td>δ≤10%且不大于 2.0</td><td>δ≤5%且不大于 2.0</td></tr>
<tr><td colspan="5">三、表面清除和凹坑焊补</td></tr>
<tr><td rowspan="2">一般项目</td><td>1</td><td>门体表面清除</td><td>焊疤清除干净</td><td>焊疤清除干净并磨光</td></tr>
<tr><td>2</td><td>门体局部凹坑补焊</td><td>凡凹坑深度大于板厚的 10%或大于 2.0mm 应补焊</td><td>凡凹坑深度大于板厚 10%或大于 2.0mm 应补焊并磨光</td></tr>
</table>

续表

| 项次 | | 检验项目 | | 质量标准 | |
|---|---|---|---|---|---|
| | | | | 合格 | 优良 |
| 四、止水橡皮 | | | | | |
| 一般项目 | 1 | 止水橡皮实际压缩量和设计压缩量之差 | | +2.0<br>−1.0 | +2.0<br>−1.0 |
| 五、门体铰轴与支臂 | | | | | |
| 主控项目 | 1 | 铰轴中心至面板外缘曲率半径 $R$ | 潜孔式 | ±4.0 | ±4.0 |
| | | | 露顶式 | ±8.0 | ±6.0 |
| | 2 | 两侧曲率半径相对差 | 潜孔式 | 3.0 | 3.0 |
| | | | 露顶式 | 5.0 | 4.0 |
| | 3 | 支臂中心线与铰链中心线吻合值 | 潜孔式 | 2.0 | 1.5 |
| | | | 露顶式 | 2.0 | 1.5 |
| 一般项目 | 1 | 支臂中心至门叶中心的偏差 $L$ | | ±1.5 | |
| | 2 | 支臂两端的连接和铰链、主梁接触 | | 良好，互相密贴，接触面不小于75% | |
| | 3 | 抗剪板和连接板接触 | | 顶紧 | |

**注**　铰座轴孔倾斜是指任何方向的倾斜；$L$ 为轴孔宽度。

# 模块三　水利水电工程质量问题和质量事故的分析处理

工程建设中，质量事故很难完全避免。通过承包人的质量保证活动和监理人的质量控制，通常可对质量事故的产生起到防范作用，控制事故后果的进一步恶化，将危害降低到最低限度。

## 单元一　施工项目质量问题分析

### 一、施工项目质量问题的特点

施工项目质量问题具有复杂性、严重性、可变性和多发性的特点。

1. 复杂性

施工项目质量问题的复杂性，主要表现在引发质量问题的因素复杂。例如建筑物的倒塌，可能是未认真进行地质勘察，地基的极限承载力与持力层不符；或是不均匀地基处理未达到要求，而产生过大的不均匀沉降；或是盲目套用图纸，结构方案不正确，计算简图与实际受力不符；或是荷载取值过小，内力分析有误，结构的刚度、强度、稳定性差；或是施工偷工减料、不按图施工、施工质量低劣；或是建筑材料及制品不合格，擅自代用材料；或是施工组织方案不合理等原因所致。由此可见，即使同一性质的质量问题，原因也会截然不同，所以在处理质量问题时，必须深入地进行调查研究，针对其质量问题的特征作具体分析。

2. 严重性

施工项目质量问题，轻则影响施工进度，增加工程费用；重则给工程留下隐患，影响安全使用或不能使用；更为严重者引起建筑物倒塌，造成人民生命财产的巨大损失。

3. 可变性

许多工程质量问题，还将随着时间不断发展变化。例如，钢筋混凝土结构出现的裂缝将随着环境湿度、温度的变化而变化，或随着荷载的大小和持续时间而变化；建筑物的倾斜，将随着附加弯矩的增加和地基的沉降而变化；混合结构墙体的裂缝也会随着温度应力和地基的沉降量而变化；甚至有的细微裂缝，也可以发展成构件断裂或结构物倒塌等重大事故。所以，在分析、处理工程质量问题时，一定要特别重视质量问题的可变性，及时采取可靠的措施，以免问题进一步恶化。

4. 多发性

施工项目中有些质量问题就像“常见病”，是质量通病。因此，吸取多发性质量问题的教训，及时认真总结经验，是避免质量问题发生的有效措施。

## 二、施工项目质量问题的类型

工程质量问题一般分为工程质量缺陷、工程质量通病、工程质量事故。

微课
3－1－1
混凝土工程常见的质量问题

（1）工程质量缺陷。指工程达不到技术标准允许的技术指标的现象。

（2）工程质量通病。指各类影响工程结构、使用功能和外形观感的常见性质量损伤。

（3）工程质量事故。指在工程建设过程中或交付使用后，对工程结构安全、使用功能和外形观感影响较大、损失较大的质量损伤。如桥梁结构倒塌，大体积混凝土强度不足等。其特点是：

1）经济损失达到较大的金额。

2）有时造成人员伤亡。

3）后果严重，影响结构安全。

4）无法降级使用，难以修复时必须推倒重建。

## 三、施工项目质量问题原因分析

施工项目质量问题表现的形式多种多样，诸如结构的错位、变形、倾斜、倒塌、破坏、开裂、渗水、漏水、刚度差、强度不足、断面尺寸不准等，但究其原因，可归纳如下。

### 1. 违背建设程序

如未经可行性论证，未做调查分析就拍板定案；未搞清工程地质、水文地质而仓促开工；无证设计，无图施工；随意修改设计，不按图纸施工；工程竣工不进行试车运转、不经验收就交付使用等蛮干现象，致使不少工程项目留有严重隐患，建筑物倒塌事故也常有发生。

### 2. 工程地质勘察原因

未认真进行地质勘察，提供的地质资料、数据有误；地质勘察时，钻孔间距太大，不能全面反映地基的实际情况，如当基岩地面起伏变化较大时，软土层厚薄相差亦甚大；地质勘察钻孔深度不够，没有查清地下软土层、滑坡、墓穴、孔洞等地层构造；地质勘察报告不详细、不准确等，均会导致采用错误的基础方案，造成地基不均匀沉降、失稳，使上部结构及墙体开裂、破坏、倒塌。

### 3. 未加固处理好地基

对软弱土、冲填土、杂填土、湿陷性黄土、膨胀土、溶岩、土洞等不均匀地基未进行加固处理或处理不当，均会导致重大质量问题。必须根据不同地基的工程特性，按照地基处理应与上部结构相结合，使其共同工作的原则，从地基处理、设计措施、结构措施、防水措施、施工措施等方面综合考虑治理。

### 4. 设计计算问题

设计考虑不周，结构构造不合理，计算简图不正确，计算荷载取值过小，内力分析有误，沉降缝及伸缩缝设置不当，悬挑结构未进行抗倾覆验算等，都是诱发质量问题的隐患。

### 5. 材料及制品不合格

钢筋物理力学性能不符合标准，水泥受潮、过期、结块、安定性不良，砂石级配不合理、有害物含量过多，混凝土配合比不准，外加剂性能、掺量不符合要求时，均会影响混凝土强度、和易性、密实性、抗渗性，导致混凝土结构强度不足、裂缝、渗漏、蜂窝、露筋等质量问题。预制构件断面尺寸不准，支承锚固长度不足，未可靠建立预应力值，钢筋漏放、错位，板面开裂等，必然会出现断裂、垮塌。

6. 施工和管理问题

(1) 不熟悉图纸，盲目施工；图纸未经会审，仓促施工；未经监理、设计部门同意，擅自修改设计。

(2) 不按图施工。把铰接做成刚接，把简支梁做成连续梁，抗裂结构用光面钢筋代替螺纹钢筋等，致使结构裂缝破坏；挡土墙不按图设滤水层、留排水孔，致使土压力增大，造成挡土墙倾覆。

(3) 不按验收规范施工。如现浇混凝土结构不按规定的位置和方法任意留设施工缝；不按规定的强度拆除模板；砌体不按组砌形式砌筑，留直槎不加拉结条，在小于1m宽的窗间墙上留设脚手眼等。

(4) 不按有关操作规程施工。如用插入式振捣器捣实混凝土时，不按插点均布、快插慢拔、上下抽动、层层扣搭的操作方法，致使混凝土振捣不实，整体性差。又如，砖砌体包心砌筑，上下通缝，灰浆不均匀饱满，游丁走缝，不横平竖直等，都是导致砖墙、砖柱破坏、倒塌的主要原因。

(5) 缺乏基本结构知识，施工蛮干。如将钢筋混凝土预制梁倒放安装；将悬臂梁的受拉钢筋放在受压区；结构构件吊点选择不合理，不了解结构使用受力和安装受力的状态；施工中在楼面超载堆放构件和材料等，均将给质量和安全造成严重的后果。

(6) 施工管理紊乱，施工方案考虑不周，施工顺序错误。技术组织措施不当，技术交底不清，违章作业。不重视质量检查和验收工作等，都是导致质量问题的祸根。

7. 自然条件影响

施工项目周期长、露天作业多，受自然条件影响大，温度、湿度、日照、雷电、供水、大风、暴雨等都能造成重大的质量事故，施工中应特别重视，采取有效措施加以预防。

8. 建筑结构使用问题

建筑物使用不当，亦易造成质量问题。如不经校核、验算，就在原有建筑物上任意加层；使用荷载超过原设计荷载；任意开槽、打洞、削弱承重结构的截面等。

# 单元二　施工项目质量问题处理

## 一、施工项目质量问题处理的基本要求

(1) 处理应达到安全可靠，不留隐患，满足生产、使用要求，施工方便，经济合理的目的。

(2) 重视消除事故的原因。这不仅是一种处理方向，也是防止事故重演的必要措施，如地基由于浸水沉降引起的质量问题，则应消除浸入的原因，制定防治浸水的措施。

(3) 注意综合治理。既要防止处理原有事故引发新的事故；又要注意治理方法的综合应用，如结构承载能力不足时，则可采取结构补强、卸荷，增设支撑，改变结构方案等方

法的综合应用。

(4) 正确确定处理范围。除了直接处理事故发生的部位外，还应检查事故相邻区域及整个结构，以正确确定处理范围。例如，板的承载能力不足、须加固时，往往从板、梁、柱到基础均可能要予以加固。

(5) 正确选择处理时间和方法。发现质量问题后，一般均应及时分析处理，但并非所有质量问题的处理都是越早越好，如裂缝、沉降，变形尚未稳定就匆忙处理，往往不能达到预期的效果，而常会出现重复处理。处理方法的选择，应根据质量问题的特点，综合考虑安全可靠、技术可行、经济合理、施工方便等因素，经分析比较，择优选定。

(6) 加强事故处理的检查验收工作。从施工准备到竣工，均应根据有关规范的规定和设计要求的质量标准进行检查验收。

(7) 认真复查事故的实际情况。在事故处理中若发现事故情况与调查报告中所述的内容差异较大时，应停止施工，待查清问题的实质，采取相应的措施后再继续施工。

(8) 确保事故处理期的安全。事故现场中不安全因素较多，应事先采取可靠的安全技术措施和防护措施，并严格检查、执行。

## 二、施工项目质量问题分析处理的程序

施工项目质量问题分析、处理的程序，一般可按图 3－1 所示进行。

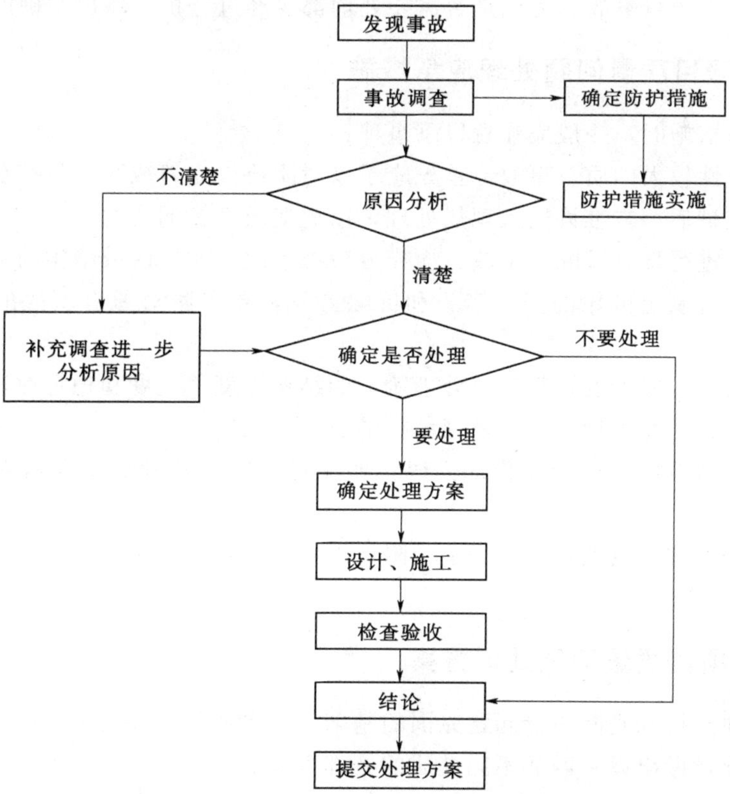


图 3－1　施工项目质量问题分析、处理的程序框图

事故发生后，应及时组织调查处理。首先要确定事故的范围、性质、影响和原因等，一定要力求全面、准确、客观。其次，调查结果要整理撰写成事故调查报告，其内容包括：

(1) 工程概况。重点介绍事故有关部分的工程情况。

(2) 事故情况。事故发生时间、性质、现状及发展变化的情况。

(3) 是否需要采取临时应急防护措施。

(4) 事故调查中的数据、资料。

(5) 事故原因的初步判断。

(6) 事故涉及人员与主要责任者的情况等。

事故的原因分析，要建立在事故情况调查的基础上，避免情况不明就主观分析判断事故的原因。尤其是有些事故，其原因错综复杂，往往涉及勘察、设计、施工、材质、使用管理等多方面，只有对调查提供的数据、资料进行详细分析后，才能去伪存真，找到造成事故的主要原因。

事故的处理要建立在原因分析的基础上，对有些事故一时认识不清时，只要事故不致产生严重的恶化，可以继续观察一段时间，做进一步调查分析，不要急于求成，以免造成同一事故多次处理的不良后果。事故处理的基本要求是：安全可靠，不留隐患，满足建筑功能和使用要求，技术可行，经济合理，施工方便。在事故处理中，还必须加强质量检查和验收。对每一个质量事故，无论是否需要处理都要经过分析，做出明确的结论。

## 三、施工项目质量问题处理应急措施

在拟定应急措施时，一般应注意以下事项：

(1) 对危险性较大的质量事故，首先应予以封闭或设立警戒区，只有在确认不可能倒塌或进行可靠支护后，方准许进入现场处理，以免造成人员的伤亡。

(2) 对需要进行部分拆除的事故，应充分考虑事故对相邻区域结构的影响，以免事故进一步扩大，且应制定可靠的安全措施和拆除方案，要严防对原有事故的处理引发新的事故。

(3) 凡涉及结构安全的，都应对处理阶段的结构强度、刚度和稳定性进行验算，提出可靠的防护措施，并在处理中严密监视结构的稳定性。

(4) 在不卸荷条件下进行结构加固时，要注意加固方法和施工荷载对结构承载力的影响。

(5) 要充分考虑事故处理中所产生的附加内力对结构的作用，以及由此引起的不安全因素。

## 四、施工项目质量问题处理方案

应在正确地分析和判断质量问题原因的基础上出台质量问题处理方案，通常根据质量问题的具体情况，做出以下四类不同性质的处理方案。

(1) 修补处理。这是最常采用的一类处理方案。当工程的某些部分的质量虽未达到规定的规范、标准或设计要求，存在一定的缺陷，但经过修补后还可达到要求的标准，又不影响使用功能或外观要求，在此情况下，可以做出进行修补的决定。属于修补这类方案的具体方案有很多，诸如封闭保护、复位纠偏、结构补强、表面处理等均是。例如，某些混凝土结构表面出现蜂窝麻面，经调查、分析，该部位经修补处理后，不会影响其使用及外观；某些结构混凝土发生表面裂缝，根据其受力情况，仅作表面封闭保护即可等等。

（2）返工处理。当工程质量未达到规定的标准或要求，有明显的严重质量问题，对结构的使用和安全有重大影响，而又无法通过修补的办法纠正所出现的缺陷情况下，可以做出返工处理的决定。例如，某防洪堤坝填筑压实后，其压实土的干密度未达到规定的要求值，将影响土体的稳定和抗渗要求，可以进行返工处理，即挖除不合格土，重新填筑。又如某工程预应力按混凝土规定张力系数为 1.3，但实际仅为 0.8，属于严重的质量缺陷，也无法修补，亟需做出返工处理的决定。十分严重的质量事故甚至要做出整体拆除的决定。

（3）限制使用。当工程质量问题按修补方案处理无法保证达到规定的使用要求和安全，而又无法返工处理的情况下，不得已时可以做出诸如结构卸荷或减荷以及限制使用的决定。

（4）不做处理。某些工程质量问题虽然不符合规定的要求或标准，但如果情况不严重，对工程或结构的使用及安全影响不大，经过分析、论证和慎重考虑后，也可做出不作专门处理的决定。可以不做处理的情况一般有以下几种：

1）不影响结构安全和使用要求。例如，有的建筑物出现放线定位偏差，若要纠正则会造成重大经济损失，若其偏差不大，不影响使用要求，在外观上也无明显影响，经分析论证后，可不做处理。又如，某些隐蔽部位的混凝土表面裂缝，经检查分析，属于表面养护不够的干缩微裂，不影响使用及外观，也可不做处理。

2）有些不严重的质量问题，经过后续工序可以弥补。例如，混凝土的轻微蜂窝麻面，可通过后续的抹灰、喷涂或刷白等工序弥补，可以不对该缺陷进行专门处理。

3）出现的质量问题，经复核验算，仍能满足设计要求。例如，某一结构断面做小了，但复核后仍能满足设计的承载能力，可考虑不再处理。这种做法实际上是挖掘设计潜力或降低设计的安全系数，因此需要慎重处理。

## 五、施工项目质量问题处理资料

一般质量问题的处理，必须具备以下资料：

（1）与事故有关的施工图。

（2）与施工有关的资料，如建筑材料试验报告、施工记录、试块强度试验报告等。

（3）事故调查分析报告，包括：

1）事故情况。具体包括出现事故的时间、地点，事故的描述，事故观测记录，事故发展变化规律，事故是否已经稳定等。

2）事故性质。应区分属于结构性问题还是一般性缺陷，是表面性的还是实质性的，是否需要及时处理，是否需要采取防护性措施。

3）事故原因。应阐明造成事故的重要原因，如结构裂缝的产生是因为地基不均匀沉降、温度变形、施工振动或是结构本身承载力不足。

4）事故评估。阐明事故对建筑功能、使用要求、结构受力性能及施工安全有何影响，并应附有实测、验算数据和试验资料。

5）事故涉及人员及主要责任者的情况。

（4）设计、施工、使用单位对事故的意见和要求等。

## 六、施工项目质量问题性质的确定

质量问题性质的确定，是最终确定问题处理办法的首要工作和根本依据。一般按下列方法来确定问题的性质：

（1）了解和检查。是指对有问题的工程进行现场情况、施工过程、施工设备和全部基础资料的了解和检查，主要包括调查、检查质量试验检测报告、施工日志、施工工艺流程、施工机械情况以及气候情况等。

（2）检测与试验。通过检查和了解可以发现一些表面的问题，得出初步结论，但往往需要进一步的检测与试验来加以验证。检测与试验，主要是检验该问题工程的有关技术指标，以便准确找出产生问题的原因。例如，若发现石灰土的强度不足，则在检验强度指标的同时，还应检验石灰剂量，石灰与土的物理化学性质，以便发现石灰土强度不足是因为材料不合格、配比不合格或养护不好，还是因为其他如气候之类的原因造成的。检测和试验的结果将作为确定问题性质的主要依据。

（3）专门调研。有些质量问题，仅仅通过以上两种方法仍不能确定。如某工程出现异常现象，但在发现问题时，有些指标却无法被证明是否满足规范要求，只能采用参考的检测方法。像水泥混凝土，规范要求的是28d的强度，而对于已经浇筑的混凝土无法再检测，只能通过规范以外的方法进行检测，其检测结果作为参考依据之一。为了得到这样的参考依据并对其进行分析，往往有必要组织有关方面的专家或专题调查组，提出检测方案，对所得到的一系列参考依据和指标进行综合分析研究，找出产生问题的原因，确定问题的性质。这种专题研究，对质量问题的妥善解决作用重大，因此经常被采用。

## 七、施工项目质量问题处理决策的辅助方法

对质量问题处理的决策，是复杂而重要的工作，它直接关系到工程的质量、费用与工期。所以，要做出对质量问题处理的决定，特别是对需要返工或不做处理的决定，应当慎重对待。在对于某些复杂的质量问题做出处理决定前，可采取以下方法做进一步论证。

（1）实验验证。即对某些有严重质量问题的项目，可采取合同规定的常规试验以外的试验方法进一步进行验证，以便确定问题的严重程度。例如混凝土构件的试件强度低于要求的标准不太大（例如10%以内）时，可进行加载试验，以证明其是否满足使用要求；又如公路工程的沥青面层厚度误差超过了规范允许的范围，可采用弯沉试验，检查路面的整体强度等。根据对试验验证检查的分析、论证后再研究处理决策。

（2）定期观测。有些工程，在发现其质量问题时，其状态可能尚未达到稳定，仍会继续发展，在这种情况下，一般不宜过早做出决定，可以对其进行一段时间的观测，然后再

根据情况做出决定。属于这类的质量问题，如桥墩或其他工程的基础，在施工期间发生沉降超过预计的或规定的标准；混凝土或高填土发生裂缝，并处于发展状态等。有些有缺陷的工程，短期内其影响可能不十分明显，需要较长时间的观测才能得出结论。

（3）专家论证。对于某些工程问题，可能涉及的技术领域比较广泛，则可采取专家论证。采用这种办法时，应事先做好充分准备，尽早为专家提供尽可能详尽的情况和资料，以便使专家能够进行较充分、全面和细致的分析、研究，提出切实的意见与建议。实践证明，采取这种方法，对重大的质量问题做出恰当处理的决定十分有益。

### 八、施工项目质量问题处理的鉴定验收

质量问题处理是否达到预期的目的，是否留有隐患，需要通过检查验收来做出结论。事故处理质量检查验收，必需严格按施工验收规范中有关规定进行，必要时，还要通过实测、实量，荷载试验，取样试压，仪表检测等方法来获取可靠的数据。这样，才可能对事故做出明确的处理结论。

事故处理结论的内容有以下几种：

（1）事故已排除，可以继续施工。

（2）隐患已经消除，结构安全可靠。

（3）经修补处理后，完全满足使用要求。

（4）基本满足使用要求，但附有限制条件，如限制使用荷载，限制使用条件等。

（5）对耐久性影响的结论。

（6）对建筑外观影响的结论。

（7）对事故责任的结论等。

此外，对一时难以做出结论的事故，还应进一步提出观测检查的要求。事故处理后，还必须提交完整的事故处理报告，其内容包括：事故调查的原始资料、测试数据；事故的原因分析、论证；事故处理的依据；事故处理方案、方法及技术措施；检查验收记录；事故无须处理的论证；事故处理结论等。

## 单元三　工程质量事故及其分类

### 一、工程质量事故

#### （一）工程质量事故的内涵

根据《水利工程质量事故处理暂行规定》，工程质量事故是指在水利工程建设过程中，由于建设管理、监理、勘测、设计、咨询、施工、材料、设备等原因造成工程质量不符合规程规范和合同规定的质量标准，影响使用寿命和对工程安全运行造成隐患和危害的事件。

工程如发生质量事故，往往造成停工、返工，甚至影响正常使用，有的质量事故会不断发展恶化，导致建筑物倒塌，并造成重大人身伤亡事故。这些都会给国家和人民造成不应有的损失。

需要指出的是，不少事故开始时经常只被认为是一般的质量缺陷，容易被忽视。随着时间的推移，待认识到这些质量缺陷问题的严重性时，则往往处理困难，或无法补救，或导致建筑物失事。因此，除了明显地不会有严重后果的缺陷外，对其他的质量问题，均应认真分析，进行必要的处理，并作出明确的结论。

### （二）工程质量事故的特点

由于工程项目建设不同于一般的工业生产活动，其实施的一次性，生产组织特有的流动性、综合性，劳动的密集性及协作关系的复杂性，均造成工程质量事故更具有复杂性、严重性、可变性及多发性的特点。

微课
3-3-1
工程质量事故的分类

## 二、质量事故的分类

工程质量事故按直接经济损失的大小，检查、处理事故对工期的影响时间长短和对工程正常使用的影响，分为一般质量事故、较大质量事故、重大质量事故、特大质量事故。

一般质量事故指对工程造成一定经济损失，经处理后不影响正常使用并不影响使用寿命的事故。

较大质量事故是指对工程造成较大经济损失或延误较短工期，经处理后不影响正常使用但对工程寿命有一定影响的事故。

重大质量事故是指对工程造成重大经济损失或较长时间延误工期，经处理后不影响正常使用但对工程寿命有较大影响的事故。

特大质量事故是指对工程造成特大经济损失或较长时间延误工期，经处理后仍对正常使用和工程寿命造成较大影响的事故。

具体分类标准见表3-1。

**表3-1　　水利工程质量事故分类标准**

| 损失情况 | | 事故类别 | | | |
|---|---|---|---|---|---|
| | | 特大质量事故 | 重大质量事故 | 较大质量事故 | 一般质量事故 |
| 事故处理所需的物质、器材和设备、人工等直接损失费用/万元 | 大体积混凝土，金结制作和机电安装工程 | ＞3000 | ＞500，≤3000 | ＞100，≤500 | ＞20，≤100 |
| | 土石方工程、混凝土薄壁工程 | ＞1000 | ＞100，≤1000 | ＞30，≤100 | ＞10，≤30 |
| 事故处理所需合理工期/月 | | ＞6 | ＞3，≤6 | ＞1，≤3 | ≤1 |
| 事故处理后对工程功能和寿命影响 | | 影响工程正常使用，需限制条件运行 | 不影响正常使用，但对工程寿命有较大影响 | 不影响正常使用，但对工程寿命有一定影响 | 不影响正常使用和工程寿命 |

注　1. 直接经济损失费用为必需条件，其余两项主要适用于大中型工程。
2. 小于一般质量事故的质量问题称为质量缺陷。

# 单元四　工程质量事故原因分析

工程质量事故的分析处理，通常先要进行事故原因分析。在查明原因的基础上，一方面要寻找处理质量事故方法和提出防止类似质量事故发生的措施；另一方面要明确质量事故的责任者，从而明确由谁来承担处理质量事故的费用。

## 一、质量事故原因

### （一）质量事故原因要素

质量事故的发生往往是由多种因素构成的，其中最基本的因素有人、材料、机械、工艺和环境。人的最基本的问题是知识、技能、经验和行为特点等；材料和机械的因素更为复杂和繁多，例如建筑材料、施工机械等存在千差万别；事故的发生也总和工艺及环境紧密相关，如自然环境、施工工艺、施工条件、各级管理机构状况等。由于工程建设往往涉及设计、施工、监理和使用管理等许多单位或部门，因此分析质量事故时，必须对这些基本因素以及它们之间的关系，进行具体的分析探讨，找出引起事故的一个或几个具体原因。

### （二）引起事故的直接与间接原因

引发质量事故的原因，常可分为直接原因和间接原因两类。

直接原因主要有人的行为不规范和材料、机械的不符合规定状态。例如，设计人员不遵照国家规范设计，施工人员违反规程作业等，都属于人的行为不规范。如云南省某水电工程，在高边坡处理时，设计者没有充分考虑到地质条件：对明显的节理裂缝重视不够，没有考虑工程措施，以致在基坑开挖时，高边坡大滑坡，造成重大质量事故，致使该工程发电推迟一年多，花费上亿元的质量事故处理费用。

1. 施工人员的问题

该问题表现在：

（1）施工技术人员数量不足、素质不高，技术业务素质不高或使用不当。

（2）施工操作人员培训不够，对持证上岗的岗位控制不严，违章操作。

2. 建筑材料及制品不合格

不合格工程材料、半成品、构配件或建筑制品的使用，必然导致质量事故或留下质量隐患。

（1）水泥。包括：①安定性不合格；②强度不足；③水泥受潮或混用。

（2）钢材。包括：①强度不合格；②化学成分不合格；③可焊性不合格。

（3）砂石料。包括：①岩性不良；②粒径、级配与含泥量不合格；③有害杂质含量多。

（4）外加剂。包括：①外加剂本身不合格；②混凝土和砂浆中掺用外加剂不当。

3. 施工方法的问题

（1）不按图施工。包括：

1）无图施工。

2）图纸不经审查就施工。

3）不熟悉图纸，仓促施工。

4）不了解设计意图，盲目施工。

5）未经设计或监理同意，擅自修改设计。

（2）施工方案和技术措施不当。包括：

1）施工方案考虑不周。

2）技术措施不当。

3）缺少可行的季节性施工措施。

4）不认真贯彻执行施工组织设计。

4. 环境因素影响

（1）施工项目周期长、露天作业多，受自然条件影响大，地质、台风、暴雨等都能造成重大的质量事故，施工中应特别重视，采取有效措施予以预防。

（2）施工技术管理制度不完善。包括：

1）没有建立完善的各级技术责任制。

2）主要技术工作无明确的管理制度。

3）技术交底不认真，又不作书面记录或交底不清。

## 二、成因分析方法

由于影响工程质量的因素众多，一个工程质量问题的实际发生，既可能因设计计算和施工图纸中存在错误，也可能因施工中出现不合格或质量问题，也可能因使用不当，或者由于设计、施工甚至使用、管理、社会体制等多种原因的复合作用。要分析究竟是哪种原因所引起，必须对质量问题的特征表现，以及其在施工中和使用中所处的实际情况和条件进行具体分析。分析方法很多，其基本步骤和要领概括如下。

### （一）基本步骤

（1）进行细致的现场调查研究，观察记录全部实况，充分了解与掌握引发质量问题的现象和特征。

（2）收集调查与质量问题有关的全部设计和施工资料，分析摸清工程在施工或使用过程中所处的环境及面临的各种条件和情况。

（3）找出可能产生质量问题的所有因素。

（4）分析、比较和判断，找出最可能造成质量问题的原因。

（5）进行必要的计算分析或模拟试验予以论证确认。

### （二）分析要领

常采用逻辑推理法，其基本原理如下：

（1）确定质量问题的初始点，即所谓原点，它是一系列独立原因集合起来形成的爆发点。因其反映出质量问题的直接原因，而在分析过程中具有关键性作用。

（2）围绕原点对现场各种现象和特征进行分析，区别导致同类质量问题的不同原因，逐步揭示质量问题萌生、发展和最终形成的过程。

（3）综合考虑原因复杂性，确定诱发质量问题的起源点即真正原因。工程质量问题原因分析是对一堆模糊不清的事物和现象客观属性和联系的反映，它的准确性和监理人的能力学识、经验和态度有极大关系，其结果不单是简单的信息描述，而是逻辑推理的产物，其推理可用于工程质量的事前控制。

# 单元五 工程质量事故分析处理程序与方法

工程质量事故分析与处理的主要目的是：正确分析和妥善处理所发生的事故原因，创造正常的施工条件；保证建筑物、构筑物的安全使用，减少事故的损失；总结经验教训，预防事故发生，区分事故责任；了解结构的实际工作状态，为正确选择结构计算简图、构造设计，修订规范、规程和有关技术措施提供依据。

## 一、质量事故分析的重要性

（1）防止事故的恶化。例如，在施工中发现现浇的混凝土梁强度不足，就应引起重视，如尚未拆模，则应考虑何时拆模，拆模时应采取何种补救措施。又如，在坝基开挖中，若发现钻孔已进入坝基保护层，此时就应注意到，若按照这种情况装药爆破对坝基质量的影响，同时及早采取适当的补救措施。

（2）创造正常的施工条件。如发现金属结构预埋件偏位较大，影响了后续工程的施工，必须及时分析与处理后，方可继续施工，以保证工程质量。

（3）排除隐患。如在坝基开挖中，由于保护层开挖方法不当，使设计开挖面岩层较破碎，给坝的稳定性留下隐患。发现这些问题后，应进行详细的分析，查明原因，并采取适当的措施，以及时排除这些隐患。

（4）总结经验教训，预防事故再次发生。如大体积混凝土施工，出现深层裂缝是较普遍的质量事故，因此应及时总结经验教训，杜绝这类事故的发生。

（5）减少损失。对质量事故进行及时的分析，可以防止事故的恶化，及时地创造正常的施工秩序，并排除隐患以减少损失。此外，正确分析事故，找准事故的原因，可为合理地处理事故提供依据，达到尽量减少事故损失的目的。

## 二、工程质量事故分析处理程序

依据1999年水利部颁发的《水利工程质量事故处理暂行规定》，水利工程质量事故处理实行分级管理的制度，水利部负责全国水利工程质量事故处理管理工作，并负责部属重点工程质量事故处理工作；各流域机构负责本流域水利工程质量事故处理管理工作，并负责本流域中央投资为主的、省（自治区、直辖市）界及国际边界河流上的水利工程质量事故处理工作；各省、自治区、直辖市水利（水电）厅（局）负责本辖区水利工程质量事故处理管理工作和所属水利工程质量事故处理工作。

### （一）事故报告

*1. 事故报告程序及要求*

事故发生后，施工单位要严格保护现场，采取有效措施抢救人员和财产，防止事故扩大。因抢救人员、疏导交通等原因需移动现场物件时，应当作出标志、绘制现场简图并作出书面记录，妥善保管现场重要痕迹、物证，并进行拍照或录像。

发生（发现）较大、重大和特大质量事故，事故单位要在48h内向有关单位写出书面报告；突发性事故，事故单位要在4h内电话向有关单位报告。

发生质量事故后，项目法人必须将事故的简要情况向项目主管部门报告。项目主管部门接到事故报告后，按照管理权限向上级水行政主管部门报告。

一般质量事故向项目主管部门报告。

较大质量事故逐级向省级水行政主管部门或流域机构报告。

重大质量事故逐级向省级水行政主管部门或流域机构报告并抄报水利部。

特大质量事故逐级向水利部和有关部门报告。

2. 事故报告内容

（1）工程名称、建设规模、建设地点、工期、项目法人、主管部门及负责人电话。

（2）事故发生的时间、地点、工程部位以及相应的参建单位名称。

（3）事故发生的简要经过、伤亡人数和直接经济损失的初步估计。

（4）事故发生原因初步分析。

（5）事故发生后采取的措施及事故控制情况。

（6）事故报告单位、负责人及联系方式。

有关单位接到事故报告后，必须采取有效措施，防止事故扩大，并立即按照管理权限向上级部门报告或组织事故调查。

### （二）事故调查

1. 事故调查要求

发生质量事故，要按照规定的管理权限组织调查组进行调查，查明事故原因，提出处理意见，提交事故调查报告。

一般事故由项目法人组织设计、施工、监理等单位进行调查，调查结果报项目主管部门核备。

较大质量事故由项目主管部门组织调查组进行调查，调查结果报上级主管部门批准并报省级水行政主管部门核备。

重大质量事故由省级以上水行政主管部门组织调查组进行调查，调查结果报水利部核备。

特大质量事故由水利部组织调查。

2. 事故调查组的主要任务

（1）查明事故发生的原因、过程、财产损失情况和对后续工程的影响。

（2）组织专家进行技术鉴定。

（3）查明事故的责任单位和主要责任者应负的责任。

（4）提出工程处理和采取措施的建议。

（5）提出对责任单位和责任者的处理建议。

（6）提交事故调查报告。

事故调查组提交的调查报告经主持单位同意后，调查工作即告结束。

### （三）事故处理

发生质量事故，必须针对事故原因提出工程处理方案，经有关单位审定后实施。

一般质量事故，由项目法人负责组织有关单位制定处理方案并实施，报上级主管部门备案。

较大质量事故，由项目法人负责组织有关单位制定处理方案，经上级主管部门审定后实施，报省级水行政主管部门或流域机构备案。

重大质量事故，由项目法人负责组织有关单位提出处理方案，征得事故调查组意见后，报省级水行政主管部门或流域机构审定后实施。

特大质量事故，由项目法人负责组织有关单位提出处理方案，征得事故调查组意见后，报省级水行政主管部门或流域机构审定后实施，并报水利部备案。

事故处理需要进行设计变更的，需原设计单位或有资质的单位提出设计变更方案。需要进行重大设计变更的，必须经原设计审批部门审定后实施。

#### （四）检查验收

事故部位处理完成后，必须按照管理权限经过质量评定与验收后，方可投入使用或进入下一阶段施工。

#### （五）下达《复工通知》

事故处理经过评定和验收后，总监理工程师下达《复工通知》。

## 三、工程质量事故处理的依据和原则

### （一）工程质量事故处理的依据

（1）质量事故的实况资料。

（2）具有法律效力的，得到有关当事各方认可的工程承包合同、设计委托合同、材料或设备购销合同以及监理合同或分包合同等的合同文件。

（3）有关的技术文件、档案。

（4）相关的建设法规。

在这四方面依据中，前三种是与特定的工程项目密切相关的具有特定性质的依据。第四种法规性依据，是具有很高权威性、约束性、通用性和普遍性的依据，因而它在质量事故的处理事务中，也具有极其重要的作用。

### （二）工程质量事故处理原则

因质量事故造成人身伤亡的，还应遵从国家和水利部伤亡事故处理的有关规定。

微课
3－5－1
工程质量事故处理“四不放过”原则

发生质量事故，必须坚持“事故原因不查清楚不放过、主要事故责任者和职工未受到教育不放过、补救和防范措施不落实不放过”的原则，认真调查事故原因，研究处理措施，查明事故责任，做好事故处理工作。

由质量事故而造成的损失费用，坚持谁该承担事故责任，由谁负责的原则。质量事故的责任者大致为：①施工承包人；②设计单位；③监理单位和发包人。施工质量事故若是施工承包人的责任，则事故分析和处理中发生的费用完全由施工承包人自己负责；施工质量事故责任者若非施工承包人，则质量事故分析和处理中发生的费用不能由施工承包人承担，而施工承包人可向发包人提出索赔。若是设计单位或监理单位的责任，应按照设计合同或监理委托合同的有关条款，对责任者按情况给予必要的处理。

事故调查费用暂由项目法人垫付，待查清责任后，由责任方偿还。

# 模块四　典型工程案例分析

## 案例一　三峡工程质量监控分析

三峡工程功在当代、利在千秋，既是经济效益巨大的经济工程，又是彪炳千秋的社会民生工程；既是凸显中国特色社会主义制度优越性的政治工程，又是河、库和湿地保护修复的生态工程；还是凝炼移民精神的文化工程。三峡工程是当今世界建设规模最大、技术最复杂、管理任务最艰巨、影响最深远的水利枢纽工程之一，是综合治理和开发长江的关键性骨干工程，它具有防洪、发电、航运等综合效益。

中国“三峡梦”是20世纪20年代孙中山在《建国方略》中提出的设想；1932年国民政府建设委员会专为开发三峡水力资源进行了第一次勘测，设计开始启动；1944年“萨凡奇计划”将设想转化为工程开发方案；1945年国民政府资源委员会成立了三峡水力发电计划技术研究委员会、全国水力发电工程总处及三峡勘测处，从组织上落实了三峡工程的调研、设计的权力机构；新中国成立后，1953年毛泽东提出“先修……三峡水库”，1958年又提出“高峡出平湖”的伟大梦想；1970年兴建葛洲坝工程，为三峡工程积累经验；1985年邓小平曾设想过“中坝方案”；1992年4月3日全国人大七届五次会议通过《关于兴建长江三峡工程决议》，几代人的“三峡梦”开始走向现实；2006年5月20日大坝封顶，三峡大坝全线建成；2009年整个三峡工程竣工，标志着正常蓄水位175m、总库容393亿$m^3$、总面积1084km、长632km、均宽1100m的河道型水库建成，三峡独特地理单元形成；2015年底，国务院长江三峡工程整体竣工验收委员会完成各项工程的竣工验收，形成整体竣工验收报告；2016年一季度，三峡工程总体验收标志着“三峡梦”完全变成现实。

三峡工程建设过程中，涌现出了一大批先进人物事迹，其中被誉为“当代大禹、三峡之子”用一生写好“守”的中国工程院院士、三峡枢纽工程设计总工程师郑守仁，56载以水利工地为家、9000多个日夜守护三峡大坝、两次患癌仍坚守三峡工地、昏迷前夕仍奔走在水利工地……他的生命早已和三峡大坝融为一体！郑守仁荣获新中国成立70周年“最美奋斗者”、全国“五一”劳动奖章，其工匠精神获国际大坝委员会高度赞誉，2017年7月，荣获国际坝工界的最高奖项——国际大坝委员会终身成就奖。三次挑战截流长江这一世界难题，他都是在工地上发现问题、研究问题、解决问题。他夜以继日奔走在工地上，与各方技术人员携手攻关，依靠科学民主的作风和集体智慧克服一个个技术难关，创下十几项优化设计成果，推广应用一系列新技术、新工艺和新材料。对每一块大坝基础、每一项分步工程、每一次工程验收，郑守仁都严格把关，一丝不苟。当看到多头转包，施工质量没有保证时，他奔走呼喊，直抒己见，不怕得罪人。工程验收时，郑守仁更是丁是丁，卯是卯，凡不符合设计要求的地方，绝不“少数服从多数”。对发现的工程质量问题，除了向各有关单位反复强调进行处理外，他还提出技术处理措施进行补救，不留隐患。1997 年，他已是院士，但是三峡工程重点部位的基础验收，他仍必到现场严格把关，并主持编写了 130 多万字的《水利枢纽工程质量标准及监控》一书。据不完全统计，郑守仁累计将各类奖金、稿费 158 万元全都捐献于公益事业。

举世瞩目的三峡工程建设历时长达 18 年，如何实现一流的工程质量目标？摆在了业主和参建方面前，18 年的建设历程证明，实现一流质量目标，靠的是一流质量标准，一流技术，一流管理，三峡工程建设者们实践总结出的一系列质量监控制度、措施、标准是一份宝贵的财富，值得同行学习借鉴。

## 一、建立了一套科学的质量保证体系

三峡工程建设实行项目法人责任制、招标投标制、建设监理制和合同管理制有机结合的管理体制，推行以“质量”为前提，以“三控制”（质量控制、进度控制、投资控制）为目标，以合同管理为基础的项目管理模式。

### （一）成立了三峡工程质量管理组织

*1. 成立三峡枢纽工程质量检查专家组*

为加强对三峡工程质量的监督，国务院三峡工程建设委员会于 1999 年 6 月成立了以钱正英为组长、张光斗为副组长的“三峡枢纽工程质量检查专家组”（以下简称“专家组”），每年两次到三峡工地开展质量检查工作，对三峡工程的质量保证体系、工程质量、工程进度等进行检查，对存在的质量问题提出整改意见，对工程质量作出评价。国务院派出专家组，是对项目法人责任制监督机制的进一步健全和完善。

*2. 成立三峡工程质量管理委员会*

由业主单位（三峡总公司）组织参建各方（业主、设计、施工、监理等）成立了“三峡工程质量管理委员会”（简称“质管会”），负责三峡工程全面质量管理工作，检查、监督、协调、指导参建各方开展质量管理活动。下设办公室，挂靠业主单位，负责日常工作。

*3. 参建各方内部设立管理组织*

业主单位实行总经理负责制，工程建设部是三峡工程建设管理的现场代表，负责设计、施工、监理及业主各部门在施工现场的组织、协调工作。工程建设部下设的各工程项目部代表业主履行本项目合同甲方的职责。业主单位在现场组建了试验中心、金结中心、测量中心、安全监测中心和水文、水情气象中心，对工程质量进行检测、监督。

各主要施工承包单位实行指挥长（总经理）负责制，设立了不同层次的质量管理机构，配备了专职质检人员，专门负责质量管理与质量检查签证工作。通过签订质量责任书，明确了各级质量目标和责任。各施工承包单位均建立了试验室，承担原材料和混凝土性能等方面的试验检测工作，为施工质量提供依据。

各监理单位实行总监理工程师负责制，设立了工程项目部、质量安全部、合同管理部、工程信息部等，与业主单位下属的工程建设部机构一一对应，以实现统一、规范化对口管理。监理单位在施工现场建立了试验室、成立了测量队，以满足质量监控的需要。

长江委设计院是三峡工程的设计单位，对所承担的工程设计质量总负责，对勘测、规划、初步设计、技术设计、招标设计直至施工详图设计的全部设计质量负有直接责任，长江委三峡工程局是长江委设计院派出的现场设计代表机构。

### （二）建立了完善的质量管理文件

为实现制度化和规范化的严格管理，三峡工程质量管理委员会颁布实施了《三峡工程质量管理办法》，明确了参建各方的主要职责和权限，对原材料及设备的采购供应、工程施工质量的监督控制、工程质量事故的处理等均作了具体规定。为做好三峡工程的验收工作，三峡工程质量管理委员会颁布实施了《三峡合同项目工程验收暂行规定》，三峡工程蓄水、发电的阶段性验收以及枢纽工程竣工验收的有关规定。

施工承包单位参照《三峡工程质量管理办法》，制定了适合本单位的质量管理办法，如质量管理责任制、质量检查验收办法、质量奖惩办法等。监理单位根据工程进展需要，对质量检查验收的工作程序、验收办法及具体实施细则进行了逐步完善、补充，形成了一套较为系统的监理工作实施细则。监理细则对监理质量监督控制的内容、程序、标准等作了具体规定。长江委设计院编制实施了《质量保证手册》《质量体系程序文件》《质量体系程序作业文件》等一系列质量管理文件，对专业会签程序、会签责任、会签内容等做了详细规定。

### （三）出台了一系列质量检测标准

三峡工程的质量标准是在现有国家规范的基础上，结合三峡工程的具体情况，以合同为依据编制而成的，包括原材料检验、混凝土生产、浇筑、岩石基础开挖及处理、灌浆、金属结构和机电设备制造安装、塔（顶）带机浇筑混凝土规定、止水（浆）片施工技术要求、混凝土骨料质量控制规定、混凝土施工缝面质量控制标准和水平钢筋网部位混凝土施工质量控制要求等不同专业、不同工种的140多个质量检测标准。该质量标准源于国家标准，部分规定又高于国家标准。

## 二、完善制度，修订标准，强化管理，提高质量

### （一）建立质量月例会制度

建立中国三峡总公司质量月例会制度。质量月例会由分管副总经理主持召开，设计、施工、监理单位主要负责人参加，及时反馈信息，迅速决策重大事项，增强预控力度，加大质量问题整改力度。

### （二）聘请质量总监

三期工程聘请5位机电质量总监、3位土建质量总监（混凝土专业2名，灌浆专业1名）、1位金结质量总监。完善质量管理体系，增强质量监督与导向职能。专业质量总监在质量周例会上以幻灯片等形式点示施工中存在的问题，分析原因，提出整改意见，促进质量整体提高。

### （三）推行质量过程（工序）控制考核评价奖励办法

设立混凝土质量特别奖（3%），奖励办法以浇筑质量（事中）的控制为核心，并对混凝土施工的主要工序质量按浇筑单元进行全过程考核。灌浆工程和金结安装方面也推出以过程控制为中心的施工质量考核办法。质量奖发放按月考核支付，并保证70%的奖金发放到一线施工人员中，促进了混凝土质量的提高。

### （四）推行安全文明施工考核评比奖励办法

为促进右岸三期工程现场安全文明施工和规范管理，制定《厂坝三期工程现场安全文明施工奖罚细则》，同时三期工程安全文明施工奖较二期工程提高1%。每月由项目部组织一次安全文明施工大检查，并结合平时安全总监办和监理对施工单位下发的书面指令进行综合评分和排名，指出下一步应整改的问题及要求。

### （五）强化混凝土原材料及混凝土质量检测管理

规范混凝土原材料及混凝土质量检测月报的编写内容和格式，对试验项目和试验频次按三峡工程质量标准提出具体规定。在每月召开的混凝土原材料及混凝土质量检测工作例会上，审查各单位的试验工作计划，分析试验成果，及时发现问题，制定改进措施。

### （六）完善值班总监停仓制度

为规范混凝土浇筑过程中暂停来料及停仓的标准与程序，建立健全值班总监停仓制度，以免质量事故发生。

### （七）强化帷幕灌浆施工管理

灌浆施工实行全面、全员、全过程质量控制，执行质检人员等级考评制度、施工工艺明白卡制度、准灌证制度、单孔施工设计和灌浆设备运行故障跟踪登记制度，制定实施了《质检人员考评管理办法》《施工过程质量等级现场考评》《现场监理人员监理要点》等具体管理办法。

### （八）建立混凝土缺陷检查与处理的快速反应机制

针对二期工程出现的问题，三期工程建立混凝土缺陷检查与处理的快速反应机制，要求及时检查、处理问题，发现问题苗头，及时根治，避免质量问题的重犯与扩大化。

### （九）强化金结机电质量月例会制度

总结安装过程中的经验和教训，注重工厂制作和现场安装之间的信息反馈，严格控制管口形位尺寸，并及时协调相邻标段间的接口关系，保证关键部位的衔接。

### （十）完善小型埋件提示制度

为避免小埋件的错埋和漏埋，施工和监理单位的金结机电专业分别向各自单位的土建专业提供埋件提示表，使土建专业在开仓前就明确所需埋件的数量和技术要求，并且在验收时参照埋件提示表组织土建金结机电联合验收。此外，特别重视落实标段之间埋件提示工作的衔接与交面。

### （十一）系统总结二期工程金结机电安装经验教训

结合实际，要求参建各方学习《厂坝二期工程金结机电及埋件质量案例汇编》，并针对现场安装项目，从汇编中找出相应的案例进行分析和研究，为提高质量奠定了坚实基础。出台金结机电安装测量管理办法，统一各标段的测量基准，加强监理对重要控制点的独立复测，特别加强标段交界面部位测量控制点的沟通与协调。制定压力钢管标段交界面管理办法，重点控制压力钢管与伸缩节、压力钢管与蜗壳的接口关系，提出对接管口的安装精度等要求。制定焊缝返修管理办法，严格控制返修的程序、次数、质量及资料记录。

## 三、工程质量控制的基本做法

### （一）抓好工程规划及设计质量控制

三峡工程勘测设计资料经历多次专家评审认为翔实可靠，可行性报告于1992年4月3

日由国务院提请七届人大五次会议审议通过，初步设计报告于1993年7月26日由国务院三峡工程建设委员会批准，单项技术设计共分8项。

为保证工程设计质量，设计单位派出现场设计代表，作好技术交底和技术服务工作，并根据施工现场的具体情况，及时调整、变更或优化设计方案。当发生与国家审定的初步设计有重大变更时，由业主组织设计单位编制相应的文件报国务院三建委审查批准，重要设计变更由业主组织各方审查批准，一般设计变更由监理单位审查后报业主项目部批准。采取设计优化方案及采用新工艺、新技术、新材料、新型结构前首先要进行充分的工程技术论证，并进行必要的生产性试验。

**（二）重视设备采购质量控制**

采取设计优化方案及采用新工艺、新技术、新材料、新型结构前，首先要进行充分的工程技术论证，并进行必要的生产性试验。

三峡工程的金属结构和机电设备，其性能和技术指标由设计单位研究提出，经组织国内专家反复审议后确定，所有的设备采用公开招标方式，由总公司组织采购；国内尚不能制造的设备，如水轮发电机组等，经国务院三峡工程建设委员会批准，采用国际公开招标方式采购。设备制造过程中，总公司组织专家或委托有资质的单位实行驻厂监造。对于首批水轮发电机组，委托法国BV/EDF公司承担驻厂监造任务。

由6台塔带机（顶带机）及其供料线、4台胎带机、1台大塔机、8台高架门机、2台缆机、2台履带吊和7座拌和楼等30套设备构成的具有当今世界先进水平的、规模最大的现代化混凝土浇筑和金结机电安装系统，确保了三峡工程施工进度和质量。

**（三）做好原材料供应质量控制**

三峡工程建设所需原材料的主要技术指标，均由设计单位提出，经专家审定后确定。由于大坝混凝土耐久性要求，水泥和粉煤灰的技术指标，均严于国内外同类工程。水泥控制指标中，除强度、水化热等常规指标外，特别重视碱和氧化镁的含量。碱含量控制标准为：熟料不大于0.5%，(国家标准为熟料不大于0.8%)，氧化镁含量控制指标为3.5%～5.0%（国家标准为不大于5.0%)；采用Ⅰ级粉煤灰，需水量比不大于0.95，这在国内外水电工程中也是首例。

原材料采购供应，采取优选供应厂商，建立长期稳定的资源渠道，并将质量控制体系、检测体系延伸到定点供货厂商的产品生产、运输、仓储、调拨、供应的全过程。水泥、粉煤灰、钢材等必须有厂家的检验报告，其中水泥由业主委托国家建材中心和长江科学院驻厂检测，承包商、监理单位和业主试验中心按批次对进入现场的原材料进行抽检，不合格的不得用于三峡工程。

**（四）千方百计抓施工质量控制**

1. 重视重大技术问题研究

三峡工程需要解决的重大技术问题，除设计单位进行科学试验外，有的还委托国内有关科研院所、高等院校施工和设备制造单位进行大量的补充科学研究，在大量科研成果的基础上，最后经专家组审议确定。

其中，第二阶段混凝土配合比设计，经过近10个单位历时3年的试验研究，优选出了各项性能指标均满足设计要求的三峡工程第二阶段混凝土配合比。通过掺Ⅰ级粉煤灰代替部分水泥、掺引气剂和高效减水剂、减小水胶比等技术措施，降低了大体积混凝土的绝热温升和干缩，提高了抗裂性、稳定性和耐久性，并使混凝土具有良好的施工和易性和经济性。经与国内外161个大坝混凝土配合比相比，按优选出的配合比生产的大坝混凝土可达国内外先进水平。

2. 强化施工过程的质量控制

三峡工程施工质量控制实行“以单元工程为基础、工序控制为手段”的程序化管理模式。

(1) 完善优化设计，加强技术交底。在保证工程安全的前提下，设计单位根据现场条件的变化或出现的问题，及时调整、变更或优化设计方案。如永久船闸输水系统阀门井支座部位钢筋较密集的问题，经仔细研究，采取了改变混凝土级配、钢筋并排布置的方案，并提出了阀门井钢筋支座随混凝土上升逐层绑扎的技术建议，从而方便了混凝土施工，又保证了结构技术要求，有利于确保施工质量。同时，通过技术交底和交流，加强和施工、监理及项目部人员的沟通，使设计意图得到正确理解和执行。

(2) 严格工艺作风，努力消灭“顽症”。施工单位认真编制施工方案、技术措施和作业指导书，做好仓面的施工设计和资源组织准备工作；严格按照设计图纸和施工规程精心施工，严格执行模板加工及验收标准，尽量减少混凝土表面的错台、挂帘现象，加强对止水片、止浆片及预埋管道的检查和维护，加强混凝土振捣，认真做好混凝土的温控养护。认真按“三检制”（班组初检、施工队复检、指挥部或经理部终检）进行单元工程的自检。

(3) 加强监理旁站，严格质量把关。随着工程进展需要，监理单位增加了一批素质较高、年龄和职称结构相对合理的专业监理人员，补充完善了监理工作实施细则：

1) 严格控制材料、设备的进场检验，严禁不合格产品进入三峡工地。

2) 在施工过程中，按规定采取旁站监理、巡视检查和平行检验等形式，按作业程序即时跟班到位进行监督检查，作好现场记录，对施工的重要部位、关键工序严格实行旁站监理。一旦发现问题及时提出并督促处理，对达不到质量要求的工序不签字，不允许进入下一道工序施工。

3) 严格按照质量标准进行工程的质量评定和验收工作，努力提高单元工程一次验收合格率。

(4) 项目部现场值班，做好组织协调工作。业主项目部人员实行现场值班制，理顺现场生产关系，协调不同标段出现的相互干扰和矛盾，依靠并充分发挥监理工程师的作用，加强对监理工作的监督，对施工质量进行严格控制。业主试验中心、金结检测中心、测量中心对施工过程中的质量进行抽检复测，确保工程质量满足三峡工程质量标准。

3. 对质量问题严格处理

对于施工过程中发现的质量问题，遵循“三不放过”原则进行调查处理，严格按照设计要求进行补救施工，做到不留隐患。

此外，还通过召开质量问题现场教育会、举行质量问题警示展等多种形式，提高全员的质量意识和责任心，如1999年8月17日左导墙左1～11单元拆摸后，上游面出现约2.0m长、0.2m高范围的蜂窝麻面，这是混凝土施工中的常见缺陷，质管会对此非常重视，及时召集全体委员召开了现场会，剖析了质量体系运作和质量控制过程中的薄弱环节，要求参建各方认真吸取教训，进一步提高质量意识。参建各方作了深刻的自我剖析，并落实了整改措施，有效地促进了三峡工程的质量管理工作。

## 四、混凝土工程质量控制措施

### （一）原材料的质量控制

1. 水泥及粉煤灰的质量控制

三峡工程混凝土主要采用花岗岩人工骨料，因加工出来的骨料表面粗糙，且粒形不好，混凝土单位用水量较天然骨料高30%以上。为有效降低混凝土单位用水量，三峡工程二阶段主体工程混凝土在采用高效减水剂和引气剂联掺条件下，又确定使用有“固体减水剂”之称的优质Ⅰ级粉煤灰。为确保细度、需水量比、烧失量等满足Ⅰ级粉煤灰要求，施工单位对所供应的粉煤灰应按批进行检验，必要时加密抽检，使其满足中国长江三峡工程质量标准（TGPS 04—1998）的质量要求。对不同厂家不同品种的粉煤灰一般不得混存，应分类储存，以保证三峡工程混凝土的质量。

2. 骨料的质量控制

骨料生产厂设有专职试验室，从毛料开采到加工均需试验室验收后才能正式投入生产。生产过程中每隔3h检测砂子的细度模数、粗骨料的级配及超逊径，以便及时调整筛网的孔径、角度及棒磨机的技术参数。骨料分级按ASTM标准分为：特大石（150～63mm)、大石（63～37.5mm)、中石（37.5～19mm)、小石（19～4.75mm)、粗砂(4.75～2mm)、细砂（2～0mm)。工程中四级配用量约占整个工程量的5%。

对砂子细度模数的控制范围在：粗砂4.8±0.2，细砂2.0±0.2，工程中砂的用量是按20%的粗砂和80%的细砂比例拌制混凝土的。粗骨料超径控制在5%以下，逊径控制在10%以下。同时在拌和厂下料口每天检测砂子的细度模数、粗骨料的级配、超逊径，从检测结果得知，粗砂和细砂的细度模数波动范围分别在4.7～4.9和1.9～2.2之间，满足工程所用砂细度模数的要求。另外规定砂子、小石的含水每3h检测一次，以及时调整混凝土的用水量，保证混凝土拌和物的坍落度和水灰比。实践证明，上述经验对混凝土质量控制起了决定性的作用。

3. 外加剂的质量控制

对三峡工程所用外加剂，施工单位应按三峡工程标准TGPS 05—1998的质量要求对外加剂生产厂家供应的外加剂每批每品种每编号进行检测。同时，粉状外加剂在储存过程中应注意防潮，拌和厂外加剂调配点不宜堆存过多外加剂，以满足不同时段拌和厂混凝土生产强度需要为准，对不同品种的外加剂应有标记，分别堆放。

### （二）混凝土的质量控制

混凝土质量控制过程按生产顺序可分为混凝土质量的初步控制、生产控制和合格性控制三类。混凝土质量的初步控制系指为混凝土的生产控制提供组成材料有关参数的质量控制。如前所述，混凝土质量的生产控制系指在生产过程中为了使混凝土具有稳定的质量而进行的工序控制。三峡工程混凝土质量控制工作依据的标准主要是GB 50164—2011《混凝土质量控制标准》和GB/T 50107—2010《混凝土强度检验评定标准》。三峡工程对混凝土质量的生产控制是极为严格的，仅每车都配有浇筑部位、混凝土等级、级配的出料单一项，就使浇筑现场的技术员一目了然，从而防止了错误的混凝土浇入仓号，保证了混凝土的质量。

1. 坍落度控制

骨料级配的变化直接影响混凝土的坍落度，由于三峡工程主要骨料品种是人工碎石，骨料在生产、运输以及搅拌过程中，可能不同程度地改变了骨料的级配，故施工单位应尽可能地在骨料下料口检测骨料级配，以便及时调整骨料级配，严格控制砂子的细度模数在2.60±0.2的范围内，确保混凝土的质量。

2. 混凝土含气量的控制

影响混凝土含气量的因素很多，除引气剂的浓度与剂量外，砂子的细度模数和用量、水泥的品种和用量、拌和时间、运输静停时间等都有影响。三峡工程要求混凝土拌和物出机口含气量控制在4.5%～5.5%，以满足混凝土工程的耐久性。当混凝土的含气量达不到要求时，应及时调整引气剂剂量。对混凝土的搅拌时间应严格控制，监理单位应严密监督操作人员遵守操作规程，选择适宜的拌和程序和时间，保证拌和物的均匀性。

3. 温度控制

为防止混凝土产生裂缝，配合温控工作，需在混凝土施工过程中，定时测量原材料的温度和混凝土的出机口温度。三峡工程夏季施工对温控也作了明确规定：混凝土出机口温度，厂房及厂坝等主要部位7℃以下，非厂坝部位14℃以下。坝体内部温度控制在32℃以下，防止由于温度应力而产生混凝土的表面裂缝。

4. 称量设备和称量的准确性应定期检测

混凝土原材料称量的准确性，直接影响到混凝土配合比的变化及拌和物和易性的变化，所以定期对称量设备进行校验也是保证混凝土质量的重要措施。原材料称量允许偏差规定：水泥、粉煤灰称量允许偏差为±1%；砂、石允许称量偏差为±2%；水、硅粉浆允许称量偏差为±1%；外加剂溶液允许称量偏差为±3%。

5. 混凝土强度的检测

混凝土工程质量的评定和验收标准，都是取自设计龄期（28d或90d龄期）的试验资料，这与高效率的现代化施工管理是很不适应的。三峡工程混凝土工程量巨大，如何尽早测出混凝土的强度，实现强度的快速测定是保证工程质量的当务之急。在目前尚未建立快速强度与28d龄期强度关系的前提下，施工单位在对每个仓号的不同配合比进行检测时，均需增加一组7d龄期的强度试件。7d龄期同28d、90d龄期的强度有很好的线性关系，7d龄期虽然不能及时反映出混凝土质量的波动，但比起28d、90d龄期来说，对预防工程质量事故也能取得很大的效果。同时，建议施工单位加大取样频率，非大体积混凝土以$100m^3$为一取样单位，不足$100m^3$时取样成型一次，大体积混凝土$300～500m^3$为一取样单位，以便为工程验收提供更多的可靠依据。

由于三峡工程混凝土对耐久性有很高的要求，因此对不同施工部位混凝土的抗冻、抗渗性能也提出了相应的技术要求。施工单位对有抗冻、抗渗要求的混凝土，每星期至少成型2组试件，在试验设备不完善的情况下，可以委托其他单位检测，以满足对三峡工程混凝土耐久性的需要，保证混凝土的施工质量达到一流工程的标准。

## 五、三峡工程三期 RCC 混凝土施工质量控制措施

### （一）三峡工程三期 RCC 混凝土工程概况

三期碾压混凝土围堰为重力式坝型，属Ⅰ级临时建筑物。围堰布置平行于大坝，轴线位于大坝轴线上游 144m，堰顶高程 140m，顶宽 8m，最大底宽 107m，最大堰高 115m。迎水面高程 70m 以上为垂直坡，高程 70m 以下为 1∶0.3 的边坡；背水面高程 130m 以上为垂直坡，高程 130m 至高程 50m（高程 58m）平台间为 1∶0.75 的台阶状边坡。相邻堰块间设置永久缝，堰块中间上游设置 4m 长的诱导缝和 500mm 的应力释放孔。

三期碾压混凝土围堰按两个阶段施工方案实施，第一阶段于 1997 年 3 月施工完毕。第二阶段修建的堰体全长 380m，混凝土工程量 110.5 万 $m^3$，钢筋制安 512t，2002 年 12 月 16 日开始浇筑，2003 年 4 月 16 日全部浇筑至设计高程，实际工期比合同工期提前 55d，通过采取多种质量控制措施，确保了实物工程质量，为 2003 年实现三峡工程“蓄水、通航、发电”三大目标奠定了坚实的基础。

### （二）施工质量管理机构及工作办法

1. 质量管理组织机构

为确保围堰工程施工质量，葛洲坝集团公司三峡指挥部按照 ISO9000 标准，建立和完善了自上而下、责权分明的质量管理体系，指挥部指挥长为质量第一责任人，常务副指挥长和总工程师分别为质量主管责任人和技术责任人；指挥部质量安全部为工程质量管理的归口管理部门，各二级单位质安部（科）直接承担围堰施工各工序的质量管理与控制，施工中的测量放样和取样试验分别由中国葛洲坝集团公司三峡测绘大队和中心试验室承担。

2. 主要工作方法

在三期 RCC 围堰施工中，指挥部按照“诚信守约，追求卓越”和“质量管理，预防为主”的方针，严格执行“三检制”，对关键工序、隐蔽工程实行重点盯防和旁站监督，对重大技术问题做到超前研究，并坚持用生产性试验来指导混凝土各工序的施工，施工过程严格执行各项质量奖惩制度，对混凝土“顽症”和施工质量缺陷按“三不放过”的原则严肃处理。此外，指挥部为强化各级人员质量意识和综合素质，有组织、有计划地对各级管理人员和职工、民技工进行分期分批培训，极大地提高了全体参战人员的质量意识和管理水平、业务水平，为 RCC 围堰快速施工奠定了良好的基础。

### （三）主要施工质量控制要点及措施

在三期 RCC 围堰施工中，把混凝土原材料、生产、模板安装、钢筋施工、浇筑、永久缝及诱导缝设置、保温与养护、雨季施工等作为主要的质量控制点，严格按技术要求和质量保证措施进行落实，从而有效地确保了施工质量。

1. 混凝土原材料和生产质量控制

（1）原材料供应与质量控制。三期 RCC 围堰所用原材料均由业主提供，主要包括木材、水泥、粉煤灰、汽油、柴油、设计结构用钢材、水工沥青等。进货材料必须有出厂合格证，其质量由业主负责，葛洲坝三峡指挥部主要按规范和有关技术要求负责材料的进货检验，对进货检验中发现的质量问题由业主协调解决。

(2) 混凝土拌和质量控制。严格按照通过试验所确定的拌和时间和投料顺序进行混凝土拌和，控制拌和时间150s，投料顺序为：中、小石→水泥＋粉煤灰→外加剂＋砂、水→大石；混凝土拌制前对拌和楼称量、定秤、外加剂配制及拌和设备运行状况、各生产环节的人员到位情况等进行检查，确认无误报监理同意后才能生产；严格控制出机口三大指标（VC值、含气量、温度），拌和楼质检人员及试验室值班人员进行抽检，发现问题及时处理，坚决杜绝不合格混凝土出楼；试验室人员按规范对机口混凝土进行抽样检测，检测结果作为配合比优化、质量验收和评定的依据。

2. 混凝土施工过程质量控制

(1) 模板施工质量控制。三期碾压混凝土围堰施工用模板，必须满足上、下游立面和下游1∶0.75台阶面及堰体廊道等的外观、形体要求。

1) 不同部位采用不同结构型式的模板。

2) 对翻转模板和预制模板从其出厂直至现场安装的各环节实施重点监控，严格控制其加工精度及模板安装偏差，确保安装好的模板具有足够的强度、刚度和稳定性，且板面光洁、平整、接缝紧密。

3) 严格执行“三级”质检验收制度，各级质检员严格按设计和规范进行检查，检查合格后方报请监理验收签证。

4) 混凝土浇筑过程中，设专人负责经常检查、调整模板的形状及位置，对模板支架进行检查、维护，盯仓质检人员负责督促检查值班人员的到位及施工情况，发现模板变形走样，立即采取矫正措施，必要时有权暂停混凝土浇筑进行处理。

(2) 钢筋施工质量控制。严格按设计图纸进行钢筋安装施工；基础限裂钢筋要求加密保护层的垫块，其间距控制在1.5m×1.5m；钢筋埋设部位采用端进法铺料，要求快速摊铺、碾压，并采用二级配的碾压混凝土，VC值控制在1～3s；盯仓质检人员负责检查混凝土浇筑过程中钢筋架立位置，发现变位及时处理。

(3) 混凝土浇筑前准备工作质量控制。混凝土浇筑前，对仓面设计的审查是质量控制的一项重要内容，仓面设计主要包括仓面情况、混凝土标号、级配、条带划分、布料流程、碾压遍数及厚度、VC值、浇筑强度、入仓方式、资源配置及其他有关技术要求等，仓面设计审查合格后，质检人员对仓位进行全面检查和验收，并提请监理签字确认方能开仓浇筑。

(4) 混凝土浇筑过程质量控制。

1) 常态混凝土质量控制。三期碾压混凝土围堰第一阶段施工已将大部分基岩面覆盖，第二阶段仅局部位置基岩面外露，根据设计技术要求，与基岩接触部位浇筑1～2m厚的三级配常态混凝土。针对常态混凝土浇筑，严格控制混凝土制备、运输及浇筑等各环节施工质量；施工过程坚持上道工序检查与验收合格后方允许下道工序施工，并严格执行“三检制”；混凝土浇筑时配备专职质检人员盯仓，质量终检人员负责巡查，发现问题及时进行处理。

2) 变态混凝土浇筑质量控制。在距模板周边、止水片、廊道预制模板及分缝细部结构等位置50cm范围内设置变态混凝土，变态混凝土采取挖槽注浆，浆液中掺早强剂和KIM防水剂。在变态混凝土浇筑过程中，严格按技术要求控制混凝土运输、卸料及摊铺等诸环节的施工质量；严格控制灰浆的拌和时间；督促经常清洗灰浆输送管道，确保其畅通；严格检查挖槽宽度和深度，并严格控制灰浆注浆量，加浆量按三级配混凝土30～

50L/m³，二级配 20L/m³ 控制，浆液比重指标不小于 1.8；控制加浆至振捣完毕时间在 40min 左右；确保变态区和碾压区结合良好，要求结合部位搭接 15～20cm，结合区域采用斜插法或施工过程中增加碾压遍数 2～3 遍。

(5) 碾压混凝土浇筑质量控制。三期碾压混凝土浇筑严格按照合同要求及有关规程规范进行，施工过程遵循“三检制”，确保现场各项检测指标能满足设计技术要求。

1) 根据天气和气温情况。由试验室人员对出机口 VC 值进行适时调整，质检员负责督促检查：拌和楼出机口 VC 值严格按 1～5s 控制，VC 值超过 8s 作废料处理；对仓面 VC 值一般按不大于 8s 控制，超过 10s 作废料处理。

2) 严格控制碾压混凝土入仓温度。混凝土 12 月至次年 3 月自然入仓，4 月入仓温度控制在 16℃，5—6 月入仓温度控制在 18℃，浇筑过程中，在仓内每隔 30m 布置 1 把冲毛枪，在摊铺、碾压过程中向上成 45℃进行移动喷雾，以保持仓内小环境温度和湿度。同时，盯仓质检人员每 2h 按仓面面积布点检查碾压混凝土入仓温度，发现超标立即通知拌和楼降低混凝土出机口温度或增加仓面喷雾力度。

3) 严格控制布料质量。碾压混凝土为通仓分条带施工，控制条带宽 12～25m，相邻条带错距 20～60m。对汽车入仓，要求汽车卸料在料堆的斜坡面上，以减少骨料分离；对塔带机布料，严格控制塔带机入仓时混凝土骨料分离现象，采取高强度、低 VC 值、连续均匀供料并将皮筒下料的高度严格控制在 2m 以内，并采用鱼鳞式卸料和安排专人及时将集中的骨料散开等措施。

4) 严格控制平仓质量。摊铺厚度按 33～35cm 控制，压实厚度按 30cm 控制，混凝土碾压前后的层厚通过架设在仓外的全站仪和仓内施工人员跑尺检查，超高部位应重新平仓，局部不平部位人工辅助填平。

5) 严格控制碾压质量。每 2～3 台振动碾配 1 名专人记录碾压遍数，确保碾压遍数满足 2（无振）+6（有振）要求，并控制振动碾速度在 1.5km/h 以内，走向偏差在 20cm 内；混凝土从拌和至碾压完毕严格控制在 2h 内完成；碾压完毕后每层按 200m² 方格网布置一个检测点，利用表面型核子水分密度仪在混凝土碾压完毕后 1h 内检测压实度，上游 4m 防渗层范围的碾压混凝土密实度按 98%控制，其余部分按 97%控制，如果达不到规定的容重指标，盯仓质检人员督促补振碾压直至合格为止。

6) 严格控制层面结合质量。采取措施防止进入仓内的设备及人员污染层面；对上游面的防渗混凝土层面进行重点监控，采取铺洒水泥净浆，浆液厚度控制在 3mm 左右，每次洒浆长度控制在 20m 以内等控制措施。

7) 严格控制层间间歇时间。当层间间歇时间超过规定时间，则对层面按冷缝或施工缝进行处理；对碾压前摊放过久或气温较高造成表面大面积发白的混凝土作废料进行处理。

(6) 永久缝及诱导缝施工质量控制。严格检查伸缩缝使用的止水材料，确保材料质量合格；永久缝切缝必须确保切缝深度大于 20cm，并由施工人员负责在下游每处分缝处随着台阶模板的上升跟进做分缝标识点，以确保成缝位置准确；碾压混凝土每上升 4m 要求进行一次测量放样，以检查、校核永久缝及诱导缝的结构位置；质检人员在整个施工过程中进行全方位的跟踪检查，发现问题及时督促解决。

(7) 保温与养护质量控制。

1) 保温。按要求及时进行堰体的保温工作，选取聚乙烯卷材保温被作为 RCC 围堰保温材料，并确保上、下游面保温被厚度均为 1.5cm；保温被挂设派专人负责，并定期组织检查，确保保温被贴紧混凝土面，发现漏挂或保温被脱落的部位要及时补充。

2) 养护。严格实行专人负责养护并做好养护记录，养护记录包括养护人员、天气、气温及养护时间间隔等，质检人员对养护记录进行定期检查，发现不到位的提出改进措施及时进行整改。

(8) 雨季施工质量控制。三峡工程坝区雨量充沛，多年平均降雨量 1147.0mm，主要集中在 5—8 月，1—2 月降雨较少，3—4 月降雨较多。根据这一气候特点，主要采取了以下质量控制措施：

1) 加强气象预报工作，及时了解雨情以妥善安排施工进度。

2) 仓面设计必须明确仓内配备防雨布、水管的情况，质检人员将对此进行检查，以确定是否具备开仓条件。

3) 降雨强度小于 3mm/h 时，采取提高混凝土出机口 VC 值和在运输汽车车厢上搭防雨棚等措施，同时组织做好雨量加大后的停仓准备工作；降雨强度大于等于 3mm/h 时，要求立即停止拌和，并迅速完成尚未进行的卸料、摊铺和碾压作业，并采取防雨保护和排水措施；雨停后恢复浇筑前，要求将仓内积水彻底排除，并根据不同的间歇时间采取直接铺料、洒净浆或铺砂浆等措施。

### (四) 质量控制效果及质量评价

1. 钻孔取芯检查

2003 年 1 月 17 日，为检查 RCC 施工质量，在 8 号堰块高程 69.8m 进行混凝土密实性检查。取芯孔孔径 219mm，孔深 11m，取出的芯样完整，表面光滑平整，最长芯样达 4m，注水试验渗透系数 $k$ 为 $1.19\times10^{-7}$cm/s。芯样抗压强度和抗渗性能检测成果能满足设计要求。

2. 质量评价

统计资料表明混凝土浇筑中使用的原材料各项性能指标均满足国家标准和三峡质量标准要求，混凝土拌和物工作度满足施工要求，混凝土生产质量达到良好水平，混凝土施工过程没有出现严重蜂窝、架空等质量缺陷。混凝土施工质量满足国家规程，规范合同及文件、设计要求。

混凝土施工单元按施工区域各碾压层划分。截至 2003 年 4 月 25 日，共完成碾压混凝土单元工程评定 1082 个，合格率 100%，优良率 93.53%，根据规程规范及部颁质量标准，混凝土施工分项工程施工质量达到优良等级。

## 六、三峡工程重大件运输的质量管理

### (一) 三峡工程重大件概况

三峡工程水轮发电机组单机容量 700MW，机组尺寸大，超重超大部件多。水轮机转轮重量 430t，专用吊具 20t，运输重量达 450t。转轮最大直径 10.5m，含吊具高 6.24m，运输高度达 7.6m，是单个部件重量最大的主设备。电站主变压器容量 840MW，重 380t，长 11.8m，高 4.9m，宽 3.8m，运输高度为 6.3m，主变压器的装卸运输是三峡工程运输中仅次于转轮的重大设备运输。

左岸电站水轮发电机组共有 14 台转轮，其中 ALSTOM 供货 8 台，VGS 供货 6 台。主变压器共有 15 台，其中 SIEMENS 供货 9 台，保定变压器厂供货 4 台，沈阳变压器厂供货 2 台。转轮和主变压器的装卸运输创造了长江内河运输和公路运输单件重量的国内最高纪录，组织好转轮及主变压器装卸运输工作和各项措施，确保装卸运输安全是三峡工程设备运输工作的重中之重。

**（二）组织协调**

三峡工程重大件运输涉及的单位多，不同行业相互协作，为确保转轮和主变压器的运输安全，必须建立一支高素质的运输团队，设备物资部与各协作单位的合同中明确规定各自的责任，对运输人员的素质提出明确的要求，对其职责和岗位进行科学的分工。为使运输管理规范化、制度化、可操作化，便于过程控制，设备物资部牵头编写了《长江三峡工程左岸电站水轮机转轮和主变压器重大件设备场内装卸运输作业规程》，明确各参加作业单位的岗位设置及职责、安全操作规程、装卸作业程序，对转轮和主变压器安全运输进行理论计算，对运输工具的安全系数进行校核，确保每一次运输的安全。发挥团队精神，作好涉及重大件运输各单位的统一指挥、部署、协调工作，是重大件安全运输的保证。

**（三）运输目标和过程控制**

为确保三峡工程重大件运输的安全，按质量管理方针，明确提出了运输的质量目标，即安全、快速、及时地保证三峡工程机组设备重大件的运输，保证“双零”目标的实现。三峡工程无小事，设备转运的责任重于泰山。

为了确保机组设备运输的安全优质，万无一失，根据不同环境采取不同的措施，认真组织，重点抓落实，把工作做实做细，不留死角不留隐患。运输过程我们全程监控。除了严格按照作业指导书和运输方案作业外，格外重视每次线路的勘察、机械设备的状态，以及作业单位人员的变动情况。道路情况是运输前必须考虑的问题之一，每次运输前我们要求作业单位对道路进行清理排障，反复检查，包括路空中的每一根电线，路旁的堆放物及标识牌甚至是路上的一棵钉子或树枝。每次作业前，认真检查桥机、吊具、运输车辆，排除故障隐患，同时对备品备件登记成册，在大件运输过程中，巨型平板车 288 个轮子，没有因为道路情况而爆胎。按要求选用捆绑钢丝绳、卡环、导链以及支垫物，有缺陷的工器具坚决不进入施工现场。不符合要求的支垫物坚决更换。人员的变动很容易引起操作程序的混乱，为此，每次大件运输前，必须对人员进行详细的分工，对车辆进行严格的定位，细到每个人，每台车。要求作业单位有备而去，做到忙而不乱，有条不紊的进行每一工序。途中监护也是一个重要过程，必须步行押运，全程监控，对途中发现的支垫塌陷、导链松弛等现象立即通知指挥并采取有效措施解决。经过我们的精心组织，9 台转轮和 9 台主变已安全优质的运抵厂房。

为达到运输目标，我们将每一次运输都当成第一次进行，用如临深渊和如履薄冰的态度对每一次运输进行准备，在重大作业之前必须以《安全作业程序指导书》规范吊装、运输、卸载三个环节的作业。重大件到达码头之前召开接货的船前会，通报重大件的技术参数、结构形式、船运方货物装卸情况、运输重量等相关的资料，检查各参加作业单位的准备工作，包括装卸运输设备的维护和检查、文明施工和规范作业程序，明确各单位的职责，强调发扬“团队”精神，互相协作，服从指挥，在当好主角的同时，必须当好配角，保证重大件的运输安全。以“科学的态度，求实的精神”，确保三峡工程机组重大件设备运输达到“费用省、速度快、质量高”的目标。

#### （四）物流通道和信息通道的建设

为保证重大件的运输安全，采用供应链等先进的物流管理思想指导具体的工作，同时抓好物流通道的建设和信息通道的建设。全球卫星定位系统首次应用于水电工程的永久机电设备运输管理，随时掌握设备的运输状态，改变以往在通讯盲区无法联系和可通讯区域信息滞后的状况，随时可向境内运输承运单位发送指令，对运输过程中潜在不安全因素进行及时的处理，将风险降到最低。采用 INTERNET 的 web 技术，每个环节的信息数据能与其他环节信息数据实现交流与共享，避免信息不及时和失真现象。对设备承运单位的资信和资质进行严格的审查，从源头保证三峡工程重大件的安全。对运输工具严格控制，对运输三峡工程机组设备的船舶和车辆进行理论计算和模拟试验，内河运输的船舶在每一次大件运输启运之前都要请船级社对船舶和装载状况进行检查，出具了内河运输的适航证明之后，才能起航，确保三峡工程重大件的运输安全。

### 七、小结

三峡工程一流工程质量目标的实现，靠的是全面质量管理思想的引领，靠的是健全的质量保证体系、制度和措施，靠的是严格、科学、规范的管理。业主和参建各方深感责任重大，通过学习树立了“质量第一”的意识，摆正了质量、进度和投资三者之间的关系，坚持把质量管理放在各项工作的首位，通过建立健全质量保证体系、狠抓各项制度和措施的落实，坚持“高标准、严要求”，依靠严格、科学、规范的管理，保证了工程质量。

## 案例二 小浪底工程建设质量监控分析

小浪底工程建设过程中，根据有关法律、法规，及合同规定的技术规范、技术标准，对参建单位明确质量责任，建立健全质量管理体系。制定全面科学的工程质量管理办法，推广应用先进的质量管理手段和质量检验方法，加强工程施工现场监理和设备驻厂监造，采取有效质量试验、检测、检验等质量控制的科学手段，保证工程质量符合设计要求和技术规范规定。

### 一、质量管理的基本做法

#### （一）严格招标管理，优选有质量信誉的承包单位

1992 年，小浪底工程主体土建工程国际招标程序严格按照世界银行的要求及国际工程师联合会（FIDIC）推荐的程序进行，整个招标过程严格按照资格预审、招标投标、开标评标 3 个阶段 12 个步骤进行。对 35 家公司组成了 9 个联营体和 2 家独立公司进行投

标，按照国际竞争性招标程序的要求，业主于 1993 年 8 月 31 日下午在中国技术进出口总公司北京总部举行公开开标仪式。评标工作历时 4 个月。从 1994 年 2 月 12 日至 6 月 28 日进行了合同谈判。

经过严格的筛选、审查，选定黄河承包商（责任方意大利英波吉罗公司）为一标大坝工程的承包商，中德意联营体（责任方德国旭普林公司）为二标泄洪排沙系统工程的承包商，小浪底联营体（责任方法国杜美兹公司）为三标引水发电系统工程的承包商。

1994 年 7 月 16 日业主与 3 个中标承包商正式签订了合同。招标工作在水利部和世界银行的监督下完成。

小浪底工程的其他土建工程国内标、机电安装标和机电设备及金属结构设备采购招标工作，是严格按 1995 年水利部发布的《水利工程建设项目招标投标管理规定》进行的。通过严格的招标程序选择素质高、能力强、信守合同的承包单位，这是保证工程质量的基础和关键。

### （二）建立质量管理体系，健全质量管理制度

《水利工程质量管理规定》要求，水利工程质量实行项目法人（建设单位）负责、监理单位控制、施工单位保证和政府监督相结合的质量管理体制。小浪底建管局作为业主，小浪底咨询有限公司是工程监理单位，3 个主体工程土建标的国际承包商联营体和一个机电安装工程标的国内承包商联营体分别负责各自的标段施工，水利部工程质量监督总站在小浪底工地设立了工程质量监督项目站，行使政府监督职能。

建管局还吸收参建各方质量负责人组建小浪底工程建设质量管理委员会，负责领导质量管理工作，督促各个合同参战单位组织建立质量管理网络。

小浪底工程咨询有限公司作为监理单位，根据业主的授权和合同的规定，针对承包商进行的施工图审查、施工措施审查、施工过程监控、原材料检验、缺陷处理、工程验收等工作，建立了以总监理工程师为中心、各工程师代表部分工负责的质量监控体系；并根据合同规定的检测工作需要，成立了测量计量部、质量管理试验室、原型观测室等，通过测量计量、试验检测和原型观测等手段，实行质量监督，保证工程建设的全过程都在工程师的动态跟踪和监控之下。咨询公司在健全组织机构的基础上建立健全了“工程质量责任制”“现场监理跟班制”“质量情况报告制”“质量例会制”和“质量奖罚制”。

承包商按照合同规定建立了以质量经理为中心，成立了专门的质量管理部门和建立了质量检控试验室等。各工区分工负责、现场质量监控与质量管理职能部门相结合，内部实行全天候 24h 监控的质量保证体系，业主还聘请国内水利水电专家组建了“小浪底工程建设技术委员会”，聘请加拿大 CIPM 国际咨询公司的专家组，及时解决重大技术质量问题，为搞好小浪底工程质量提供了可靠的技术保证。

针对小浪底工程的特点，依据 89 个国内规范标准和 145 个国际规范标准，编制了与国际标准接轨的工程技术规范列入合同文件。随工程进展还完善了技术质量管理的规章制度，如《小浪底工程质量管理规定》《国际标验收工作规定》《关于加强技术管理的若干规定》《工程质量月报制度》《工程质量例会制度》等，这些技术规范和规章制度，为工程质量提供了制度的保证。业主、工程师、承包商按照我国的建设工程项目质量管理的要求，组建了各自的质量保证体系，并且完全置身于政府委托的监督部门的监控之下，是 FIDIC

合同条件和我国质量管理法规实践的结合。

**（三）严格施工程序，强化施工监理**

FIDIC合同条件特别强调工艺过程的质量控制。工程师必须坚持在施工现场和承包商一起对工程质量的过程进行监督和签认，一个国际标就有数万张的双方签认单，每一张签认单内都有质量内容的反映，分清了双方的责任和过程。监理工程师在施工阶段质量控制的主要目标是对承包商的所有施工活动和工艺过程进行质量监控，以确保工程质量符合技术规范的要求。

承包商按照合同规定做好工艺控制和工序质量自检，工序结束时，自检合格后由工程师值班员检查、认证。未经认证，不得进入下道工序施工。

现场监理人员全天跟班监督承包商按设计文件、规程、规范和经工程师批准的图纸、方法、工艺与措施组织施工；对施工过程中的实际资源配备、工作情况、质量问题、环境条件和安全措施等进行核查，填写值班记录；下班时，经承包商专管人员签字认可，交工程师代表助理或值班工程师审核后签字备案。在实施质量控制过程中，监理人员根据具体情况确定质量控制的重点，强化监督检查，以确保工程施工质量。对于关键的施工工序，例如基础、钢筋布设、模板架立等均建立完整的验收程序和制度。

小浪底工程建设期间，工程监理人员配备充足，高峰人数超过600人，做到哪里有承包商的活动，哪里就有工程监理人员。

**（四）严守技术标准，加强质量检验**

工程师的质量试验室是工程试验、检测的合同授权单位。工程师试验室进行系统的试验和检测，并以工程师的检测和试验结果作为最终依据。

根据合同规定，承包商自身要进行质量保证试验，以确保其实施的工程质量达到合同技术规范和有关标准的要求。

对于水泥、粉煤灰、硅粉、添加剂、混凝土骨料、钢筋等原材料的试验，在一定数量的原材料中抽取试样由承包商做试验，试验时必须有工程师在场。

工程师试验室除按合同规定完成自己的试验任务外，还派人对承包商试验室的各项检测活动进行监督。对于原材料试验以及混凝土、喷混凝土、砂浆等制品，按技术规范要求，在一定数量的制品中由承包商在工程师的监督下抽取试样，并由工程师进行检验、试验。检验结果经汇总、分析和质量评价后及时按周、月上报。对于锚杆，按技术规范要求，按实际安装数5%的比例，在工程师监督下进行拉拔试验，以确保全部锚杆符合要求。

工程师试验室对承包商拌和楼进行24h监控。监督控制拌和楼使用的配合比、计量、拌和时间、设备率定、混凝土取样、混凝土和易性和出机口温度等。

为了把好混凝土入仓的最后一道关口，入仓前在施工现场，由工程师进行混凝土坍落度、掺气量、容重、温度的检验。

混凝土标号较多，浇筑仓面也较多，为了避免卸车出现差错，实行混凝土送料单制度。每车混凝土均要携带送料单，标明混凝土类别、配合比编号和浇筑部位。混凝土运到卸车地点，接收人核查后签字，一份留存，另一份返回拌和楼。

对于大坝填筑材料，包括各种土料、反滤料和堆石料压实前后的检验，由工程师试验室派员在现场 24h 跟班进行监督与检验。碾压后检验合格填单签字后，才能填筑下一层。

在小浪底承包商的支付申请上，各代表部必须对现场申报的项目经过试验室、测量部原观室的合格签认后方可批准申报，没有这几个部门的质量合格签认，不予支付。

**（五）加强安全监测，提供质量信息**

小浪底工程咨询公司测量计量部除了负责施工测量、测量检查和工程量计量外，还承担外部观测的任务。在工程安全和质量控制中负有重要责任。该部按规定进行了测量控制点检查、与承包商的联合测量、工程测量检查（包括金结安装、仪器定位、混凝土模板），每次均严格遵循技术规范要求施测，保证了开挖和填筑量收方计量工作无差错，保证了左岸山体上百条纵横交错的洞室测量位置无误，并提供了大量外部变形观测资料、信息，保证了工程施工的质量和安全。

小浪底工程咨询公司原型观测室负责对承包商原型观测仪器的采购、标定、埋设、安装及现场观测的全过程进行监理。不仅要保证观测仪器的埋设、安装质量，而且要及时提供已埋设仪器的观测数据。小浪底工程地质条件差，地下洞室群密集，加之进出口高边坡都有稳定问题，建筑物结构又十分复杂，施工期原型观测仪器测读资料的及时反馈对工程施工安全和保证工程质量起着重要作用，在进出口边坡施工中所起的作用更为突出。观测室对承包商埋设、安装的原型观测仪器进行全过程严格监理，小浪底工程安装埋设的各类观测仪器与设施共计 3201 支，截至目前主体工程失效/异常的仪器设施共计 218 支，占总仪器数量的 6.8%。

**（六）采用先进技术，提高工程质量**

在工程实践中，小浪底工程采用先进技术，从而提高工程质量，加快工程进度，降低工程成本。例如：排沙洞混凝土衬砌环形无黏结预应力，利用孔板环消能改建导流洞为孔板泄洪洞，主坝防渗墙横向槽孔填充塑性混凝土保护下的平板式接头，中子法检测压力钢管回填混凝土和接触灌浆质量等。大块多层 DOKA 组合平面大模板，这种模板表面平整度高，模板刚度强，不易变形，经小浪底使用后，目前在国内已经得到推广。

**（七）狠抓关键部位，确保质量**

（1）小浪底工程压力钢管和水轮机蜗壳均为进口高强度钢板的焊接结构。为了确保焊接质量，严格执行合同条款和技术规范中有关焊接的质量要求，焊工需经现场考核合格后持证上岗，无损检测人员必须具备资格并经过监理工程师的现场严格审查。要求承包商严格进行焊条管理、焊件预热、层间温度控制、背缝处理、焊缝打磨和无损检测，并满足外观的各项具体要求。在蜗壳焊缝的质量控制方面，还有 VOITH 公司驻工地代表的随时检查监督，对偏离规范的做法及时予以制止和纠正。

承包商无损检测人员对焊缝进行检查的过程中，监理工程师一直在现场监督并随同承包商一起检查，对承包商检测结果有疑问时，还可以任意抽检。只有确认检查结果 100% 合格后，现场监理工程师才在承包商填写的超声波、磁粉、渗透和射线检查记录上签字。

（2）导流洞改建孔板泄洪洞，其关键技术是孔板环的设计、制造和安装。孔板内圆锐沿处的金属防护体——孔板衬套是由具有较强抗磨蚀、抗冲击、抗腐蚀性能的白口铸铁加工而成，每个孔板的衬套分为 300 多块。过流表面的允许误差要求小于 2mm，加工铸造难度大，安装精度要求高。承包商对此也十分重视，一方面认真研究，提交了详细的安装方案；另一方面，在收到孔板衬套后，在事先制作的混凝土平台上按照1：1的比例对每一个孔板的衬套都进行了试拼装，对每一块衬套试拼装结果进行了测量、记录。有问题时，业主、厂家、监理、承包商现场及时研究解决。为了保证万无一失，承包商还在试验场模拟孔板环的实际施工情况，浇筑了一块中心角为30°的孔板环，并在上面按实际情况安装了孔板衬套，达到了实际练兵的目的。由于思想上高度重视，措施稳妥，并进行了模拟浇筑、安装试验，承包商和工程师都做到了心中有数，切实保证了这一关键项目的施工质量完全符合设计要求。

（3）上游围堰主河槽部分的旋喷灌浆防渗墙，由于混凝土设计标号低，不易用取芯样试验来检查成墙质量，只能用严格的工艺控制措施来予以保证。根据旋喷灌浆机械设备的性能，现场单桩和围井试验及挖坑检验确定施工工艺和各种技术参数，从而保证桩体直径和成墙厚度。施工时严格控制钻孔的偏斜率以保证墙体的连续性，控制浆液配比、压力和钻杆提升速度以保证墙体强度和抗渗性。实际检测结果是：工程所有桩径均达到技术规范要求不小于1.2m的规定，408个孔的最大偏斜为1.52%，对于偏斜率大于1%的两个孔，提升速度均做了调整，从而保证了墙体的连续性。墙体质量满足技术规范要求，质量优良。

（4）小浪底地下厂房是特大型地下厂房，而其安装桥机轨道并支持桥机运行的岩壁吊车梁则是国内最大的。在岩壁梁上行走的两台2×250t桥机将承担6台30万kW水轮发电机组的吊装任务，最大件转子的吊重接近两台桥机并机运行的设计荷载1000t。为检验桥机的性能并考验岩壁梁的施工质量，进行了最大吊重达1100t、国内最大的桥机负荷试验，取得了大量现场检测资料。通过试验，一方面说明了两台2×250t桥机满足正常使用要求，另一方面岩壁梁的预应力锚杆荷载、钢筋应力变化和岩壁梁与岩面间裂缝开度均远小于设计规定的限值，说明岩壁梁施工质量优良，桥机运行安全。

### （八）严格工程验收，加强缺陷处理

1. 工程验收

根据《水利水电建设工程验收规程》，小浪底工程咨询公司编制发布了《工程验收工作规定》，健全了工程验收的领导机构和工作班子，明确了验收工作内容、工作程序和要求。把FIDIC合同条件下的合同管理和我国国内的质量管理法规结合起来。

（1）验收组织。单元工程验收，由各标工程师代表部组织验收。分部工程验收，由验收委员会办公室主持，由业主、监理、设计和运行单位代表参加，并邀请质监站参加验收。

阶段验收和竣工验收，由国家计委和水利部主持，组织有关部门代表组成“工程验收委员会”进行验收。

（2）验收程序。单元工程完成后，由承包商自检合格后，书面向工程师代表部申请核查，工程师代表部派人按合同有关规定认真进行核查和评定。重要的单元工程（包括隐蔽工程），由工程师代表组织并邀请设计、地质人员参加验收确认，明确评定结果。

分部工程或者各个中间完工项目完成后，由承包商自检合格，整理好施工图纸和有关资料，并按照FIDIC合同条件的规定，写出请验报告，对工程质量做出合格评价后报工

程师代表部审核。工程师代表部初步评定后，报请“小浪底枢纽工程验收委员会办公室”组织验收。对工程质量状况作出评审，对验收中要求处理的质量问题按照合同要求，列出缺陷部位和性质，以缺陷责任的表格形式发给承包商，由工程师代表部责成承包商处理，处理合格后办理分部工程或者中间完工项目验收移交签证手续。

阶段验收由业主向水利部申报，由国家计委会同水利部主持验收。验收申报前，参加工程建设各方按合同规定和国家验收规程提供翔实资料，并对存在的问题进行认真处理或作详细说明。业主负责，组织监理、设计、施工等单位进行验收报告的编写和有关验收的准备工作。

2. 工程质量缺陷和事故处理

施工中发现质量缺陷，工程师代表部及时向承包商发出修补质量缺陷指令，承包商提出修补方案，工程师审查、批准；工程师也可提出建议修补方案。事后双方以文件方式确认。质量缺陷修补完成后，由代表部验收。

对施工中出现的质量事故，工程师代表部会同承包商对事故的状况进行检查和详细记录，必要时进行拍照或录像，双方检查人员在记录上签字确认。承包商要写出质量事故报告，说明事故的原因，分析其危害程度，提出具体处理办法和整改措施。上报工程师，经工程师批准后进行处理，处理完工后由代表部组织验收。

对重大质量事故，工程师代表及时报告总监理工程师和业主总工程师。总监理工程师会同业主总工程师根据事故具体情况召开质量管理委员会或专题会议，对事故处理作出决策。

工程师对于承包商的缺陷责任期十分重视，在缺陷责任期内工程师根据气温、工程运行等不同情况，都要进行巡视检查，发现问题及时通知承包商安排处理，以便在缺陷责任期满时，能够按时通过检查评定和验收。

小浪底国际工程各标的单元、分部、单位工程验收始终与工程阶段完工、支付紧密同步，其缺陷责任期的结束和工程最终验收、最终支付也是同步的。

### 二、质量管理成效

小浪底工程初步竣工验收评价为：在 60 个单位工程总数中，重要的单位工程总数为 41 个，其中评为优良的为 40 个，优良率为 97%，工程总体评定为优良。监测资料表明，工程运行安全可靠。

### 三、小结

（1）小浪底工程采用国际工程管理模式，其管理理念、方法措施值得借鉴。

（2）该工程质量标准借鉴国际先进标准，其检测方法手段不断改进，有利于工程质量的提升。

## 案例三　小浪底土石坝工程施工质量监控分析

小浪底水利枢纽工程大坝为黏土斜心墙坝，最大坝高 154m，该工程采用国际招标，黄河承包商（责任方意大利英波吉洛公司）为一标大坝工程的承包商，建立了科学的质量控制体系，大坝施工过程严格把关，确保了工程质量。

## 一、主要做法

### （一）提高承包商的质量意识

坝体质量是在填筑过程中产生的，因此提高承包商人员的质量意识至关重要。这种质量意识的形成，需要工程师的帮助。在工程师代表及承包商的主要负责人（经理、总工）每周一召开的协调会上，由工程师代表向承包商指出当时施工中存在的主要质量问题。填筑现场负责工程师于每周六就现场存在的质量问题召集承包商的现场负责人及工程师一起讨论上周遗留问题的改进及落实情况，并评价本周的施工状况；在每天早晨现场负责工程师还向承包商的现场负责人了解当天的施工安排，并提醒承包商应注意的质量问题。此外，还督促承包商在不同施工阶段和对不同填筑项目组织、举办了对其现场的技术人员、施工工长和重要施工项目机械操作手的施工技术培训班，做到理论和实践相结合、提高整体水平和加强质量意识。工程师对培训的过程及效果进行了检查。采取上述措施后，能促使承包商从上至下重视质量，精心管理和组织施工，以确保大坝填筑质量。

### （二）健全工程质量保证体系

为了有效控制坝体的填筑质量，就必须明确和实行严密的质量保证体系，使各部门的职责分明，各负其责，有效运行，小浪底大坝填筑质保体系如下：

（1）监理总工程师下属的大坝标工程师代表对整个工程的最终质量负责，定期向监理总工程师报告和经常反馈信息。

（2）工程师代表专门指定一名副代表协助其主管现场质量控制工作，协调各方关系，并与现场责任工程师轮流巡视现场，及时处理填筑过程中出现有争议的问题。

（3）工程师代表部内设置大坝填筑质量控制部，由工程师代表下属的现场责任工程师负责。该责任工程师的日常工作是经常向工程师代表汇报质量、进度情况并取得指示；全面安排部内人员的内外业工作；负责主持和组织人员审查承包商提交的施工方法及施工详图以及来往文件；负责现场填筑条件的检查和验收；组织人员定期统计、整理、分析工程师和承包商试验室提交的控制试验、记录试验结果，及时向现场反馈信息；经常巡视现场并指导现场工程师处理质量问题。

（4）工程师代表还专门设置筑坝材料工程师助理和材料试验工程师助理各一名，前者主要巡视检查筑坝材料的加工系统生产和料场开采情况，后者对多种料的所有试验资料进行分析，所有出现的问题均及时准确地向工程师代表汇报。

（5）质量控制部的现场监理工程师实行全天24h旁站监理，根据批准的施工方法，施工详图，技术规范要求，规范承包商的行为，监督填筑作业各工序的填筑质量，同时负责及时准确地向现场责任工程师反馈信息。

（6）现场试验检测由监理总工程师下属的二级机构—质量检测中心负责，其试验结果及时准确报送现场工程师，以便判别上坝材料是否满足技术规范的要求。

上述质量保证体系中，最有特色的是工程师实行了内外业相结合的监理方式，一般情况下内外业时间各占一半。现场值班工程师除了根据合同技术规范要求旁站监督承包商填筑全过程各工序作业、及时处理现场问题、签认及批准承包商提交的班报表并做好值班记录外，在不值班的那一半时间里还必须完成工程师代表安排的内业工作。实行这种内外业相结合的方式进行工作，不仅使参加现场值班的工程师有时间对 FIDIC 合同条款、技术规范、施工方法、施工详图、质量检测方法等有了深入的了解，进一步激发了他们的工作积极性和增强责任心，并通过现场交往和处理来往文函等内业工作提高了英语和计算机应用水平，同时也积累了工程管理和施工技术经验，现场值班时能始终依据合同、规范及图纸处理问题，避免因工作过错引发承包商提出的索赔问题。

**（三）抓好工序质量控制及工序衔接**

土石坝施工最基本的施工工序是坝料的开采与加工、装料与运输、卸料与平料、碾压与检测等。现代土石坝高水平的填筑反映在大型机械化流水作业方面，必须针对各种材料填筑流水作业方式中的具体施工工序、施工工艺技术要求等，依据设定的质量控制点控制各工序填筑质量。也就是应以控制工序质量为核心，保证上道工序合格后才能进入下道工序作业。

FIDIC 条款明确规定了对于隐蔽性工程，在覆盖之前都应当由工程师检查、批准，这是一个重要的控制过程，必须要注意其中的工序衔接。这里的工序衔接主要是针对填筑过程而言，实际上是控制中工序的传递问题。填筑前工程师当然要对承包商申请的填筑区域进行现场检查，并充分复核基础资料无误、资料齐全、施工无干扰及各方面符合要求后，才签发开工单；但是在填筑过程中，需要控制的方面较多，特别是要约束承包商的施工行为和始终控制承包商的施工状态，同时也为避免遗漏重要项目和确保填筑质量，工序的传递就显得极为重要。因此，工程师建立了完整的签字批准、认可制度，除了上述各个项目开工申请由工程师代表审签外，在防渗土料、混合不透水料的每一层填筑施工完成后，承包商必须提交包含必要填筑区域的高程及位置、质量检测数据、施工动向信息等内容的申请单，经现场值班工程师对填筑面全面检查、复核填筑记录无误并签字认可后，方可开始下一层的填筑。同时，针对现场出现的质量问题，为了避免由于交接班的遗漏和未留下应处理的信息，监理工程师还实行了“返工处理通知及检查记录”签单制度，在该质量问题得到处理并经现场监理检查合格签字后，才允许后续工序作业。实践证明这种检查和签单批准制度是非常必要的，它控制了现场施工动向，规范了承包商的施工，便于工程师现场质量控制，保证了坝体的填筑质量。

**（四）各区料填筑质量控制**

填筑中严格按照各种料施工方法、多种料施工方法和冬季施工方法进行流水作业，这是有效控制填筑质量的前提。

1. 防渗料

（1）含水量的控制。由于料场土料天然含水量略高于最优含水量，因此，对于大面积凸块碾碾压区一般不需要在料场调节土料含水量，而直接开采上坝。由于在开采、运输、卸料及摊铺过程中，会损失或增加部分含水量，因此有时尚需在坝面上对压实前土料进行含水量的微调工作。如果含水量在最优含水量的 $-1\%\sim2\%$ 的范围内，则直接碾压土料；偏湿时则用平地机连续翻耙晾晒，直到含水量合适；偏干时则用 20tIVECO 带有雾状喷头的洒水车均匀洒水后用平地机翻耙（这仅是针对运输及卸料过程出现的少量水分损失而在坝面上进行最小的水分调节），这样循环洒水翻耙直到含水量合适后平整碾压。对于与基础混凝土面接触的蛙夯区（特殊压实区）土料和1A高塑性区土料，由于其要求的含水量为最优含水量的1%～3%，而且作业面较窄，因此禁止在坝面上调节其含水量，必须在料场完全调节好含水量后上坝填筑。

（2）层间结合面的处理。防渗土料填筑作业过程中，层间结合面的处理一直是工程师现场控制的重点。雨后监督承包商将表面湿土全部清出坝外，工程师检测土料的压实度和含水量，满足要求后批准上料填筑；在春秋季节，尤其是夏季，风速大，气温高，已压实土料表面水分损失很快，往往造成表面1～2cm土料风干，因此督促承包商经常洒水维持土料表面湿润，上料前用平地机将土料表层5cm深充分翻耙；冬季当气温低于0℃时，蛙夯区停止施工并用松土覆盖表面，同时合理进行大面分区施工，对出现的表面冻土和表面风干土层一律清除出坝外。施工过程中对出现的弹簧、剪切破坏土层一律进行返工处理。小浪底大坝心墙土料自1996年5月29日开始到2000年6月底填筑结束，工程师试验室共在心墙土料挖大坑64个，取样最低高程为133.36m，最高高程为266.7m，坑壁检查均表明，土料压实良好、层间结合紧密，不存在干松土层，这充分说明，质量控制措施得当，心墙压实质量良好。

（3）层厚控制。每层土料的铺填厚度，是影响防渗土料压实质量的重要因素之一。1996年10月之前填筑初期，主要是通过目测、钢钎插入量测的方法控制土料层厚，由于这种方法人为影响因素较大，因此经常发现局部区域土料层厚较大，返工处理频繁，影响填筑进度。基于上述情况，1997年1月开始对防渗土料按现场填筑面分区采取定点测量并辅以钢钎量测的方法进行层厚控制。统计1997年1月至2000年6月定点测量结果，填筑平均层厚为23.4cm，最大层厚为31cm（这个厚度在经现场碾压试验对技术规范要求层厚25cm验证中留有10cm余地的允许层厚35cm范围内），最小层厚为17cm，大于规范规定的25cm厚的层数占8%。可见实行填筑分区定点测量制度有效地控制了填筑层厚，保证了土料的压实质量。

（4）施工缝处理。按工程分期填筑时必然在心墙区形成横向施工缝。考虑到以后对施工缝的削坡及碾压要求，技术规范规定每段施工缝的高度均不大于20m，坡度为1∶3，施工缝顶部预留20m宽的平台。施工缝的处理对于坝体新老心墙土体的结合质量是十分重要的。采用分段削坡、分段回填的处理办法。每次削坡高度约为3.0m，EX400反铲削坡露出新的坡面（一般水平往里削1.0m，并按填筑上升速度预留约10cm防止坡面含水量损失的保护层厚度，随每一层填筑再次挖除）之后，测量坡度是否满足1∶3的坡度要求，并用核子密度湿度仪检测坡面的压实度及含水量是否满足要求。如不满足原土料的压实度及含水量要求，则继续往里削坡，直至满足要求为止。回填新料之前要清除坡面上的保护层，并洒水充分湿润坡面，以确保施工缝处新老土料结合良好。

2. 反滤料及过渡料

（1）填筑边界。现场主要通过测量放桩、目测边界误差进行控制。即每填筑一层反滤料及过渡料之前，均通过测量按一定的间隔（一般为15～20m）放出相邻料的界桩，承包商按界桩施工，工程师根据界桩对各料区的边界误差进行检查合格后才允许填筑下一层料。

（2）填筑厚度及碾压。工程师通过目测、尺量及预插钢筋的手段控制铺料厚度。检查振动碾的工作状况，当发现振动碾行走速度太快，振动频率不稳定时，要求承包商及时调整级配。采取现场目测检查，但主要依靠填筑前的控制试验和填筑后的记录试验结果来判断。如果控制试验合格，表明加工厂生产工艺系统无问题，否则应及时调整生产工艺和检查生产各工艺流程是否正常。一般情况下反滤料的级配比较稳定，满足技术规范要求；过渡料由于其级配较宽，在卸料和摊料过程中容易产生分离，需要工程师在现场随时检查，并要求承包商重新拌和处理。只有控制试验表明材料级配满足要求的合格料才能上坝填筑；在运输、堆存、卸料时产生的分离料必须通过记录试验，结果表明级配符合要求后才能进入下道工序的作业；对不合格的区域均作返工处理。为了减少因试验影响施工速度，对试验成果提供的时间提出了较严的要求，特别是记录试验。

3. 堆石料

填筑过程中，对堆石料重点检查来料质量，控制粉砂岩及黏土岩含量，控制层厚，检查施工缝的处理情况。开工以来各种堆石料的级配始终能够满足规范的要求。现场主要采用目测、尺量的方法控制层厚，当发现层厚超厚时，要求承包商摊薄后碾压。要求预留的施工缝坡面不陡于 1∶1.75，坡高每 20m 在顶部预留不小于 10m 的平台；在接坡填筑时，每填筑层要求水平往里至少削坡 1m，清除所有架空大块石，平整后再进行跨缝碾压；对其他削坡地段、岸坡地段、堆石与过渡料的相邻界面也按上述方法进行处理。

**（五）填筑质量检测**

在填筑材料压实前后，按技术规范规定进行必需的试验，以确定材料和填筑是否满足技术规范要求。试验分为压实前进行材料级配、含水量测试的控制试验，以及压实后进行材料级配、现场压实密度和压实度百分比等测试的记录试验。对于不同的填筑材料，由于其性质不同，以及施工工艺、参数各异，因此所采用的试验标准、手段和方法均不一样。

1. 防渗料

技术规范明确规定防渗土料应为满足图纸上级配要求选定料场的黄土，对每一层防渗土料应当用圆盘耙粉碎混合成含水量均匀的均质料后，用规定的 17t 凸块振动碾压实至少 6 遍，压实后的干密度应等于或大于最大干密度的百分之百，该最大干密度是依据美国材料学会 D698 进行的标准普氏击实试验得到的。因此，填筑每一层防渗土料后，必须进行现场密度及含水量检测，以判断每一层土料是否压实合格。针对小浪底工程土料性质变化较大的特点，采用的土料压实控制指标（最优含水量和最大干密度）不是单一的固定不变的标准普氏击实试验值，而是定期取样试验获得标准普氏击实试验值的三点移动平均指标（一般每周移动 1～2 次），要求现场压实度应等于或大于此平均最大干密度的 100%。特殊情况下，如上坝土料性质差别很大，移动后平均指标已无法作为现场控制标准，可根据实际情况对比以往同区域同类土的击实指标采用与上坝土料较相适应的单点普氏击实指标控制，或另做专门的击实试验获得相应的普氏击实指标进行控制。

技术规范列出的有关现场土密度试验的方法有：①美国标准 ASTMD1556《沙锥法现场土密度试验》；②美国标准 ASTMD2167《橡皮气球法现场土密度试验》；③美国标准 ASTMD2922《核子法（浅层）现场土和土骨料密度试验》；④中国标准 SD 128—84《土工试验规程》。填筑初期工程师采用了中国标准中规定的环刀法检测，获得试验结果所需时间长，而且试验时人为因素影响太大，试验结果误差也大，最重要的是不能及时提供测试结果用于现场质量控制。因此，工程师和承包商试验室共同进行了环刀法和核子仪法的现场对比检测试验，结果表明核子法测试结果稳定、误差小，而且检测速度快，按其结果很快地判断土料是否压实合格并是否允许可以继续填筑作业。因此最后决定采用核子法作为大坝防渗土料填筑现场土密度、压实度检测方法，满足了小浪底工程心墙土料填筑强度高、检测量大的要求。由于核子仪工作时会受到土料中矿物成分及环境的影响，因此在使用过程中应经常对其进行及时的校正。对核子仪的校正是以沙锥法试验结果为真值，对比核子仪同步检测结果（同一试验点，同时用核子仪及沙锥法测定压实后土料干密度、湿密度、含水量），计算核子仪湿密度及含水量的校正系数，即用多组沙锥法检测结果平均值减去对应的核子仪检测结果平均值，得到湿密度及体积水偏差校正系数，经审核后，输入核子仪应用。统计核子仪率定结果表明，每次修正时的湿密度误差不超过 0.023g/cm$^3$，单位体积水绝对偏差不超过 0.01g/cm$^3$；压实度偏差一般不超过±1%，含水量偏差一般在±（1%～2%）之间。统计从 1996 年 5 月 29 日心墙土料开工到 2000 年 6 月底，心墙土料填筑方量达 775.2 万 m$^3$，现场取样检测密度及含水量进行 24412 次，实测压实后土料的含水量范围为 13.4%～26.7%，干密度范围为 1.628～1.886g/cm$^3$（测试结果中包括了 1996 年、1997 年在混凝土基础面上 1m 厚的蛙夯区高塑性土压实后的实测值），平均干密度为 1.720g/cm$^3$，土料的压实度均不小于 100%，土料含水量基本在规范规定的范围之内，填筑质量满足技术规范要求。

*2. 反滤料和过渡料*

小浪底主坝斜心墙下游第一层关键性反滤料 2A 的粒径范围为 0.1～20mm；下游第二层关键性反滤料 2B 的粒径范围为 5～60mm；心墙上游侧（包括上游围堰）的 2C 反滤料，以及河床砂卵石和下游坝壳之间的 2C 反滤料的粒径范围为 0.1～60mm；过渡料的粒径范围为 0～250mm。反滤料及过渡料均在马粪滩加工厂生产。

技术规范只规定临近基岩面区域填筑的反滤料需采用专门压实机压实，要求压实之后的干密度不得小于按美国标准 ASTMD4253 所规定的振动试验中得到的最大干密度的 95%。对于光面碾能够到达的区域的反滤料的填筑，仅要求用规定的光面振动碾压实 2 遍即可，没有压实度要求。过渡料没有压实度的要求，用规定的光面振动碾压实 4 遍即可。技术规范要求反滤料压实前每 1000m$^3$ 或 12h 做一次控制试验，压实后每 4000m$^3$ 或 48h 做 1 次记录试验；过渡料的控制试验次数参照反滤料，规范规定每 100000m$^3$ 做 1 次记录试验。采用美国标准 ASTMD5030 指定的灌水法进行密度试验。到 2000 年 6 月底填筑结束，现场密度试验结果表明压实质量良好，试验次数和填筑质量均满足规范要求。

*3. 堆石料*

技术规范对堆石料没有控制试验要求，但每 50000m$^3$ 应做 1 次记录试验。采用美国标准 ASTMD5030 指定的灌水法进行密度试验，到 2000 年 6 月底填筑结束，现场检测结果符合质量标准要求。

## 二、分析讨论

（1）坝体填筑过程的质量控制，必须建立健全质量保证体系，制定科学的质量控制程序和切实可行的质量控制方法。以工序质量控制为核心，正确选择质量控制点，实施过程中不断完善其质量控制方法和措施，使承包商的施工状态和填筑质量始终处于工程师的有效的控制之中。

(2) 工程师在质量控制过程中的作用和地位是十分重要的，不但要监督、检查施工质量，而且要积极主动地指导承包商的施工，帮助其改进施工方法。实践表明工程师采取积极主动的态度指导承包商的施工十分有利于保证工程质量和进度。

(3) 质量是做出来的，不是靠事后检查出来的。因此在质量控制过程中，工程师应不断掌握和运用先进的工程管理经验，改善工作方法和提高自身素质，同时也要注意提高承包商各级人员的质量意识，使他们始终按规范要求施工，保证填筑质量。

(4) 大机械化高强度施工需要采用快速、准确、精度高、可靠的测量和检测仪器。如小浪底大坝填筑中采用了德国 ZEISS 公司生产的 EITA3 型配有便携式微型计算机的电子全站速测仪，自动处理各种测量信息，确定一个样桩约需 3min；核子仪检测每一层已压实的土料的压实度和含水量仅需要 2～3min。工程师能够很快获得并依据上述测量和检测所得的数据，方便在现场判定填筑质量和及时对存在问题作出处理决定。

## 案例四　南水北调渠道工程施工质量监控分析

南水北调是跨流域跨区域配置水资源的骨干工程。该工程是世界上规模最大的调水工程，也是世界上供水规模最大（规划年调水 448 亿 $m^3$）、距离最长（干线总长度达 4350km）、受益人口最多（规划区人口 4.38 亿人）、受益范围最大（供水区域控制面积达 145 万 $km^2$）的调水工程。该工程横穿长江、淮河、黄河、海河四大流域，涉及十余个省（自治区、直辖市），输水线路长，穿越河流多，工程涉及面广，效益巨大，包含水库、湖泊、运河、河道、大坝、泵站、隧洞、渡槽、暗涵、倒虹吸、PCCP 管道、渠道等水利工程项目，是一个十分复杂的巨型水利工程，其规模及难度国内外均无先例。

该工程规划形成我国“四横三纵”国家大水网，“四横”——长江、黄河、淮河、海河四大流域；“三纵”——东线、中线、西线三条调水线路。该工程规划年调水量 448 亿 $m^3$，工程建设总工期 40～50 年。其中东线从长江下游抽引，规划年调水 148 亿 $m^3$，规划分三期实施；中线从丹江口水库引水，规划年调水 130 亿 $m^3$，规划分两期实施；西线调长江水入黄河上游，规划年调水 170 亿 $m^3$，规划分三期实施。2002 年 12 月 23 日国务院正式批复《南水北调工程总体规划》，2002 年 12 月 27 日国家宣布南水北调工程开工。东线工程 2002 年 12 月 27 日开工，一期工程 2013 年 11 月 15 日建成通水，截至 2020 年底向山东调水 46 多亿 $m^3$，约 5800 万人直接受益。中线工程 2003 年 12 月 30 日开工，一期工程 2014 年 12 月 12 日正式通水，截至 2020 年底调水 348 亿 $m^3$，向北京、天津供水已达设计要求，约 6900 万人受益。该工程东、中线一期工程建成通水在经济社会发展和生态环境保护方面发挥了重要作用。西线工程建设难度最大，目前尚未开工。

习近平总书记 2021 年 5 月 14 日上午在河南省南阳市主持召开推进南水北调后续工程高质量发展座谈会并发表重要讲话。他强调，南水北调工程事关战略全局、事关长远发展、事关人民福祉。进入新发展阶段、贯彻新发展理念、构建新发展格局，形成全国统一大市场和畅通的国内大循环，促进南北方协调发展，需要水资源的有力支撑。要深入分析南水北调工程面临的新形势、新任务，完整、准确、全面贯彻新发展理念，按照高质量发展要求，统筹发展和安全，坚持“节水优先、空间均衡、系统治理、两手发力”的治水思路，遵循确有需要、生态安全、可以持续的重大水利工程论证原则，立足流域整体和水资源空间均衡配置，科学推进工程规划建设，提高水资源集约节约利用水平。习近平总书记指出，《南水北调工程总体规划》已颁布近20年，凝聚了几代人的心血和智慧。同时，这些年我国经济总量、产业结构、城镇化水平等显著提升，我国社会主要矛盾转化为人民日益增长的美好生活需要和不平衡不充分的发展之间的矛盾，京津冀协同发展、长江经济带发展、长三角一体化发展、黄河流域生态保护和高质量发展等区域重大战略相继实施，我国北方主要江河特别是黄河来沙量锐减，地下水超采等水生态环境问题动态演变，这些都对加强和优化水资源供给提出了新的要求。要审时度势、科学布局，准确把握东线、中线、西线三条线路的各自特点，加强顶层设计，优化战略安排，统筹指导和推进后续工程建设。要加强组织领导，抓紧做好后续工程规划设计，协调部门、地方和专家意见，开展重大问题研究，创新工程体制机制，以高度的政治责任感和历史使命感做好各项工作，确保拿出来的规划设计方案经得起历史和实践检验。

渠道是南水北调供水工程的核心建筑物之一，其工程施工质量直接关系着供水工程的功能性、耐久性和局部地区的长期稳定发展，如何才能实现工程质量目标？

## 一、主要做法

### （一）建立健全质量保证体系

首先在思想上从上到下形成高度的责任心和使命感，加强领导干部及中层管理人员的思想培训，达到高标准要求的自律行为。针对渠道工程的施工建设建立健全专项的质量保证体系。明确每道程序关的责任部门及责任人，做到管理覆盖全面，部门间职责清晰。施工作业指导书及管理制度上做到科学合理，结合工程实际不断优化完善。在激励制度上做到奖罚分明，重抓落实。

### （二）关注质量控制要点，严抓制度落实

1. 原材料质量控制

渠道工程用到的主要原材料有：起反滤作用的粗砂和砂砾料；起排水作用的逆止阀和集水管；起保温作用的聚苯乙烯保温板；起抗渗作用的复合土工膜；起固坡、防护、抗渗作用的混凝土所用各种原材料。针对以上原材料重点控制粗砂及砂砾料小于0.075的颗粒含量和供货料源的稳定性，确保反滤料的作用和控制压实指标的稳定；复合土工膜的质量稳定，确保不同批次的土工膜焊接能相容；混凝土用砂的石粉含量控制确保混凝土的抗裂性能。其他材料检测项目必须满足设计和规范要求。

2. 严格控制渠道混凝土配合比

渠道混凝土配合比设计应重点考虑其抗裂性、耐久性和施工工作性的要求。因其结构特点是薄壁结构、仓面临空面积大，混凝土抗裂性能是必须考虑的要点，设计时在满足施工工作性情况下要尽量降低用水量，使用吸水率低石粉含量较少的骨料和保塑性好的减水剂。因渠道衬砌施工多采用皮带机输送新拌混凝土入仓面，应考虑砂浆在皮带机上的损失，通常在普通混凝土配合比上增加1%～2%的砂率。

3. 确保硬件设施配置到位

良好的硬件设施是施工质量保障的基础，其主要包括：符合国家计量认证要求并能满足工程检测项目需要的工地试验室；称量准确、性能稳定的混凝土拌合系统和稳定的运输设备；运行稳定可靠、技术参数满足要求的衬砌机械设备。

4. 编制施工技术作业指导书

依据设计图纸、合同文件、施工自然条件、机械设备特性和 NSBD 5—2006《渠道混凝土衬砌机械化施工技术规程》，统筹考虑桥梁等建筑物的施工安排和衬砌机械化施工宜连续进行的特点，结合试验段的渠道衬砌确立渠道混凝土衬砌机械化施工的技术参数及特点，编制《渠道混凝土衬砌机械化施工技术作业指导书》。

5. 一线施工人员的技术交底及责任书的签订

为确保《渠道混凝土衬砌机械化施工技术作业指导书》在一线施工得到有效落实，一定要对新作业班组做好技术交底工作，对不同的施工工序的具体操作及质量要求标准都要让其相应作业班组熟悉了解，其带班责任人必须签订质量责任书，使一线施工人员在思想和施工要求上能得到重视。

6. 严格关键工序的过程质量控制

施工的关键工序要点决定了建筑物的基本功能性和耐久性。严格对关键工序的过程质量控制是施工质量管控的重点。

（1）坡面修整质量控制。对具有湿陷性的黄土渠段、膨胀土渠段和其他不良地质渠段以及墓穴等特殊处理渠段，严格按照设计要求进行特殊处理。严格控制坡面结构尺寸和平整度。

（2）自排排水系统施工质量控制。自排排水系统排水管沟中粗砂回填要特别注意粗砂中小于 0.075mm 的颗粒含量必须不大于 5%，以保证粗砂的透水功能，使地基渗水能进入到集水暗管，满足设计集水要求。粗砂的压实施工采用灌水水坠和振捣棒振捣相结合的方法易满足设计相对密度不小于 0.75 的要求。

（3）砂砾料铺筑质量控制。砂砾反滤料也要特别注意砂砾料中小于 0.075mm 的颗粒含量必须不大于 5%，以保证其透水功能。在砂砾料压实施工过程控制上严格按照施工工艺进行，采用洒水水坠和承重平板振捣器振捣相结合的方法易满足设计相对密度不小于 0.75 的要求，承重荷载易大于 100kg。在铺筑后应对结构尺寸进行检查验收，必须满足验收标准，为聚苯乙烯保温板的铺设平整度和衬砌混凝土的厚度做好铺垫。

（4）聚苯乙烯保温板铺设质量控制。聚苯乙烯保温板铺设重点控制其平整度和紧密度，尤其是与建筑物的结合紧密。在固定保温板时严格控制 U 型冷拔丝的嵌入深度，不能在铺设好的保温板面上存有刚性凸起物，防备在铺设复合土工膜时出现土工膜被穿透的现象。

（5）复合土工膜施工质量控制：

1）复合土工膜铺设。渠坡复合土工膜铺设由坡肩自上而下滚铺至坡脚，中间不能有纵向连接缝。复合土工膜搭接部位预留不小于 10cm 搭接长度，渠坡接头缝与渠底接头缝相互错开 100cm 以上，接头应为上游土工膜压在下游土工膜上面。土工膜需垂直于渠轴线铺设，只可出现垂直于渠轴线的横向连接缝，不应出现平行于渠轴线的纵向连接缝。复合土工膜应错缝连接，只可出现 T 形缝，不应出现十字缝。复合土工膜在铺设过程中用编织袋土覆压，防止滑移。遇到墩柱等建筑物时，按接触尺寸对土工膜进行裁剪并与建筑物进行黏结。黏结后 2h 内黏结面不得承受任何压力，严禁黏结面发生错动。整个铺设质量要求应达到全覆盖、平整无褶皱，以防渠道衬砌混凝土伸缩缝切缝时破坏。

2）复合土工膜焊接。复合土工膜采用热合爬行机焊接，环境气温在 5～35℃之间比较适宜，气温低于 5℃时，必须对搭接面进行加热。土工膜焊接接头采用双焊缝焊接，焊缝宽度 10mm，搭接长度不小于 10cm，焊缝间留有 1cm 空腔。复合土工膜焊缝处不得出现水渍、尘土、油污等污染物且空气的湿度大对焊接效果影响较大，在焊接前应先处理干净。每次早、中开工都要进行一次试焊，确定焊机温度和行走速度，土工膜焊缝强度不低于母材的 80%为合格。焊缝密封性采用充气检测仪检测，向焊缝间 1cm 空腔内注入气压 0.15～0.2MPa 并保持 5min，无气压下降即为土工膜密封合格，当天铺设应当天焊接完成。

3）施工现场复合土工膜的保护。土工膜铺设焊接完成后，现场施工人员应在土工膜边角和渠坡顶、底角处压紧固定，并为下一个浇筑段预留的土工膜搭接焊接接头边采取包裹等保护，以避免施工中该接头处土工膜被破坏或污染。

（6）渠道混凝土衬砌施工。渠道混凝土衬砌施工基本要求严格按照 NSBD 5—2006《渠道混凝土衬砌机械化施工技术规程》执行。渠道衬砌的质量控制关键点。

1）严格控制入仓前新拌混凝土的现场坍落度和含气量。

2）对衬砌机上的混凝土输送皮带及刮板进行混凝土浇筑前的清理和归位，降低混凝土内浆液的流失。

3）严格控制衬砌机行进速度，确保混凝土布料饱满并能振捣密室。

4）及时进行原浆收面压光，严禁在混凝土面上洒干水泥和水进行收面。

5）过程中加强衬砌混凝土厚度的动态控制，为混凝土伸缩缝的切缝深度的一致性做好准备。

6）加强混凝土保湿保温养护的效果，尤其在高温和大风环境下混凝土收面后应及时做好喷雾养护，防止干缩裂缝。

7）及时进行混凝土伸缩缝切缝，减少混凝土裂缝，必须按照试验室提供的同条件混凝土试件抗压强度 1～5MPa 对应的时间及时进行混凝土切缝，特别强调通缝的切割，一定要做到切透混凝土但不能破坏土工膜的要求，通常做法是在通缝处预粘闭孔泡沫板来保护土工膜。

8）密封胶密封伸缩缝时一定按要求清理接合面，认真控制好密封胶的嵌入深度和施工工艺，才能经得起雨季或渗流的考验。

7. 健全过程控制、严抓制度落实

针对环境、设备、人员等因素的变化，通过应用 PDCA 动态循环结合实际情况不断健全完善质量管理体系的过程控制工作。通过一线汇报、现场检查等方式发现质量问题，通过开会讨论和各项目标段间相互学习等方式分析问题原因，并制定科学合理的施工方法和过程控制措施，形成过程实施质量责任制度，严抓落实效果才能不断促进过程质量控制水平。

## 二、分析讨论

（1）渠道机械化施工质量控制的重点是抓好施工作业过程技术参数及质检的有效控制。

（2）关键工序质量控制是工程质量保证的核心所在，必须严格控制。

# 参 考 文 献


［1］ 郝雷，张勇．质量员［M］．北京：中国水利水电出版社，2006.

［2］ 《水利水电工程现场管理人员一本通系列丛书》编委会．质量员一本通［M］．北京：中国建材工业出版社，2008.

［3］ 中国水利工程协会．水利工程建设质量控制［M］．北京：中国水利水电出版社，2007.

［4］ 顾志刚，张东成，罗红卫．碾压混凝土坝施工技术［M］．北京：中国电力出版社，2007.

［5］ 丰景春，王卓甫．建设项目质量控制［M］．2版．北京：中国水利水电出版社，1998.

［6］ SL 303—2017 水利水电工程施工组织设计规范［S］．北京：中国水利水电出版社，2017.

［7］ SL 176—2007 水利水电工程施工质量检验与评定规程［S］．北京：中国水利水电出版社，2007.

［8］ SL 62—2014 水工建筑物水泥灌浆施工技术规范［S］．北京：中国水利水电出版社，2014.

［9］ SL 52—2015 水利水电工程施工测量规范［S］．北京：中国水利水电出版社，2015.

［10］ SL 223—2008 水利水电建设工程验收规程［S］．北京：中国水利水电出版社，2008.